高等职业教育测绘类新编技能型系列规划教材

地理信息系统

主　编　李建辉

副主编　王　琴

主　审　靳祥升

黄河水利出版社

·郑州·

内容提要

本书以GIS产品生产流程为主线，根据教与学的特点，以强化学生动手能力为目标，优化重组知识结构，注重理论与实践相结合，教材结构体系符合教学规律。全书共分为两部分。第一部分为地理信息系统基础，重点介绍地理信息系统的基本概念、组成、功能和发展，空间数据结构，空间数据获取，空间数据处理，空间数据管理，空间数据查询与分析，地理信息系统产品输出等。第二部分为地理信息系统应用，以目前国内空间数字化建设使用较普遍的MAPGIS软件为平台，重点介绍MAPGIS软件系统的文件管理、空间数据输入、属性库管理、图形数据编辑、拓扑数据处理、空间数据误差校正、空间数据投影变换、属性数据分析、空间数据分析、选址分析、数字高程模型分析、网络分析与应用等。

本书可作为高等职业院校地理信息系统与地图制图技术、工程测量技术、摄影测量与遥感技术、地籍测量与土地管理等专业的教材，还可作为测绘地理信息类其他专业及相关工程技术人员的参考书。

图书在版编目(CIP)数据

地理信息系统/李建辉主编. —郑州：黄河水利出版社，2012.8

高等职业教育测绘类新编技能型系列规划教材

ISBN 978-7-5509-0302-9

Ⅰ.①地… Ⅱ.①李… Ⅲ.①地理信息系统-高等职业教育-教材 Ⅳ.①P208

中国版本图书馆CIP数据核字(2012)第136943号

出 版 社：黄河水利出版社

地址：河南省郑州市顺河路黄委会综合楼14层　邮政编码：450003

发行单位：黄河水利出版社

发行部电话：0371-66026940、66020550、66028024、66022620(传真)

E-mail：hhslcbs@126.com

承印单位：郑州海华印务有限公司

开本：787 mm×1 092 mm　1/16

印张：15.5

字数：377千字　　印数：1—4 000

版次：2012年8月第1版　　印次：2012年8月第1次印刷

定价：36.00元

前　言

地理信息系统（Geographic Information System，简称 GIS）是集计算机科学、地理科学、测绘科学、遥感科学、环境科学、空间科学、信息科学、管理科学等为一体的新兴边缘学科。GIS 从 20 世纪 60 年代问世，至今已跨越了半个世纪，经过 50 多年的发展历程，其理论研究已日趋成熟，现已进入一个新的发展时期。

GIS 已延伸至我们生活的方方面面，给我们带来便利：电子地图、卫星导航、数字地球、数字城市，还有许多人津津乐道的 Google Earth，这些眼下最时尚的新事物，其核心正是 GIS 技术。

自 1957 年南京大学开设我国第一个地理信息系统专业以来，国内 GIS 教育如雨后春笋般发展起来。很多高校在原来地图学、遥感、资源与环境、测绘等学科的基础上开设了地理信息系统专业。教育层次也从专科、本科教育发展到硕士、博士研究生教育。高职高专院校中的 GIS 教育在测绘类专业的基础上起步，目前还处于发展阶段。

为适应 21 世纪测绘地理信息类专业发展需要，根据高职高专 GIS 教学要求，我们编写了本书。在编写过程中考虑高职高专学生的实际情况与特点，以 GIS 行业岗位需求选取内容，体现最新的教学思想。

本书具有以下特点：

（1）内容系统精练。本书以地理信息系统的数据表达、获取、处理、建库、分析、应用为主线，突出了 GIS 产品生产流程的工作过程，具有逻辑性强、容易理解和记忆等特点。

（2）理论与实践一体化。本书注重理论与实践相结合，便于采用“边教边学、边学边练、边练边做”的方式开展教学，保证“教、学、练、做一体化”教学模式的实施。

（3）立体化。全力打造立体化教材资源，本书配有课件、实训数据及课程网站等资源，集专业教学、职业培训、技能鉴定于一体。

（4）图文并茂，简单易学。

另外，本书强调工作过程及工学结合的高职高专教育特点，特邀请企业一线工程技术人员参与编写，具有很强的系统性、简明性、可读性和实用性，内容精练，简明易懂。

本书编写人员及分工如下：第一章，第八章第二、三节和第十章由黄河水利职业技术学院李建辉编写；第二章由黄河勘测规划设计有限公司测绘信息工程院刘志朴编写；第三章和第九章由黄河水利职业技术学院王琴编写；第四章和第七章由黄河水利职业技术学院王双美编写；第五章和第八章第一节由黄河勘测规划设计有限公司测绘信息工程院贾红玲编写；第六章由黄河水利职业技术学院刘剑锋编写。黄河水利职业技术学院靳祥升教授审阅了本书，并提出了许多宝贵的修改意见，在此表示感谢。

在编写过程中，编者参阅了大量的文献，引用了同类文献中的部分内容，在此谨向有关作者表示衷心感谢。由于 GIS 技术的不断发展和更新，加之编者水平有限，书中错误在所难免，恳请使用本书的老师和广大读者提出宝贵意见，以便进一步修正与完善。

编　者

2012 年 3 月

目　录

第二部分　地理信息系统应用

第一部分　地理信息系统基础

第一章　地理信息系统概论

【导读】:21 世纪是信息时代,人们通过信息来认识世界和改变世界,信息产业已成为包括我国在内的众多国家的重要产业。据估计,在未来的 20 年内,带有地理或空间属性的信息将占到所有信息的 80% 以上。地理空间信息技术已被各行各业的人们广泛使用。地理信息产业正在成为当代人类社会一个新兴的、快速增长的产业。本章首先介绍了地理信息系统的基本概念,其次从地理信息系统的系统硬件、系统软件、空间数据、应用模型、系统管理和操作人员等方面介绍了地理信息系统的组成,再次介绍了地理信息系统的基本功能和应用功能,最后阐述了 GIS 的发展历史和发展趋势。

第一节　地理信息系统基本概念

地理空间技术覆盖许多领域,其中包括遥感、地图制图、测绘和摄影测量。但要在地理空间技术中将这些不同领域的数据整合起来,则需要地理信息系统(Geographic Information System,简称 GIS)。为了弄清地理信息系统,需要明确地理信息系统相关的基本概念。

一、信息与信息系统

信息是近代科学的一个专门术语。信息系统能为企业、部门或组织的决策过程提供有用的信息。

(一)信息与数据

在地理信息系统的研究与应用中,经常要涉及信息(Information)与数据(Data)两个术语。

1. 信息

信息是用文字、数字、符号、语言、图像等介质来表示事件、事物、现象等的内容、数量或特征,从而向人们(或系统)提供关于现实世界新的事实和知识,作为生产、建设、经营、管理、分析和决策的依据,它不随载体的物理设备形式的改变而改变。信息来源于数据,是数据的表现形式。

信息具有以下一些基本属性:

(1)事实性:事实是信息的中心价值,不符合事实的信息不仅没有价值,而且可能价值为负。事实是信息的第一和基本的性质。

(2)等级性:对于同一问题,处于不同的管理层次,则要求不同的信息。信息和管理层次一样,一般分为战略级、策略级和管理级。一般说来,战略信息来源于外部,如企业的发展方向、目标等;策略信息来源于外部或内部,如新产品品种、生产效益、与同行业的比较等;管理信息大多来源于内部,如职工的考勤记录、生产指标的完成情况等。

(3)可压缩性:在不丢失信息本质的情况下,可以对信息进行集中、综合和概括。如对文件的压缩。

(4)扩散性:信息的扩散是其本性,它力图冲破保密的非自然约束,通过各种渠道和手段向四方传播。

(5)传输性:信息是可以传输的,可以借助各种工具和手段(如书籍、杂志、电话、电视、卫星等)传输到很远的地方。

(6)分享性或共享性:信息的分享性或共享性有利于其成为人类社会的一种资源。

(7)增值性:用于某种目的的信息,可能随着时间的推移,价值耗尽,但对另一目的可能又显示价值。例如,对环境污染参数的处理。当前的有限信息对环境污染程度的预测可能没有多大的作用,但是,随着信息的增多,用户可以建立预测模型,从大量的可能杂乱无章的信息中得到环境变化的规律。

(8)转换性:信息、能源、材料是人类利用的三项重要的宝贵资源。它们三位一体,但可以相互转换。通过能源和材料可以换取信息,而信息的大量使用,又可以节省能源和材料。如利用遥感信息及相关处理技术调查地理地貌,可以节约大量的人力、物力。

2. 数据

数据是一种未经加工的原始资料。数字、文字、符号、图像都是数据。数据是客观对象的表示,而信息则是数据内涵的意义,是数据的内容和解释。例如,从实地或社会调查数据中可获取到各种专门信息;从测量数据中可以抽取出地面目标或物体的形状、大小和位置等信息;从遥感图像数据中可以提取出各种地物的图形大小和专题信息。数据是信息的载体。

(二)系统与信息系统

1. 系统

由相互联系、相互依存又相互协调的事物构成的统一体称为系统。每一个系统都由其内部要素所构成,而该系统又可能是更大系统的组成部分。系统具有如下特征:

(1)总体性:系统的构成元素按照统一性要求而构成一个集合,它不是简单的组合,而是具有总体大于部分之和的效应。

(2)关联性:系统的各元素相互联系、相互作用、相互影响。

(3)功能性(目的性):系统具有特定功能,为特定目标服务。

(4)环境适应性:其他外部元素构成系统的环境,系统与环境要进行物质、能量、信息的交换,系统有适应外部环境变化的功能。

从系统论观点来看,地球就是一个既有序又复杂的相互联系的系统。在地球表层,各地理要素构成的相互联系的物质、能量和信息的空间体系称为地理系统,包括物质循环、能量流动、信息交流等体系。

2. 信息系统

信息系统是具有采集、管理、分析和表达数据能力的系统。在计算机时代,信息系统部分或全部由计算机系统支持,并由计算机硬件、软件、数据和用户四大要素组成。另外,智能化的信息系统还包括知识。

计算机硬件包括各类计算机处理设备及终端设备;软件是支持数据信息的采集、存储加工,再现和回答用户问题的计算机程序系统;数据则是系统分析与处理的对象,构成系统的应用基础;用户是信息系统所服务的对象。

根据系统所执行的任务,信息系统可分为事务处理系统(Transaction Process System,简称 TPS)、管理信息系统(Management Information System ,简称 MIS)、决策支持系统(Decision Support System,简称 DSS)和专家系统(Expert System,简称 ES)。

事务处理系统强调的是数据的记录和操作,民航定票系统是其典型示例之一。

管理信息系统需要包含组织中的事务处理系统,并提供了内部综合形式的数据,以及外部组织的一般范围和大范围的数据。许多战术层提供的信息能按照该层管理者希望的那样以熟悉的和喜欢的形式提供。但是,为战术层管理者提供的另外一部分信息和大多数为战略层管理者提供的信息是不可能事先确定的。这些不确定性对管理信息系统的设计者来说是个很大的挑战。

决策支持系统是用以获得辅助决策方案的交互式计算机系统,一般由语言系统、知识系统和问题处理系统共同构成。决策支持系统能从管理信息系统中获得信息,帮助管理者制定好的决策。

专家系统是能模仿人工决策处理过程的基于计算机的信息系统。专家系统扩大了计算机的应用范围,使其从传统的资料处理领域发展到智能推理上来。MIS 能提供信息,帮助制定决策,DSS 能帮助改善决策的质量,只有专家系统能应用智能推理作出决策并解释决策理由。专家系统由五个部分组成:知识库、推理机、解释系统、用户接口和知识获得系统。

二、地理信息与地理信息系统

凡是与空间位置有关的信息都属于地理信息,在现实生活中所存在的信息有 80% 是与空间位置有关系的。

(一)地理信息

地理信息是指表征地理系统诸要素的数量、质量、分布特征、相互联系和变化规律的数字、文字、图像和图形等的总称。地理信息属于空间信息,其位置的识别是与数据联系在一起的,这是地理信息区别于其他类型信息的最显著的标志。地理信息具有区域性,即通过经纬网建立的地理坐标来实现空间位置的识别。地理信息还具有多维结构特性,即在二维空间的基础上实现多专题的第三维结构。而各个专题之间的联系是通过属性码进行的,这就为地理系统各图层之间的综合研究提供了可能,也为地理系统多层次的分析和信息的传输与筛选提供了方便。

地理信息除具有区域性、多维结构特性外,还具有时序特性。

地理信息的时序特性十分明显,可以按时间尺度将地理信息划分为超短期的(如台风、地震)、短期的(如江河洪水、秋季低温)、中期的(如土地利用、作物估产)、长期的(如城市化、水土流失)、超长期的(如地壳变动、气候变化)等。

(二)地理信息系统

由于研究和应用领域的侧重点不同,人们对 GIS 的理解仍然存在着分歧。从 20 世纪 60 年代至今,有代表性的定义如下:

（1）GIS 之父，Roger Tomlinson（1966）认为，GIS 是全方位分析和操作地理数据的数字系统。

（2）Dueker（1979）认为，GIS 是一种特殊的信息系统，其数据库包含着有关分布空间（可以是点、线或面）上的现象、活动或事件的观察数据。GIS 处理的是反映空间分布现象的地理数据。

（3）Burrough（1986）认为，GIS 是从现实世界中采集、存储、提取、转换和显示空间数据的一组有力的工具。

（4）Smith 等（1987）认为，GIS 是存储空间数据的数据库系统，以及一套用于检索数据库中有关空间实体的数据的程序。

（5）Parker（1988）认为，GIS 是一种存储、分析和显示空间与非空间数据的信息技术。

（6）Goodchild（1990）认为，GIS 是采集、存储、管理、分析和显示有关地理现象信息的空间信息系统，并认为，GIS 中的“S”不是简单的“System（系统）”，而应是“Science（科学）”。

（7）Clarke（1995）认为，GIS 是采集、存储、提取、分析和显示空间数据的自动化系统。

（8）Chrisman（1999）认为，GIS 是人们在与社会结构相互作用的同时，测量、描述地理现象，再将这些描述转换成其他形式的有组织的活动。

21 世纪初期，一些发达国家的 GIS 权威机构又对 GIS 给出了定义，具有代表性的如下：

（1）美国国家地理信息与分析中心给出的定义：GIS 是为了获取、存储、检索、分析和显示空间定位数据而建立的计算机化的数据库管理系统。

（2）英国教育部给出的定义：GIS 是一种获取、存储、检索、操作、分析和显示地球空间数据的计算机系统。

（3）美国联邦数字地图协调委员会（Federal Interagency Coordinating Committee on Digital Cartography，简称 FICCDC）给出的定义：GIS 是由计算机硬件、软件和不同的方法组成的系统，该系统设计用来支持空间数据的采集、管理、处理、分析、建模和显示，以便解决复杂的规划和管理问题。

从上述这些定义来看，有的侧重于 GIS 的技术内涵，把 GIS 描述为一个工具箱，其中包含一套用于采集、存储、管理、处理、分析和显示地理数据的计算机软件工具。有的认为 GIS 是信息系统的特例，除处理地理数据的特殊性外，GIS 具备一般信息系统的共同特点。有的则强调 GIS 的应用功能或社会作用，认为 GIS 从根本上改变了一个组织或部门运作的方式。GIS 是计算机化的技术系统，它作用的对象是地理实体，是现实世界在计算机中的反映。GIS 的技术优势在于它的混合数据结构和有效的数据集成、独特的地理空间分析能力、快速的空间定位搜索和复杂的查询功能、强大的图形创造和可视化表达手段，以及地理过程的演化模拟和空间决策支持功能等。其中，通过地理空间分析可以产生常规方法难以获得的重要信息，实现在系统支持下的地理过程动态模拟和决策支持，这既是 GIS 的研究核心，也是 GIS 的重要贡献。

归纳上述定义，认为 GIS 是个发展的概念，内容主要有两个部分。其一，地理信息系统是一门交叉学科，是目前正在兴起的地球信息科学的主要内容；其二，地理信息系统是一个技术系统，是以地理空间数据库为基础，采用地理模型分析方法，适时提供多种空间和动态的地理信息，为地理研究和地理决策服务的计算机技术系统。

综合上述表达，可以认为：地理信息系统是以地理空间数据库为基础，在计算机硬件、软件环境的支持下,对空间相关数据进行采集、管理、操作、分析、模拟和显示,并采用地理模型分析方法,适时提供多种空间和动态的地理信息,为地理研究、综合评价、管理、定量分析和决策服务而建立起来的一类计算机应用系统。简而言之,地理信息系统是以计算机为工具,具有地理图形和空间定位功能的空间型数据管理系统,它是一种特殊而又十分重要的信息系统。

地理信息系统处理、管理的对象是多种地理空间实体数据及其关系,包括空间定位数据、图形数据、遥感图像数据、属性数据等,用于分析和处理在一定地理区域内分布的各种现象和过程,解决复杂的规划、决策和管理问题。

(三)GIS 的"S"新解

随着 GIS 的发展,地理信息学的内涵与外延也在不断变化,集中体现在"S"的含义上,如图 1-1 所示。

GIS ystem
cience
ervice

图 1-1 不同历史时期 GIS 含义的变化

GI Science 即地理信息科学,是从地理信息的基础理论、原理方法研究地理信息的本质、表达模型、认知过程等;GI System 即地理信息系统,是从技术化、工程化角度研究地理信息的集成开发、系统结构、系统功能等;GI Service 即地理信息服务,则是从产业化应用角度,研究面向社会化、网络化、多元化的信息服务,强调信息标准、管理、产业政策、规模化集成应用等,是地理信息产业发展的需求。在本书中,如果没有特别说明,GIS 指的是地理信息系统。

三、地理信息系统的类型与特点

地理信息系统应用到各个领域,出现了不同类型的地理信息系统,不论属于哪种类型的地理信息系统,都具有三个特征。

(一)地理信息系统的类型

地理信息系统按其内容可以分为三类:

(1)专题地理信息系统(Thematic GIS):是具有有限目标和专业特点的地理信息系统,为特定的专门目的服务。例如,森林动态监测信息系统、水资源管理信息系统、矿业资源信息系统、农作物估产信息系统、草场资源管理信息系统、水土流失信息系统等。

(2)区域地理信息系统(Regional GIS):主要以区域综合研究和全面的信息服务为目标,可以有不同的规模,如国家级、地区或省级、市级和县级等为不同级别行政区服务的区域地理信息系统;也可以是按自然分区或以流域为单位的区域地理信息系统。区域信息系统如加拿大国家信息系统、中国黄河流域信息系统等。

许多实际的地理信息系统是介于上述两者之间的区域性专题地理信息系统,如北京市水土流失信息系统、海南岛土地评价信息系统、河南省冬小麦估产信息系统等。

(3)地理信息系统工具(GIS Tools):是一组具有图形图像数字化、存储管理、查询检索、分析运算和多种输出等地理信息系统基本功能的软件包。它们是专门设计研制的,或者是在完成了实用地理信息系统后抽取掉具体区域或专题的地理空间数据后得到的,具有对计算机硬件适应性强、数据管理和操作效率高、功能强等特点,且具有普遍性和实用性,可以用做 GIS 教学软件。

在通用的地理信息系统工具支持下建立区域或专题地理信息系统,不仅可以节省软件开发的人力、物力、财力,缩短系统建立周期,提高系统技术水平,而且使地理信息系统技术易于推广,并使广大地学工作者可以将更多的精力投入高层次的应用模型开发上。

(二)地理信息系统的特征

地理信息系统具有以下三个方面的特征:

(1)具有采集、管理、分析和输出多种地理信息的能力,具有空间性和动态性。

(2)由计算机系统支持进行空间数据管理,并由计算机程序模拟常规的或专门的地理分析方法,作用于空间数据,产生有用信息,完成人类难以完成的任务。

(3)计算机系统的支持是地理信息系统的重要特征,它使得地理信息系统能快速、精确、综合地对复杂的地理系统进行空间定位和过程动态分析。

第二节　地理信息系统的组成

一个实用的地理信息系统,要支持对空间数据采集、管理、处理、分析、建模和显示等功能,其基本构成应包括以下五个主要部分:系统硬件、系统软件、空间数据、应用模型、系统管理和操作人员。核心部分是系统硬件、系统软件,空间数据反映 GIS 的地理内容,而系统管理和操作人员则决定系统的工作方式和信息表示方式。地理信息系统的组成如图 1-2 所示。

图 1-2　地理信息系统的组成

一、系统硬件

系统硬件是计算机系统中的实际物理装置的总称,可以是电子的、电的、磁的、机械的、光的元件或装置,是 GIS 的物理外壳。系统的规模、精度、速度、功能、形式、使用方法甚至软件都与硬件有极大的关系,受硬件指标的支持或制约。GIS 由于其任务的复杂性和特殊性,必须由计算机设备支持。构成计算机系统硬件的基本组件包括输入输出设备、中央处理单元、存储器(包括主存储器、辅助存储器)等,这些硬件组件协同工作,向计算机系统提供必要的信息,使其完成任务;保存数据,以备现在或将来使用;将处理得到的结果或信息提供给用户。图 1-3 表示了常见的实现输入输出功能的计算机外部设备。

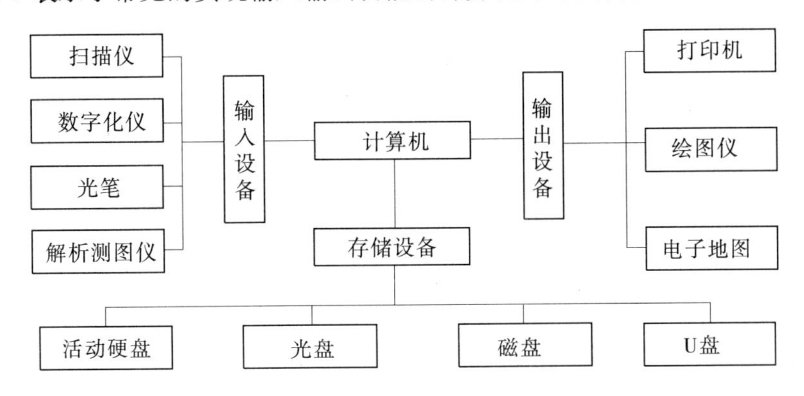

图 1-3　常见的实现输入输出功能的计算机外部设备

二、系统软件

GIS 软件是系统的核心,用于执行 GIS 功能的各种操作,包括数据输入、数据处理、数据库管理、空间分析等。GIS 软件按照功能分为 GIS 专业平台软件、数据库软件、系统管理软件和 GIS 应用软件等。GIS 的软件层次如图 1-4 所示。

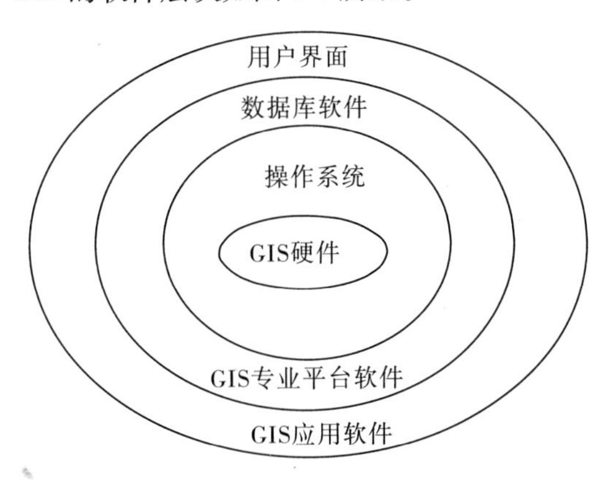

图 1-4　GIS 的软件层次

(一) GIS 专业平台软件

GIS 专业平台软件一般指具有丰富功能的通用 GIS 软件,它包含了处理地理信息的各种高级功能,可作为其他应用系统建设的平台。GIS 专业平台软件的代表产品,国外有 ArcView、ArcInfo、ArcGIS 、MGE、MapInfo、IDRISI,国内有 MAPGIS、GeoStar、CityStar、SuperMap 等。它们一般包含以下核心模块:

(1)数据输入与编辑模块。

(2)空间数据管理模块。

(3)数据处理与分析模块。

(4)数据输出模块。

(5)用户界面模块。

(6)系统二次开发模块。

(二)数据库软件

数据库软件除在GIS专业平台软件中用于支持复杂空间数据的管理软件外,还包括以服务非空间属性数据为主的数据库系统,这类软件有Oracle、Sybase、Informix、DB2、SQL Server、Ingress等。它们也是GIS软件的重要组成部分,而且由于这类数据库软件具有快速检索、满足多用户并发和数据安全保障等功能,目前已实现在现成的关系型商业数据库中存储GIS的空间数据。

(三)系统管理软件

系统管理软件主要指计算机操作系统,当今使用的操作系统有MS-DOS、Unix、Windows 2000/XP/NT/Vista/7、VMS等。它们关系到GIS软件和开发语言使用的有效性,因此也是GIS软件的重要组成部分。

(四)GIS应用软件

GIS应用软件一般是在GIS专业平台软件基础上,通过二次开发所形成的具体的应用软件,一般是面向应用部门的。

三、空间数据

地理空间数据是地理信息系统的操作对象与管理内容。它是指以地球表面空间位置为参照,描述自然、社会和人文经济景观的数据,这些数据可以是数字、文字、表格、图像和图形等。它们由系统建造者通过数字化仪、扫描仪、键盘、磁带机或其他输入设备输入到地理信息系统中,是地理信息系统所表达的现实世界经过模型抽象的实质性内容,其相应的区域信息包括位置信息、属性信息和空间关系等。

根据地理实体的空间图形表示形式,可将空间数据抽象为点、线、面三类元素,它们的数据表达可以采用矢量和栅格两种组织形式,分别称为矢量数据结构和栅格数据结构。

地理信息系统中的数据包括两大类型。

(一)空间数据

空间数据用来确定图形和制图特征的位置,是以地球表面空间位置为参照的。具体来说,它反映了以下两方面信息:

(1)在某个已知坐标系中的位置,也称几何坐标,主要用于标记地理景观在自然界或包含某个区域的地图中的空间位置,如经纬度、平面直角坐标、极坐标等。

(2)实体间的空间相关性,即拓扑关系(Topology),表示点、线、网、面等实体之间的空间联系,如网络结点与网络之间的枢纽关系,边界线与面实体间的构成关系,面实体与岛或内部点的包含关系等。空间拓扑关系对于地理空间数据的编码、录入、格式转换、存储管理、查询检索和模型分析都有重要意义,是地理信息系统的特色之一。

(二)非空间的属性数据

非空间的属性数据用来反映与空间位置无关的属性,即通常所说的非几何属性,它是与地理实体相联系的地理变量或地理意义,一般是经过抽象的概念,通过分类、命名、量算、统计等方法得到。非几何属性分为定性和定量两种,前者包括名称、类型、特性等,如岩石类型、土壤种类、土地利用、行政区划等;后者则包括数量和等级等,如面积、长度、土地等级、人口数量、降雨量、水土流失量等。任何地理实体至少包含一个属性,而地理信息系统的分析、检索主要是通过对属性的操作运算来实现的。

四、应用模型

GIS 应用模型即 GIS 方法,它的构建和选择是 GIS 应用成功与否的关键。GIS 方法是面向实际应用,在较高层次上对基础的空间分析功能集成并与专业模型接口,研制解决应用问题的模型方法。虽然 GIS 为解决各种现实问题提供了有效的基本工具(如空间量算、网络分析、叠加分析、缓冲分析、三维分析、通视分析等),但对于某一专门的应用,则必须构建专门的应用模型并进行 GIS 二次开发,例如土地利用适应性模型、大坝选址模型、洪水预测模型、污染物扩散模型、水土流失模型等。这些应用模型是客观世界到信息世界的映射,反映了人类对客观世界的认知水平,也是 GIS 技术产生社会、经济、生态效益的所在,因此应用模型在 GIS 技术中占有十分重要的地位。利用 GIS 求解问题的基本流程如图 1-5 所示。

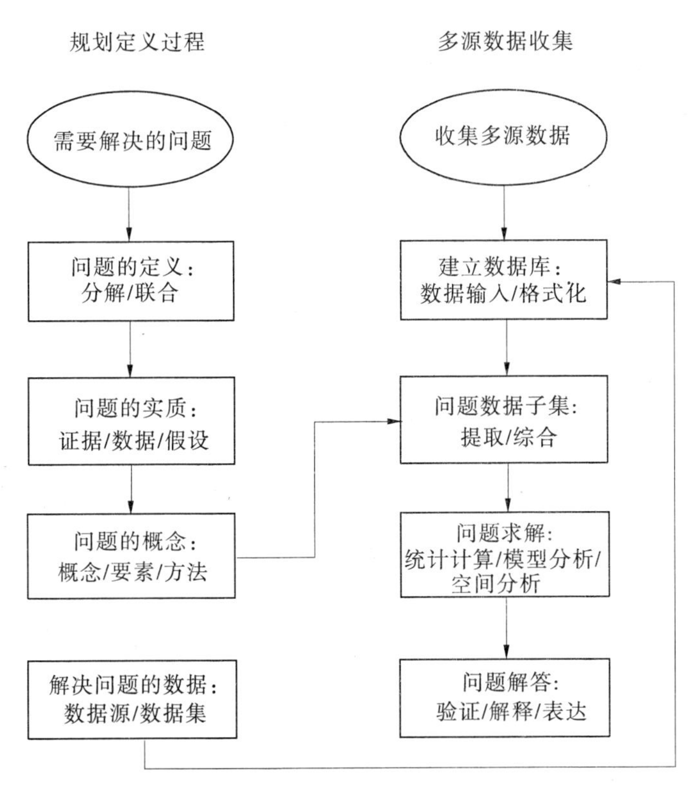

图 1-5 利用 GIS 求解问题的基本流程

五、系统管理和操作人员

人是 GIS 中的重要构成因素,GIS 不同于一幅地图,而是一个动态的地理模型。仅有系统软硬件和空间数据还不能构成完整的地理信息系统,需要人进行系统组织、管理、维护和数据更新、系统扩充完善、应用程序开发,并灵活采用地理分析模型提取多种信息,为研究和决策服务。对于合格的系统设计、运行和使用来说,地理信息系统专业人员是地理信息系统应用的关键,而强有力的组织是系统运行的保障。

GIS 应用环境包括使用人员和使用机构。人员是 GIS 开发建设中最活跃的因素，可以将其分为三类：高级技术人员（GIS 专家或受过 GIS 基本训练的系统分析员、系统设计人员）、一般技术人员（代码设计员、数据录入员、系统管理员）和管理人员（领导决策者、各开发阶段的公关协调人员）。GIS 工程建设的不同阶段对各类人员的数量要求是不一样的，一般来说，系统实施阶段的人员需求量大于系统规划阶段的人员需求量。

总之，一个成功的 GIS 离不开高效可靠的硬件、功能完善的软件、高质量的数据和良好的应用环境等。

第三节　地理信息系统的功能

由计算机技术和空间数据相结合而产生的 GIS 这一高新技术，包含了处理地理信息的各种高级功能，但是它的基本功能是数据的采集、管理、处理、分析和输出。GIS 基本功能所提供的方法能解决位置、条件、趋势、模式和模拟等应用问题。

一、基本功能需求

（一）位置

位置问题即某个地方有什么的问题，一般通过地理对象的位置（坐标、街道编码等）进行定位，然后利用查询获取其性质，如建筑物的名称、地点、建筑时间、使用性质等。位置问题是地学领域最基本的问题，反映在 GIS 中，则是空间查询技术。

（二）条件

条件问题即符合某些条件的地理对象在哪里的问题，它通过地理对象的属性信息列出条件表达式，进而查找满足该条件的地理对象的空间分布位置。在 GIS 中，条件问题虽也是查询的一种方式，但它是较为复杂的查询问题。

（三）趋势

趋势即某个地方发生的某个事件及其随时间的变化过程。它要求 GIS 根据已有的数据（现状数据、历史数据等），能够对现象的变化过程作出分析判断，并能对未来作出预测和对过去作出回溯。例如在土地地貌演变研究中，可以利用现有的和历史的地形数据，对未来地形作出分析预测，也可展现不同历史时期的地形发育情况。

（四）模式

模式问题即地理对象实体和现象的空间分布之间的空间关系问题。例如，城市中不同功能区的分布与居住人口分布的关系模式；地面海拔升高、气温降低，导致山地自然景观呈现垂直地带分异的模式等。

（五）模拟

模拟问题即某个地方如果具备某种条件会发生什么的问题，模拟是在模式和趋势的基础上，建立现象和因素之间的模型关系，从而发现具有普遍意义的规律。例如在研究某一城市的犯罪概率和酒吧、交通、照明、警力分布等基础上，对其他城市进行相关问题研究，一旦发现带有普遍意义的规律，即可将研究推向更高层次：建立通用的分析模型对未来进行预测和决策。

二、GIS 的基本功能

为实现对上述问题的求解，GIS 首先要重建真实地理环境，而地理环境的重建需要获取各类空间数据（数据获取），这些数据必须准确可靠（数据编辑与处理），并按一定的结构进行组织和管理（空间数据库），在此基础上，GIS 还必须提供各种求解工具（空间分析），以及对分析结果的表达（数据输出）。因此，一个 GIS 系统应该具备以下基本功能。

（一）空间数据采集与编辑

该功能主要用于获取数据，保证地理信息系统数据库中的数据在内容与空间上的完整性、数值逻辑一致性与正确性等，就是将地理信息系统的数据所代表的不同层的实体的地物要素按顺序转化为 x，y 坐标及对应的代码并输入到计算机中。目前可用于地理信息系统数据采集的方法与技术很多，如手扶跟踪数字化仪；目前自动化扫描输入与遥感数据集成最受人们关注。扫描技术的应用与改进，实现扫描数据的自动化编辑与处理，仍是地理信息系统数据获取研究的关键技术。

（二）空间数据存储与管理

空间数据存储与管理是建立地理信息系统数据库的关键步骤，涉及空间数据和属性数据的组织。空间数据结构的选择在一定程度上决定了系统所能执行的数据分析功能；在地理数据组织与管理中，最关键的是如何将空间数据与属性数据融合为一体。因此，地理信息系统数据库管理功能，除与属性数据有关的 DBMS 功能外，对空间数据的管理技术还包括：空间数据库的定义、数据访问和提取、从空间位置检索空间物体及其属性、从属性条件检索空间物体及其位置、开窗和接边操作、数据更新和维护等。

（三）空间数据处理与变换

地理信息系统涉及的数据类型多种多样，同一种类型的数据的质量也可能有很大的差异。为了保证系统数据的规范和统一，必须对数据进行相应的处理与变换。初步的数据处理主要包括数据格式化、转换、概括。数据的格式化是指不同数据结构的数据间变换，是一种耗时、易错、需要大量计算量的工作，应尽可能避免；数据转换包括数据格式转换、数据比例尺的变换等。在数据格式的转换方式上，矢量到栅格的转换要比其逆转换快速、简单。数据比例尺的变换涉及数据比例尺缩放、平移、旋转等方面，其中最重要的是投影变换。目前地理信息系统所提供的数据概括功能极弱，与地图综合的要求还有很大差距，需要进一步发展。

（四）空间数据查询与分析

空间数据查询是地理信息系统以及许多其他自动化地理数据处理系统应具备的最基本的分析功能；而空间数据分析是地理信息系统的核心功能，也是地理信息系统与其他计算机系统的根本区别，其中模型分析是在地理信息系统支持下，分析和解决现实世界中与空间相关的问题，它是地理信息系统应用深化的重要标志。

（1）空间数据查询：空间数据查询是 GIS 最基本的功能，包括已知属性查图形、已知图形查属性及多种条件的综合查询。

（2）拓扑叠合：将同一地区两个或多个不同图层的特征相叠合，建立新的空间特征。

（3）缓冲区分析：对数据库中的点、线、面实体建立各种类型要素的缓冲区多边形，来确定不同地理要素的空间邻近度。

(4)网络分析:网络分析是 GIS 空间数据分析的重要组成部分。网络模型是运筹学中的一个基本模型,例如在城市各街区建立图书馆、医院等公共设施,希望各居民住宅到这些设施的路途最短,而在建立消防站、救护站时,希望路途最短、花费时间最少等。

(5)数字地形分析:通过构造数字高程模型(DEM),对地形进行分析,包括坡度、坡向、地表粗糙度、剖面、通视分析等。

(五)空间数据显示与输出

GIS 为用户提供了许多用于地理数据表现的工具,其形式既可以是计算机屏幕显示,也可以是诸如报告、表格、地图等硬拷贝图件。图形输出是 GIS 产品的主要表现形式,包括各种类型的符号图、动线图、点值图、晕线图、等值线图、立体图等。

三、GIS 的应用功能

目前,GIS 已广泛应用于经济、交通、国防、资源、环境、教育、科研、军事等诸多领域,已成为跨学科、跨领域的空间数据分析和辅助决策的有效工具。GIS 的典型应用如下。

(一)资源清查

资源清查是地理信息系统最基本的应用,这时系统的主要任务是将各种来源的数据汇集在一起,并通过系统的统计和覆盖分析功能,按多种边界和属性条件,提供区域多种条件组合形式的资源统计和进行原始数据的快速再现。以土地利用类型为例,可以输出不同土地利用类型的分布和面积、按不同高程带划分的土地利用类型、不同坡度区内的土地利用现状,以及不同时期的土地利用变化等,为资源的合理利用、开发和科学管理提供依据。又如中国西南地区国土资源信息系统,设置了三个功能系统,即数据库系统、辅助决策系统、图形系统。该系统提供了一系列资源分析与评价模型、资源预测预报模型及西南地区资源合理开发配置模型。该系统可绘制草场资源分布图、矿产资源分布图、各地县产值统计图、农作物产量统计图、交通规划图、重大项目规划图等不同内容的专业图。

(二)城乡规划

在城市与区域规划中要处理许多不同性质和不同特点的问题,它涉及资源、环境、人口、交通、经济、教育、文化和金融等多个地理变量和大量数据。地理信息系统的数据库管理有利于将这些数据信息归并到统一系统中,最后进行城市与区域多目标的开发和规划,包括城镇总体规划、城市建设用地适宜性评价、环境质量评价、道路交通规划、公共设施配置,以及城市环境的动态监测等。这些规划功能的实现,是以地理信息系统的空间搜索方法、多种信息的叠加处理和一系列分析(回归分析、投入产出计算、模糊加权评价、0-1 规划模型、系统动力学模型等)加以保证的。我国大城市数量居于世界前列,根据加快中心城市的规划建设,加强城市建设决策科学化的要求,利用地理信息系统作为城市规划、管理和分析的工具,具有十分重要的意义。

(三)灾害监测

借助遥感遥测数据的收集,利用地理信息系统,可以有效地进行森林火灾的预测预报、洪水灾情监测和洪水淹没损失的估算,为抢险救灾和防洪决策提供及时准确的信息。例如据我国大兴安岭地区的研究,通过普查分析森林火灾实况,统计分析十几万个气象数据,从中筛选出气温、风速、降水、温度等气象要素及春秋两季植被生长情况和积雪覆盖程度等 14 个因子,用模糊数学方法建立数学模型,建立微机信息系统的多因子的综合指标森林火险预报方法,预报火险等级的准确率可达73%以上。

(四)环境管理

环境管理涉及人类社会活动和经济活动的一切领域,利用GIS可以有效地为环境管理决策及其他用途服务。一个地方的环境管理信息系统的功能有:

(1)为环境管理部门提供数据和信息存储方法——基础数据库系统;

(2)提供环境管理的数据统计、报表和图形编制方法;

(3)建立环境污染的若干模型,为环境管理决策提供支持;

(4)提供环保部门办公软件;

(5)提供信息传输的方法和手段。

(五)宏观决策

地理信息系统利用拥有的数据库,通过一系列决策模型的构建和比较分析,为国家宏观决策提供依据。例如利用系统支持下的土地承载力的研究,可以完成土地资源与人口容量的规划。我国在三峡工程研究中,通过利用地理信息系统和机助制图的方法,建立环境监测系统,为三峡工程宏观决策提供了建库前后环境变化的数量、速度和演变趋势等可靠的数据。

(六)多媒体可视化或虚拟表达

GIS能够与OA等其他系统兼容,从而能够满足用户多媒体可视化表达的需要。另外,基于GIS和虚拟现实(Virtual Reality,简称VR)技术,还可以实现模拟现实某一场景,如可以实现飞行、军事演习的模拟等。

第四节　地理信息系统的发展

从20世纪60年代至今,我们可以看到GIS的发展依赖于计算机技术的发展,尤其是计算机图形学、空间数据库与网络技术的发展。50多年来,GIS在国内外的发展速度、应用状况是不同的。发达国家(美国、加拿大、英国、德国等)较早掀起GIS热浪,目前在GIS技术和应用方面比较成熟。发展中国家(中国、印度等)虽起步晚,但后劲大。

一、世界GIS发展历史

20世纪60、70年代,随着资源开发与利用、环境保护等问题的日益突出,人类社会迫切需要一种能够有效地分析、处理空间信息的技术方法和系统。与此同时,计算机软硬件技术也得到了飞速的发展,与此相关的计算机图形和数据库技术也开始走向成熟。这为地理信息系统理论和技术方法的创立提供了动力与技术支持,使地理信息系统得到了很大的全面发展。

综观GIS发展,可将地理信息系统发展分为以下几个阶段。

(一)20世纪60年代——地理信息系统的开拓期

由于20世纪40年代和50年代计算机科学、地图学和航空摄影测量技术的发展,逐渐开始利用计算机汇总各种来源的数据,借助计算机处理和分析这些数据,最后通过计算机输出一系列结果,作为辅助决策的有用信息,这就产生了最早地理信息系统的基本框架。到了20世纪50年代末60年代初,计算机获得广泛应用以后,很快就被应用于空间数据的存储和处理，计算机成为地图信息存储和计算处理的装置，很多地图被转换为能被计算机利用的数字形式，这就产生了地理信息系统的早期雏形。在这个基础上诞生了世界上第一个地理信息系统——加拿大地理信息系统（CGIS），该系统用于自然资源的管理和规划。这时地理信息系统的特征是和计算机技术的发展水平联系在一起的，表现为计算机存储能力小，磁带存取速度慢，机助制图能力较强，地学分析功能比较简单，实现了手扶跟踪的数字化方法，可以完成地图数据的拓扑编辑、分幅数据的自动拼接，开创了格网单元的操作方法，发展了许多面向格网的系统。例如哈佛大学的 SYMAP 系统，另外还有 GRID、MLMIS 等系统。所有这些处理空间数据的主要技术，奠定了地理信息系统发展的基础。这一时期，地理信息系统发展的一个显著标志是许多有关的组织和机构纷纷建立，例如 1966 年美国成立城市和区域信息系统协会（URISA），1969 年又成立州信息系统全国协会（NASIS），国际地理联合会（IGU）于 1968 年设立了地理数据收集和处理委员会（CGDSP）。这些组织和机构的建立，对于传播地理信息系统的知识和发展地理信息系统的技术，起了重要的指导作用。

（二）20 世纪 70 年代——地理信息系统的巩固发展期

20 世纪 70 年代，计算机发展到第三代，内存容量大增，运算速度达到 10^{-6}s 级，特别是大容量直接存取设备——磁盘的使用，为地理数据的录入、储存、检索、输出提供了强有力的手段。用户屏幕和图形、图像卡的发展增强了人机对话和高质量图形显示功能，促使 GIS 朝着实用化方向发展。例如从 1970 年至 1976 年，美国地质调查所就建成 50 多个信息系统，分别作为处理地理、地质和水资源等领域空间信息的工具。其他国家如加拿大、德国、瑞典和日本等也先后发展了自己的地理信息系统。地理信息系统的发展，使一些商业公司开始活跃起来，软件在市场上受到欢迎。在这一时期，GIS 的需求不断增加，许多团体、机构和公司开展了 GIS 的研制工作，推动了 GIS 软件的发展。据国际地理联合会地理数据遥测和处理小组委员会 1976 年的调查统计，处理空间数据的软件有 600 多个，完整的 GIS 有 80 多个。在这一时期，先后召开了一系列关于地理信息系统的国际讨论会。国际地理联合会先后于 1970 年和 1972 年两次召开关于地理信息系统的学术讨论会，1978 年国际测量师联合会（FIG）规定第三委员会的主要任务是研究地理信息系统，同年在德国达姆斯塔特工业大学召开了第一次地理信息系统讨论会等。这期间，许多大学（例如美国纽约州立大学布法罗校区等）开始注意培养地理信息系统方面的人才，创建了地理信息系统实验室。总之，地理信息系统在这时受到了政府部门、商业公司和大学的普遍重视，成为一个引人注目的领域。

（三）20 世纪 80 年代——地理信息系统的技术大发展期

随着大规模和超大规模集成电路的问世，推出了第四代计算机，特别是微型计算机和远程通信传输设备的出现为计算机的普及应用创造了条件，加上计算机网络的建立，使地理信息的传输时效得到极大的提高。在系统软件方面，完全面向数据管理的数据库管理系统（DBMS）通过操作系统（OS）管理数据，系统软件工具和应用软件工具得到研制，先后推出了 ArcInfo、GENAMAP、MicroStation 和 System 9 等多种 GIS 基础软件。数据处理开始和数学模型、模拟等决策工具结合。地理信息系统的应用从解决基础设施的规划转向更加复杂的区域开发问题，例如土地的规划利用、城市发展战略研究、人口的规划和安置等，地理因素成为投资标准决策不可缺少的依据。这个时期，GIS 已跨越国界。许多国家制定了本国的地理信息系统发展规划，启动了若干科研项目，建立了一些政府性、学术性机构，如美国于

1987 年成立了国家地理信息与分析研究中心(NCGIA),英国于 1987 年成立了地理信息协会。地理信息系统不仅引起工业化国家的普遍兴趣,例如英国、法国、德国、挪威、瑞典、荷兰、以色列、澳大利亚等都在积极促进地理信息系统的发展和应用,而且不再受国家界线的限制,地理信息系统开始用于解决全球性的问题,如全球的沙漠化、全球可居住区的评价、厄尔尼诺现象及酸雨、核扩散等对世界环境潜在的影响等。

(四)20 世纪 90 年代——地理信息系统的应用普及时代

20 世纪 90 年代以来,随着地理信息产业的建立和地球数字化产品的普及应用,GIS 的发展进入用户时代,网络已进入千家万户,地理信息系统已成为许多机构和政府部门必备的工作系统,而且社会对地理信息系统的认识普遍提高,需求大幅度增加,从而导致地理信息系统应用的扩大与应用水平的提高。国家级乃至全球性的地理信息系统已成为公众关注的问题,例如地理信息系统已被列入美国政府制订的信息高速公路计划,也是美国前副总统戈尔提出的数字地球战略的重要组成部分。总之,地理信息系统将发展成为现代社会最基本的服务与决策系统。

(五)21 世纪——地理信息系统的信息、网络化时代

21 世纪是信息时代,网络 GIS 得到进一步发展。GIS 进入信息化服务阶段,研究的问题不再局限于原理、方法、技术问题,还深入到社会化应用中的管理、信息标准、产业政策等软科学研究,地理信息产业在网络技术推动下逐渐走向成熟。

二、我国 GIS 发展历史

我国在地理信息系统方面的工作始于 20 世纪 80 年代初。地理信息系统进入发展阶段的标志是第七个五年计划的开始,地理信息系统研究作为政府行为,正式被列入国家科技攻关计划,开始了有计划、有组织、有目标的科学研究、应用试验和工程建设工作。许多部门同时展开了地理信息系统研究与开发工作。1994 年中国 GIS 协会在北京成立,标志着中国 GIS 行业已形成一定规模。“九五”期间,国家将地理信息系统的研究应用作为重中之重的项目予以支持。1996 年,为支持国产 GIS 软件的发展,国家科委开始组织软件评测,并组织应用示范工程。这一系列的举措极大地促进了国产 GIS 软件的发展与 GIS 的应用。1998 年,国产软件打破国外软件的垄断,在国内市场的占有率达 25%。地理信息系统在资源调查、评价、管理和监测,城市规划和市政工程、行政管理与空间决策、灾害的评估与预测、地籍管理及土地利用,以及交通、农业、公安等诸多领域得到了广泛的应用。在 GIS 教育方面,在 20 世纪 80 年代中后期,国内只有部分师范院校在研究生和本科教学中开设了地理信息系统课程。1997 年,国家学位委员会对原有学科进行合并、调整,在地理学一级学科中增加了地图学与地理信息系统(理学)二级学科,在测绘科学与技术一级学科中增加了地图制图学与地理信息工程(工学)二级学科,随后,许多师范院校纷纷开设本科地理信息系统专业。据统计,截至 2007 年,全国已有 40 余所高等师范院校开办了地理信息系统专业,为相关部门培养和输送 GIS 人才。中国 GIS 的发展分为以下四个阶段。

(一)20 世纪 70 年代——GIS 准备阶段

中国一些知名人士、GIS 先驱看到 GIS 的广阔应用前景和 GIS 的重要性,进行了积极呼吁,为 GIS 在我国的发展奠定了理论基础,并做了一些可行性 GIS 试验。

（二）20 世纪 80 年代——GIS 试验起步阶段

在这期间，我国科研人员在 GIS 理论探索、规范探讨、软件开发、系统建立等方面取得了突破和进展，并进行了一些典型试验专题、试验软件开发工作。

（三）20 世纪 90 年代——GIS 发展阶段

在该阶段，沿海、沿江经济开发区的发展，土地的有偿使用和外资的引进，急需 GIS 为之服务，这也推动了 GIS 在我国的全面发展。

（四）2000 年至今——GIS 产业化、网络化阶段

近十几年来，我国经济信息化的基础设施和重大信息工程已被纳入国家计划，一批国家级和地方级的 GIS 相继建立并投入运行，一批专业遥感基地已建立并进入产业化运行，一批综合运用"3S"技术的重点项目已实施，并在自然灾害监测和国土资源调查中发挥作用。在高等院校开设了与 GIS 相关的新专业，培养了一大批从事 GIS 研究与开发的高层次人才，具有我国自主版权的 GIS 基础软件的研制逐步进入了产业化轨道，这些都标志着我国 GIS 产业已进入新的发展阶段。21 世纪，中国在信息产业化、标准化等方面已重视与世界接轨，网络 GIS、"3S"技术及应用将得到进一步发展。

至于遥感与全球定位，我国未来 5 年将实施的五大航天工程，将建立长期稳定的对地观测系统体系、协调配套全国遥感应用体系，并建立满足应用的卫星导航系统及应用产业。启动实施高分辨率对地观测系统工程，开展立体测图卫星等关键技术研究，形成全天候、全天时、不同分辨率、稳定的地球观测系统（EOS），实现对陆地、大气、海洋的立体观测和动态监测。将统筹发展遥感地面系统和业务应用系统，整合地面系统和业务应用的实施，初步实现社会公益领域的数据共享；建立卫星辐射校正场等定量化应用的设施，初步实现社会公益领域的数据共享；建立卫星环境应用和减灾机构，形成若干重要业务应用系统，为构建数字地球及地学应用作贡献。

三、地理信息系统的发展趋势

地理信息系统技术是一项现代技术。自从 20 世纪 60 年代地理信息系统问世以来，经过半个世纪的发展，GIS 系统软件和应用软件日趋成熟和完善，但地理信息系统技术的发展还远没有止境，并且正处于急剧变化之中，主要表现在以下几个方面。

（一）网络 GIS——WebGIS

对于 GIS 的发展，计算机网络技术是起到质变作用的重要技术。它的最新发展使得在网络上实现 GIS 应用日益引起人们的普遍关注。网络 GIS 使得以往很多难以完成的事情得以实现，如网络技术使得数据库在地理位置上以分布的方式存在，这样，各个数据库可以局部地进行生产、更新、维护和管理，而网络又使这些分布在局部的数据库相互之间可以连接起来实现共享使用。高速的数据传输使得数据库之间的数据传输能够快速地实现。Intranet GIS 是指在 Intranet 的信息发布、数据共享、交流协作基础上实现 GIS 的在线查询和业务处理等功能。万维网的发展给 GIS 数据在更大范围内的发布、出版、获取和查询提供了有效可行的途径。网络浏览器的使用从视觉上给提供和使用地理数据的人们带来了方便。网络技术有巨大潜力，但是如何在 GIS 领域有效地使用网络技术，充分、恰当地发挥出它的潜能仍然是需要人们探索的问题。

目前，网络 GIS 的建设面临四个方面的挑战：网上数据发布、网上数据互操作、网上数据

采掘和网上数据管理及安全性。与传统的 GIS 相比,网络 GIS 具有以下特点:

(1)适应性强:网络 GIS 是基于互联网的,因而是全球或区域性的,能够在不同的平台上运行。

(2)应用面广:网络功能将使网络 GIS 应用到整个社会,真正体现 GIS 的无所不能、无处不在的特点。

(3)信息共享:WebGIS 可以通过通用的浏览器进行信息发布的特点,使得不仅专业人员,而且普通用户也能方便地获取所需的信息。

(4)现势性强:地理信息系统的实时更新在网上进行,人们能得到最新信息和最新动态。

(5)维护社会化:数据的采集、输入,空间信息的分析与发布将在社会协调下运作,可采用社会化方式对其维护,以减少重复劳动。

(6)使用简单:用户可以直接从网上获取所需要的各种地理信息,方便地进行信息分析,而不用关心空间数据库的维护和管理。

(二)开放式 GIS——Open GIS

1996 年美国成立了开放式地理信息系统联合会(Open GIS Consortium,简称 OGC),旨在利用开放地理数据互操作规范(Open Geodata Interoperability Specification,简称 OGIS),给出一个分布式访问地理数据和获得地理数据处理服务的软件框架,以最大限度地实现资源共享和信息交互。

开放式地理信息系统(Open GIS)是指在计算机和通信环境下,根据行业标准和接口所建立起来的地理信息系统。它使数据不仅能在应用系统内流动,还能在系统间流动。Open GIS 是使不同的地理信息系统软件之间具有良好的互操作性,以及在异构分布数据库中实现信息共享的途径。正如《Open GIS 指南》中所说:在网络运作环境和工作流程下,Open GIS 的目标是使得应用系统开发者能够从网上透明地使用任何地理数据和数据处理的功能方法,而不管它的数据格式和数据模型。因此,Open GIS 应具备以下特点:

(1)互操作性:不同地理信息系统软件之间连接、信息交换没有障碍。

(2)可扩展性:可在装有不同软件、不同档次的计算机上运行,并且增加了新的地学空间数据和地学数据处理功能。

(3)技术公开性:主要是对用户公开,公开源代码及规范说明是重要的途径之一。

(4)可移植性:独立于软件、硬件及网络环境,不需修改便可在不同的计算机上运行。

除此之外,还有兼容性、可实现性、协同性等特点。

(三)组件式 GIS——Com GIS

组件式软件技术的出现改变了以往封闭、复杂、难以维护的软件开发模式。Com GIS 的基本思想是把 GIS 的各种功能模块做成控件,利用软件开发工具以搭积木形式集成起来,构成地理信息系统平台和应用系统。GIS 软件属于大型软件,开发一套功能完备的 GIS 软件是一项极其复杂的工程。组件的可编程和可重用的特点为系统开发提供了有效的系统维护方法,而且为 GIS 的最终用户提供了方便的二次开发手段。当前计算机软件控件(ActiveX 控件、OLE 控件)技术为 GIS 软件提供了一种新的开发模式。GIS 软件厂商已由原来向用户提供系统转为提供 ActiveX 控件或 OLE 控件,如 ERSI 公司的 MapObject、MapInfo 公司的 MapX 等。

组件式 GIS 基于标准 GIS 平台，各组件之间不仅可以自由、灵活地重组，而且具有可视化的界面和方便的标准接口，其特征主要体现在：

（1）高效无缝的系统集成，允许将专业模型、GIS 控件、其他控件紧密地结合在统一的界面下。

（2）无须专门的 GIS 开发语言，只要掌握基于 Windows 开发的通用环境，以及组件式 GIS 各控件的属性、方法和事件，就能完成应用系统的开发。

（3）大众化的 GIS 用户可以像使用其他 ActiveX 控件一样使用 GIS 控件，使非专业的 GIS 用户也能胜任 GIS 应用开发工作。

（4）开发成本低，非 GIS 功能可以利用非专业控件，降低了系统的成本。

（四）虚拟 GIS——VGIS

虚拟 GIS 就是 GIS 与虚拟现实技术的结合。虚拟现实技术是当代信息技术高速发展，并与其他技术集成的产物，是一种最有效的模拟人在自然环境中视、听、动等行为的高级人机交互技术。虚拟现实技术的一个特点是将过去只擅长于处理数字的单维信息的计算机发展成为擅长于处理适合人的特性的多维信息的计算机。

虚拟现实技术的基础是，高级的三维图形技术、问题求解工具、多媒体技术、网络通信技术、数据库、信息系统、专家系统、面向对象技术和智能决策支持系统等技术的集成。由于技术的受限，目前还未能开发出适合于遥感和 GIS 用户需要的真三维可视化的数据分析软件包。GIS 与虚拟现实技术相结合将使 GIS 更加完美。采用虚拟现实中的可视化技术，在三维空间中重建逼真的、可操作的地理三维实体，GIS 用户在计算机上就能观察到真三维的客观世界，在虚拟环境中将能更有效地管理、分析空间实体数据。目前虚拟 GIS 的研究主要集中在虚拟城市。开发虚拟 GIS 已经成为 GIS 发展的一大趋势。

（五）多媒体 GIS——MGIS

多媒体（Multi - Media）技术是一种集声、像、图、文、通信等为一体，并以最直观的方式表达和感知信息，以形象化的、可触摸的甚至声控对话的人机界面操纵信息处理的技术。应用多媒体技术对 GIS 的系统结构、系统功能及应用模式的设计产生极大的影响，使得 GIS 的表现形式更丰富、更灵活、更友好。

多媒体地理信息系统（MGIS）将文字、图形、图像、声音、色彩、动画等技术融为一体，为 GIS 应用开拓了新的领域和广阔的前景。它不仅能为社会经济、文化教育、旅游、商业、决策管理和规划等提供生动、直观、高效的信息服务，而且将使计算机技术真正走进人类社会生活。多媒体技术在 GIS 领域的深入应用，乃至出现具有良好集成能力的 MGIS 是技术发展的必然结果。

（六）三维 GIS——3D GIS

当前的地理信息系统软件通常只能处理 2D 平面或 2.5D 的地形表面数据，还不能处理诸如地下矿体、地下水文、大气空间等真三维现象。这一情况严重阻碍了地理信息系统在这些领域的应用。因此，必须用一个(X,Y,Z)的 3D 坐标来描述研究对象。在 3D GIS 中，研究对象是通过空间 X、Y、Z 轴进行定义，描述的是真三维的对象。随着计算机技术的发展和许多行业诸如城市地下管网、空间规划、景观分析、地质、矿山、海洋、无线通信覆盖范围分析等对三维 GIS 的需求日益迫切，3D GIS 的理论和应用近年来受到许多学者的关注。目前已有一些新的软件能够支持和表达真三维现象，但还仅限于真三维显示和简单的分析，不能满足人们分析问题的需要，而真正的3D GIS必须支持真三维的矢量和栅格数据模型及以此为基础的三维空间数据库。主要原因是3D GIS理论还不成熟，其拓扑关系模型一直没有完全解决，而且三维基础上的数据量大，很难建立一个有效的、易于编程实现的三维模型。

（七）时态GIS——TGIS

地理信息除具有空间特征外，还具有明显的时序特征。人们都在一定的空间和时间环境中生存并从事各种社会活动。从信息系统尤其是GIS的实用角度出发，时间可以看成是一条没有端点、向过去和将来无限延伸的线轴，它是现实世界的第四维。时间和空间不可分割地联系在一起，跟踪和分析空间信息随时间的变化，应当是GIS的一个合理目标。在许多应用领域中，如环境监测、地震救援、天气预报等，空间对象是随时间变化的，而这种变化规律在求解过程中起着十分重要的作用。研究GIS的时态问题已经成为当今GIS领域的一个重要方向。对GIS中时态特性的研究，即所谓的时态GIS。时态GIS不仅应包括回顾过去的历史数据，还应包括展望未来的规划数据。

时态GIS的组织核心是时空数据库，主要研究内容是时空数据模型，时态数据的表示、存储、操作、查询和时态分析。时空数据模型的选择应以不同类型的时空过程和应用目的为出发点。目前较常用的做法是在现有数据模型的基础上进行扩充，如在关系模型的元组中加入时间，在对象模型中引入时间属性。

（八）无线通信与GIS

无线通信改变了人们的生活和工作方式。随着无线通信技术的发展，特别是WAP技术的应用，无线通信技术与GIS技术以及Internet技术的结合成为可能，形成了一种新的技术——无线定位技术（Wireless Location Technology）。因此，也衍生一种新的服务，即无线定位服务（Wireless Location Service）。无线定位技术的应用很广泛。利用这种技术，人们可以用手机查询到自己所在的位置，再利用GIS的空间查询分析功能，可以查到自己所关心的信息。例如，您走在大街上，就可以用手机查询离自己最近的餐馆在哪里、怎么走、有什么特色菜；再比如您来到一个陌生的城市，迷失了方向，就可以用手机迅速地调出自己所在位置附近的地图，标出目标地点，手机就会自动显示出应该行走的路线，指导自己顺利地到达目的地。

利用手机进行无线上网、无线资料传输将是下一个热潮。GIS与无线通信的结合，使GIS借助于无线通信等技术手段更加深入地融入到我们的日常生活当中，这将是一个非常广阔的市场。

除以上的发展趋势外，地理信息系统还会朝着标准化、商业化、企业化、全球化、大众化的方向发展。

总之，在过去的几年间，上述每个讨论过的趋势都经历了不同的转变。这些趋势的转变不但反映出行业的成熟度，更重要的是反映出技术的传递过程。技术的传递在两个方向同时发生，许多GIS相关技术和信息技术被引进，而且在技术传递过程中两方面的技术集成都在不断增加。技术传递过程也需要集成，这一集成是基于标准的，因此对标准化的需求也增加了。相应地，技术上的趋势、GIS应用软件、用户和空间数据都对GIS标准的整个趋势产生了很大的影响。

思考题

1. 信息与数据有哪些异同点？信息有哪些基本属性？
2. 什么是地理信息系统？地理信息系统与其他信息系统的主要区别是什么？
3. 地理信息系统由哪几个部分组成？
4. 地理信息系统有哪些基本功能？
5. 如何正确理解 GIS 中“S”的含义？
6. 目前地理信息系统可以应用在哪些领域？
7. 简述地理信息系统的发展历史及发展趋势。
8. 现代信息技术的出现给测绘技术与地理分析技术带来哪些主要的变化？
9. 查询 GIS 网络资源，并根据自己掌握的资料，分析 GIS 的发展前景。

第二章　空间数据结构

【导读】:地理信息系统已应用到国民经济建设中的各个领域,利用 GIS 能解决现实世界中的多种问题,其前提是必须将复杂的地理事物与现象简化和抽象到计算机中进行表示、处理和分析。本章首先介绍了地理空间数据的表达方法,其次对地理实体的拓扑关系进行了详细的描述,最后从矢量数据结构、栅格数据结构等方面介绍了地理信息系统的空间数据组织形式。

第一节　空间数据表达

一、地理空间的概念

地理空间上至大气电离层,下至地幔莫霍面,是生命过程活跃的场所,也是宇宙过程对地球影响最大的区域。

地理信息系统中的空间概念常用地理空间(Geo - Spatial)来表述,一般包括地理空间定位框架及其所连接的特征实体。地理空间定位框架即大地测量控制,由平面控制网和高程控制网组成。大地测量控制为建立所有的地理要素的坐标位置提供了一个通用参考系,利用该通用参考系可以将全国范围使用的平面及高程坐标系与所有的地理要素相连接。大地测量控制信息的主要要素就是大地测量控制点,这些设标点(有时为动态的 GPS 控制点)的平面位置和高程被精确地测量,并用于其他点位的确定。因此,大地测量控制信息在开发所有的框架数据及用户的应用数据中发挥着关键的作用。

二、空间数据的类型

地理信息中的数据来源和数据类型很多,概括起来主要有以下五种:

(1)几何图形数据:来源于各种类型的地图和实测几何数据。几何图形数据不仅反映空间实体的地理位置,而且反映实体间的空间关系。

(2)影像数据:主要来源于卫星遥感、航空遥感和摄影测量等。

(3)属性数据:来源于实测数据、文字报告,或地图中的各类符号说明,以及从遥感影像数据通过解释得到的信息等。

(4)地形数据:来源于数字化地形等高线图、已建立的格网状的数字化高程模型(DTM),或用其他形式表示的地形表面(如 TIN)等。

(5)元数据:对空间数据进行推理、分析和总结得到的关于数据的数据,如数据来源、数据权属、数据产生的时间、数据精度、数据分辨率、源数据比例尺、地理空间参考基准、数据转换方法等。

在智能化的 GIS 中还应有规则和知识数据。

三、空间数据的表示

不同类型的数据都可抽象表示为点、线、面三种基本的图形要素，如图 2-1 所示。

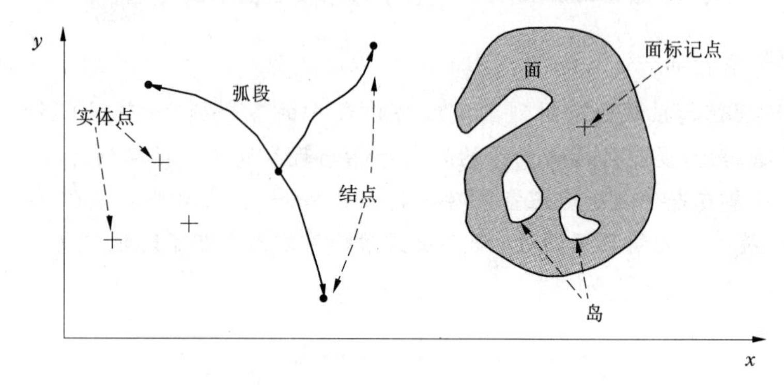

图 2-1 空间数据的抽象表示

(1)点(Point):点既可以是一个标记空间点状实体，如水塔，也可以是标记点，仅用于特征的标注和说明，或作为面域的内点用于标明该面域的属性，或是线的起点、终点或交点，也称为结点(Node)。

地面上真正的点状事物很少，一般都占有一定的面积，只是大小不同。这里所谓的点状要素，是指那些占面积较小，不能按比例尺表示，又要定位的事物。因此，面状事物和点状事物的界限并不严格。如居民点，在大、中比例尺地图上被表示为面状地物，在小比例尺地图上则被表示为点状地物。

点状要素的质量和数量特征，用点状符号表示。通常以点状符号的形状和颜色表示质量特征，以点状符号的尺寸表示数量特征，将点状符号定位于事物所在的相应位置上。图 2-2为几种点状符号。

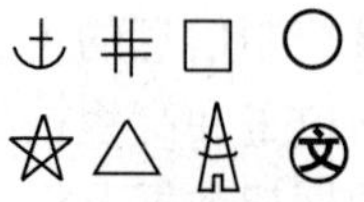

图 2-2 几种点状符号

(2)线(Line):是具有相同属性值的点的轨迹，线的起点和终点表明了线的方向。道路、河流、地形线、区域边界等均属于线状地物，可抽象为线。线上各点具有相同的公共属性并至少存在一个属性。当线连接两个结点时，也称为弧段(Arc)或链(Link)。

地面上呈线状或带状的事物，如交通线、河流、境界线、构造线等，在地图上，均用线状符号来表示。当然，对于线状实体和面状实体的区分，也和地图的比例尺有很大的关系。如河流，在小比例尺地图上，被表示成线状地物，而在大比例尺地图上，则被表示成面状地物。通常用线状符号的形状和颜色表示质量特征，用线状符号的尺寸变化(线宽的变化)表示数量特征。图 2-3是几种线状符号。

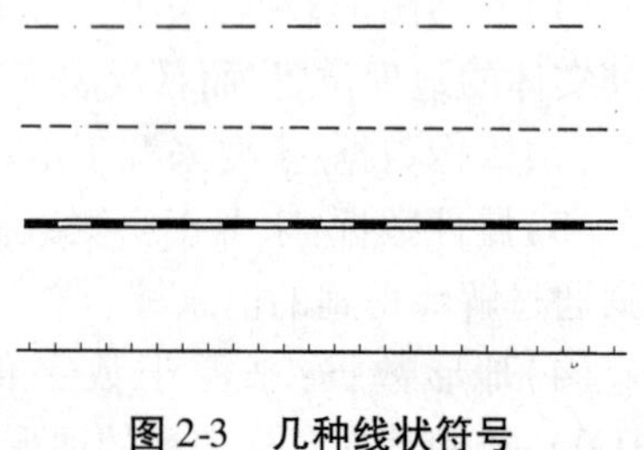

图 2-3 几种线状符号

(3)面(Area):是线包围的有界连续的具有相同属性值的面域，或称为多边形(Polygon)。多边形可以嵌套，被多边形包含的多边形称为岛。

空间的点、线、面可以按一定的地理意义组成区域(Region)，有时称为一个覆盖(Coverage)，或数据平面(Data Plane)。各种专题图在 GIS 中都可以表示为一个数据平面。

面状分布的地理事物很多,其分布状况并不一样,有连续分布的,如气温、土壤等,有不连续分布的,如森林、油田、农作物等;它们所具有的特征也不尽相同,有的是性质上的差别,如不同类型的土壤,有的是数量上的差异,如气温的高低等。因此,表示它们的方法也不相同。

对于不连续分布或连续分布的面状事物的分布范围和质量特征,一般可以用面状符号表示。符号的轮廓线表示其分布位置和范围,轮廓线内的颜色、网纹或说明符号表示其质量特征。具体方法有范围法、质底法。例如,土地利用图描述的是一种连续分布的面状事物,在地图上通常用地类界与底色、说明符号以及注记等配合表示地表的土地利用情况(见图2-4)。

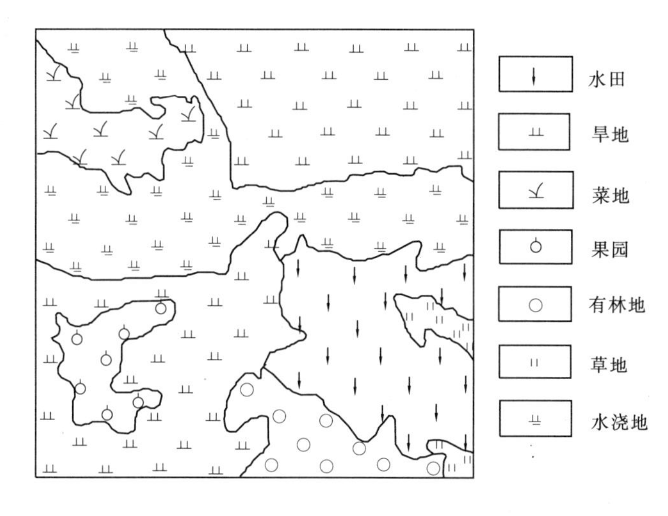

图2-4　面状符号

但对于连续分布的面状事物的数量特征及变化趋势,常常可以用一组线状符号——等值线表示,如等温线、等降水量线、等深线、等高线等,其中等高线是以后GIS建库中经常用到的一种数据表示方式。等值线的符号一般是细实线加数字注记。等值线的数值间隔一般是常数,这样就可以根据等值线的疏密,判断制图对象的变化趋势或分布特征。等值线法适合于表示地面上或空间中呈连续分布且逐渐变化的地理事物。

四、空间数据的特征

在地理信息系统中,由于空间数据代表着现实世界地理实体或现象在信息世界中的映射,因此它反映的特征同样应该包括自然界地理实体向人类传递的基本信息。要完整地描述空间实体或现象的状态,一般需要同时有空间数据和属性数据。如果要描述空间实体或现象的变化,则还需记录空间实体或现象在某一个时间的状态。所以,一般认为空间数据具有三个基本特征(见图2-5)。

(一)空间位置特征

空间位置特征表示空间实体在一定坐标系中的空间位置或几何定位,通常采用地理坐标的经纬度、空间直角坐标、平面直角坐标和极坐标等来表示。空间位置特征也称为几何特征,包括空间实体的位置、大小、形状和分布状况等。

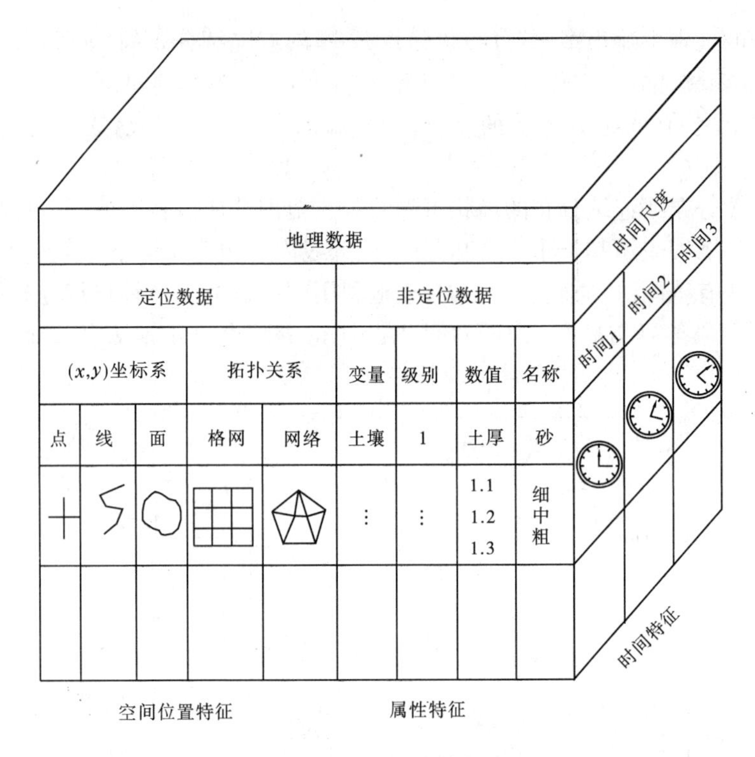

图 2-5　空间数据的基本特征

(二)属性特征

属性特征也称为非空间特征或专题特征,是与空间实体相联系的、表征空间实体本身性质的数据或数量,如实体的类型语义定义、量值等。属性通常分为定性和定量两种,定性属性包括名称、类型、特性等,定量属性包括数量 等级等。

(三)时间特征

时间特征是指空间实体随着时间变化而变化的特征。空间实体的空间位置和属性相对于时间来说,可能会存在空间位置和属性同时变化的情况,如在旧城区改造中,拆迁房屋密集区,新建商业中心;也存在空间位置和属性独立变化的情况,即实体的空间位置不变,但属性发生变化,如土地使用权转让,或者属性不变而空间位置发生变化,如河流的改道。

位置数据和属性数据相对于时间来说,常常呈相互独立的变化,即在不同的时间,空间位置不变,但是属性类型可能已经发生变化,或者相反。因此,空间数据的管理是十分复杂的。

有效的空间数据管理要求位置数据和非位置数据互相作为单独的变量存放,并分别采用不同的软件来处理这两类数据。这种数据组织方法,对于随时间而变化的数据具有更大的灵活性。

第二节　空间对象关系

空间对象关系是指地理空间实体之间相互作用的关系。空间对象关系主要有:

(1)拓扑关系:用于描述实体间的邻接、连通、包含和关联等关系。

(2)顺序关系：用于描述实体在地理空间上的排列顺序，如实体之间前后、上下、左右和东南西北等方位关系。

(3)度量关系：用于描述空间实体之间的距离远近等关系。

对空间关系的描述是多种多样的，有定量的，也有定性的，有精确的，也有模糊的。对各种空间关系的描述也非绝对独立，而是具有一定联系。对空间关系的描述和表达，是 GIS 能够进行复杂空间分析的重要原因。

一、拓扑关系

地图上的拓扑关系是指图形在保持连续状态下变形（缩放、旋转和拉伸等）时，图形关系不变的性质。地图上各种图形的形状、大小会随图形的变形而改变，但是图形要素间的邻接关系、关联关系、包含关系和连通关系保持不变。俗称的拓扑关系是绘在橡皮平面上的图形关系，或者说拓扑空间中不考虑距离函数。如图 2-6 所示，设 $N_1,N_2\cdots$ 为结点，$A_1,A_2\cdots$ 为线段（弧段），$P_1,P_2\cdots$ 为面（多边形），空间数据的拓扑关系包括以下四种形式。

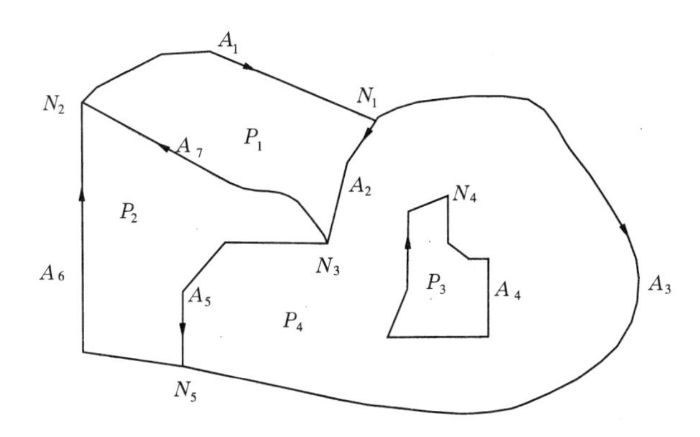

图 2-6　空间数据的拓扑关系

(1)邻接关系：空间图形中同类元素之间的拓扑关系。例如多边形（即面域）之间的邻接关系 P_1 与 P_2、P_4，P_4 与 P_1、P_2、P_3 等；结点之间的邻接关系 N_1 与 N_2、N_3、N_5 等。

(2)关联关系：空间图形中不同类元素之间的拓扑关系。例如结点与弧段的关联关系 N_1 与 A_1、A_2、A_3，N_2 与 A_1、A_6、A_7 等；弧段与多边形的关联关系 A_1 与 P_1，A_2 与 P_1 等；弧段与结点的关联关系 A_1 与 N_1、N_2，A_2 与 N_1、N_3 等；多边形与弧段的关联关系 P_1 与 A_1、A_2、A_7，P_4 与 A_2、A_3、A_5、A_4 等。

(3)包含关系：空间图形中不同类或同类但不同级元素之间的拓扑关系。例如多边形 P_4 中包含多边形 P_3。

(4)连通关系：空间图形中弧段之间的拓扑关系。例如 A_1 与 A_2、A_6 和 A_7 连通。

由于上述拓扑关系中，有些关系可以通过其他关系得到，所以在实际描述空间关系时，一般仅将其中的部分关系表示出来，而其余关系则隐含其中，如连通关系可以通过结点与弧段以及弧段与结点的关联关系得到。如果要将结点、弧段、面块相互之间的主要拓扑关系表达出来，可以组成四个关系表，即表 2-1 ~ 表 2-4。例如表 2-3 对于网络分析非常重要，而对于主要表达面状目标的 GIS 系统来说则可以省略。表 2-1 中，弧段前的负号表示面域中含有岛；表 2-2 中弧段的起点和终点给出了弧段的方向；表 2-4 中，弧段的左邻面和右邻面为沿弧段前进方向左、右两侧的多边形，由弧段的方向确定，P_0 为多边形外围的虚多边形编号。

表 2-1　面域与弧段的拓扑关系

面域	弧段	面域	弧段
P_1	A_1,A_2,A_7	P_2	A_5,A_6,A_7
P_3	A_4	P_4	$A_2,A_3,A_5,-A_4$

表 2-2　弧段与结点的拓扑关系

弧段	起点	终点
A_1	N_2	N_1
A_2	N_1	N_3
A_3	N_1	N_5
A_4	N_4	N_4
A_5	N_3	N_5
A_6	N_5	N_2
A_7	N_3	N_2

表 2-3　结点与弧段的拓扑关系

结点	弧段
N_1	A_1,A_2,A_3
N_2	A_1,A_6,A_7
N_3	A_2,A_5,A_7
N_4	A_4
N_5	A_3,A_5,A_6

表 2-4　弧段与面域的拓扑关系

弧段	左邻面	右邻面
A_1	P_0	P_1
A_2	P_4	P_1
A_3	P_0	P_4
A_4	P_4	P_3
A_5	P_4	P_2
A_6	P_0	P_2
A_7	P_2	P_1

除在逻辑上定义结点、弧段和多边形来描述图形要素的拓扑关系外，不同类型的空间实体间也存在着拓扑关系。分析点、线、面三种类型的空间实体，它们两两之间存在着相邻、相交、相离、包含、重合五种可能的关系，如图 2-7 所示。

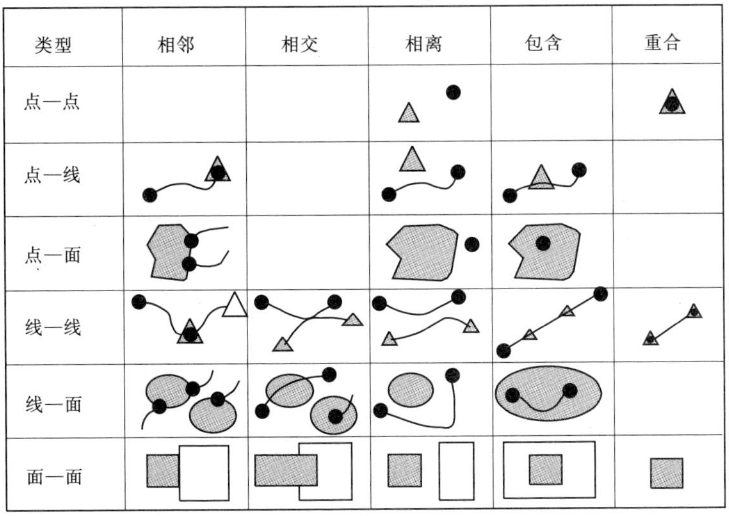

类型	相邻	相交	相离	包含	重合
点—点					
点—线					
点—面					
线—线					
线—面					
面—面					

图 2-7　不同类型空间实体间的空间关系

(1)点—点关系。点实体和点实体间只存在相离和重合两种关系。如两个村庄相离；变压器与电线杆在投影平面上重合。

(2)点—线关系。点实体和线实体间存在着相邻、相离和包含三种关系。如水闸和水渠相邻；道路与学校相离；里程碑包含在高速公路中。

(3)点—面关系。点实体与面实体间存在着相邻、相离和包含三种关系。如水库与多个泄洪闸门相邻，闸门位于水库的边界上；公园与远处的电视发射塔相离；耕地中包含输电杆。

(4)线—线关系。线实体与线实体间存在着相邻、相交、相离、包含、重合关系。如供水主干管与次干管相邻(连通)；铁路和公路相交；国道和高速公路相离；河流中包含通航线；道路与沿道路铺设的管线在平面上重合。

(5)线—面关系。线实体与面实体间存在着相邻、相交、相离、包含关系。如水库与上游及下游河流相邻；跨湖泊的通信光纤与湖泊相交；某乡镇与高速公路相离；某县境内包含干渠等。

(6)面—面关系。面实体与面实体间存在着相邻、相交、相离、包含、重合关系。如地籍中两块宗地相邻；土地利用图斑与地层类型图斑相交；两个乡镇相离；某县境内包含多个乡镇；宗地与建筑物底面重合等。

空间数据的拓扑关系，对数据处理和空间分析具有重要的意义：

拓扑关系能清楚地反映实体之间的逻辑结构关系，它比几何坐标关系有更大的稳定性，不随投影变换而变化。

利用拓扑关系有利于空间要素的查询。例如查询某条铁路通过哪些地区，某县与哪些县邻接。又如分析某河流能为哪些地区的居民提供水源，分析某湖泊周围的土地类型及对生物、栖息环境作出评价等。

可以根据拓扑关系重建地理实体。例如根据弧段构建多边形,实现道路的选取,进行最佳路径的选择等。

因此,在描述空间数据的逻辑模型时,通常将拓扑关系作为一个主要的内容。

二、顺序关系

顺序关系基于空间实体在地理空间的分布,采用上下、左右、前后、东南西北等方向性名词来描述。同拓扑关系的形式化描述类似,也可以按点—点、点—线、点—面、线—线、线—面和面—面等多种组合来考察不同类型空间实体间的顺序关系(见图2-8)。顺序关系必须是在对空间实体间方位进行计算后才能得出相应的方位描述,而这种计算非常复杂。对于实体间的顺序关系的构建,目前尚没有很好的解决方法,另外随着空间数据的投影、几何变换,顺序关系也会发生变化,所以在现在的GIS中,并不对顺序关系进行描述和表达。

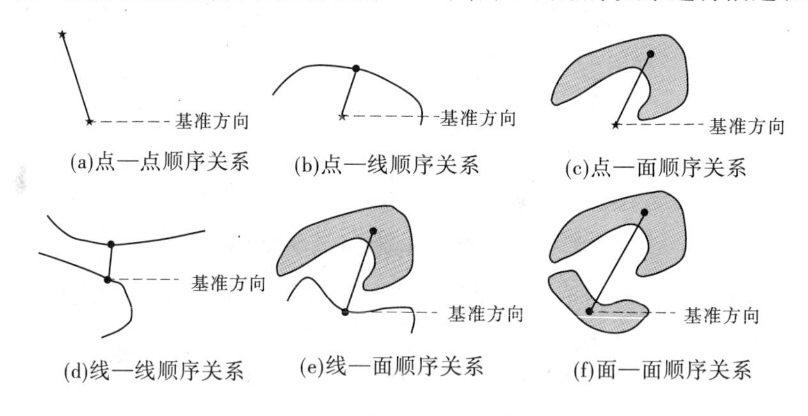

图2-8　不同类型空间实体间的顺序关系

从计算的角度来看,点—点顺序关系只要计算两点连线与某一基准方向的夹角即可。同样,在计算点实体与线实体、点实体与面实体的顺序关系时,只要将线实体和面实体简化至其中心,并将其视为点实体,按点—点顺序关系进行计算。但这种简化需要判断点实体是否落入线实体或面实体内部,而且这种简化的计算在很多情况下会得出错误的方位关系,如点与呈月牙形的面的顺序关系。

在计算线—线、线—面和面—面实体间的顺序关系时,情况变得异常复杂。当实体之间的距离很大时,此时实体的大小和形状对它们之间的顺序关系没有影响,则可将其转化为点,其顺序关系则转化为点—点间的顺序关系。但当它们之间的距离较小时,则难以计算。

三、度量关系

度量关系主要指空间实体间的距离关系。可以按照拓扑关系中建立点—点、点—线、点—面、线—线、线—面和面—面等不同组合来考察不同类型空间实体间的度量关系。距离的度量可以是定量的,如按欧几里德距离计算得出*A*实体距离*B*实体500 m,也可以应用与距离概念相关的概念如远近等进行定性的描述。与顺序关系类似,距离值随投影和几何变换而变化。建立点—点的度量关系容易,建立点—线和点—面的度量关系较难,而建立线—线、线—面和面—面的度量关系更为困难,涉及大量的判断和计算。在GIS中,一般也不明确描述度量关系。

第三节　矢量数据结构

矢量数据结构根据矢量数据模型进行数据的组织。它通过记录实体坐标及其关系，尽可能精确地表示点、线、多边形等地理实体，坐标空间设为连续，允许任意位置、长度和面积的精确定义。矢量数据结构直接以几何空间坐标为基础，记录取样点坐标。按照这种数据组织方式，可以得到精美的地图。另外，该结构还可以对复杂数据以最小的数据冗余进行存储，它还具有数据精度高、存储空间小等特点，是一种高效的图形数据结构。

在矢量数据结构中，传统的方法是几何图形及其关系采用文件方式组织，而属性数据通常采用关系型表文件记录，两者通过实体标记符连接。这一特点使得在某些方面有便利和独到之处，例如在计算长度、面积和图形编辑、几何变换操作中，有很高的效率和精度。

矢量数据结构按其是否明确表示地理实体间的空间关系分为实体数据结构和拓扑数据结构两大类。

一、实体数据结构

实体数据结构也称 Spaghetti 数据结构，是指构成多边形边界的各个线段，以多边形为单元进行组织。按照这种数据结构，边界坐标数据和多边形单元实体一一对应，各个多边形边界点都单独编码并记录坐标。例如对图 2-9 所示的多边形 *A*、*B*、*C*、*D*，可以采用两种结构分别组织。

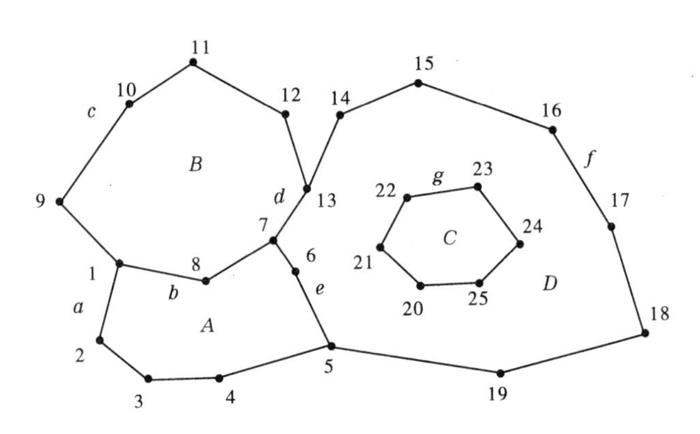

图 2-9　原始多边形数据

第一种结构采用表 2-5 组织。第二种结构采用表 2-6 确定多边形顶点坐标，在表 2-7 中记录多边形与点的关系。

实体数据结构具有编码容易、数字化操作简单和数据编排直观等优点。但这种方法有以下明显缺点：

(1) 相邻多边形的公共边界要数字化两遍，造成数据冗余存储，可能导致输出的公共边界出现间隙或重叠。

(2) 缺少多边形的邻域信息和图形的拓扑关系。

(3) 岛只作为单个图形，没有建立与外界多边形的联系。

因此，实体数据结构只适用于简单的系统，如计算机地图制图系统。

表 2-5　多边形数据文件

多边形 ID	坐标	类别码
A	$(x_1,y_1),(x_2,y_2),(x_3,y_3),(x_4,y_4),(x_5,y_5),(x_6,y_6),(x_7,y_7),(x_8,y_8),(x_1,y_1)$	*A*102
B	$(x_1,y_1),(x_8,y_8),(x_7,y_7),(x_{13},y_{13}),(x_{12},y_{12}),(x_{11},y_{11}),(x_{10},y_{10}),(x_9,y_9),(x_1,y_1)$	*B*203
C	$(x_{20},y_{20}),(x_{25},y_{25}),(x_{24},y_{24}),(x_{23},y_{23}),(x_{22},y_{22}),(x_{21},y_{21}),(x_{20},y_{20})$	*A*178
D	$(x_5,y_5),(x_{19},y_{19}),(x_{18},y_{18}),(x_{17},y_{17}),(x_{16},y_{16}),(x_{15},y_{15}),(x_{14},y_{14}),(x_{13},y_{13}),(x_7,y_7),(x_6,y_6),(x_5,y_5)$	*C*523

表 2-6　点坐标文件

点号	坐标
1	(x_1,y_1)
2	(x_2,y_2)
3	(x_3,y_3)
4	(x_4,y_4)
⋮	⋮
25	(x_{25},y_{25})

表 2-7　多边形文件

多边形 ID	点号串	类别码
A	1,2,3,4,5,6,7,8,1	*A*102
B	1,8,7,13,12,11,10,9,1	*B*203
C	20,25,24,23,22,21,20	*A*178
D	5,19,18,17,16,15,14,13,7,6,5	*C*523

二、拓扑数据结构

拓扑关系是一种对空间结构关系进行明确定义的数学方法。具有拓扑关系的矢量数据结构就是拓扑数据结构。拓扑数据结构是 GIS 分析和应用功能所必需的。拓扑数据结构没有固定的格式,还没有形成标准,但基本原理是相同的。拓扑数据结构的特点是:点是相互独立的,点连成线,线构成面。每条线始于起点,止于终点,并与左、右多边形相邻接。

拓扑数据结构最重要的特征是具有拓扑编辑功能。这种拓扑编辑功能不但可以保证数字化原始数据的自动差错编辑,而且可以自动形成封闭的多边形边界,为由各个单独存储的弧段组成所需要的各类多边形及建立空间数据库奠定基础。

拓扑数据结构包括索引式结构、双重独立编码结构、链状双重独立编码结构等。

(一)索引式结构

索引式结构采用树状索引以减少数据冗余并间接增加邻域信息,具体方法是对所有边界点进行数字化,将坐标对以顺序方式存储,由点索引与边界线号相联系,由线索引与各多边形相联系,形成树状索引结构。

图 2-10 和图 2-11 分别为图 2-9 的多边形与线和点与线之间的树状索引。组织这个图需要 3 个表文件,第一个表文件记录多边形和边的关系,第二个表文件记录边由哪些点组成,第三个表文件记录每个点的坐标,具体的结构见表 2-8 ~ 表 2-10。

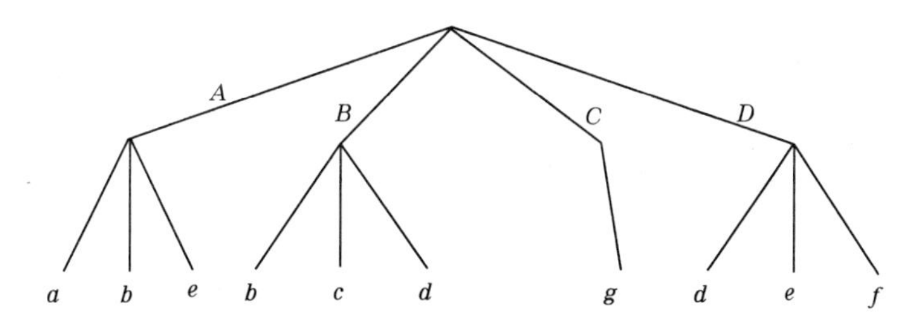

图 2-10　多边形与线之间的树状索引

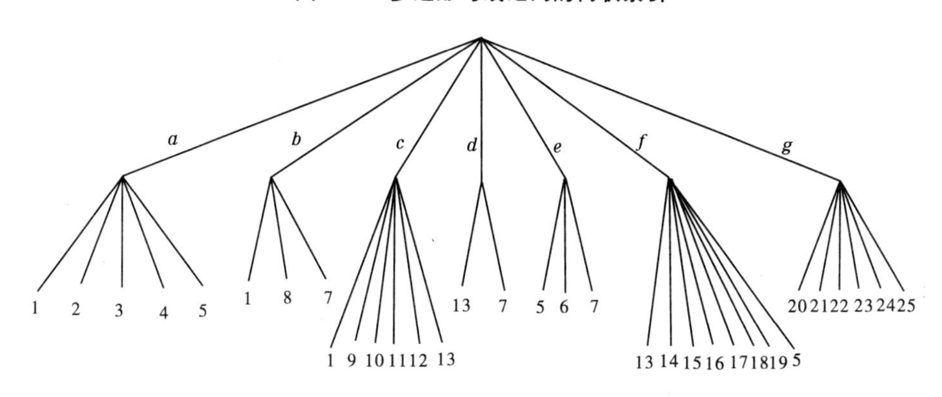

图 2-11　点与线之间的树状索引

表 2-8　多边形文件

多边形 ID	组成的边 ID
A	*a*,*b*,*e*
⋮	⋮

表 2-9　边文件

边 ID	组成的点 ID
a	1,2,3,4,5
⋮	⋮

树状索引结构消除了相邻多边形边界的数据冗余和不一致的问题,在简化过于复杂的边界线或合并多边形时可不必改造索引表,邻域信息和岛状信息可以通过对多边形文件的

线索引处理得到(如多边形 A、B 之间通过公共边 b 相邻接)。但是该法比较烦琐,因而给邻域函数运算、消除无用边、处理岛状信息以及检查拓扑关系等带来一定的困难,而且两个编码表都要以人工方式建立,工作量大且容易出错。

表 2-10　点坐标文件

点 ID	坐标
1	(x_1, y_1)
⋮	⋮

(二)双重独立编码结构

双重独立编码结构是美国人口统计系统最早采用的一种编码方式,简称 DIME(Dual Independent Map Encoding)。它是以城市街道为编码主体,它的特点是采用了拓扑编码结构。这种结构最适合于城市信息系统。

双重独立编码结构是对图上网状或面状要素的任何一条线段,用顺序的两点以及相邻多边形来予以定义。例如对图 2-12 所示的多边形数据,利用双重独立编码可得到线文件,如表 2-11 所示。

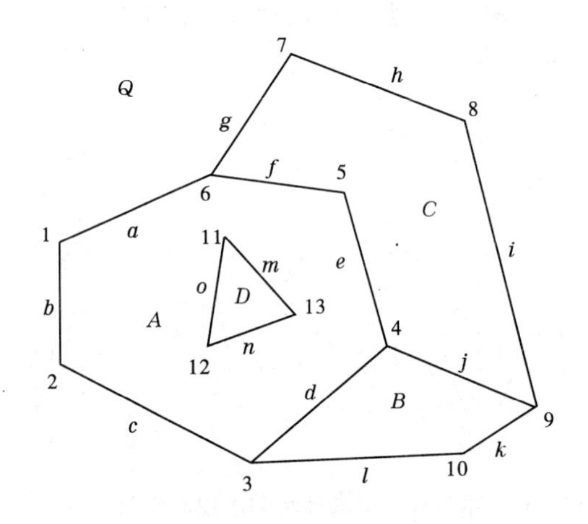

图 2-12　多边形数据

表 2-11　双重独立编码线文件

线号	起点	终点	左多边形	右多边形
a	1	6	*Q*	*A*
b	2	1	*Q*	*A*
c	3	2	*Q*	*A*
d	4	3	*B*	*A*
e	5	4	*C*	*A*
f	6	5	*C*	*A*

续表 2-11

线号	起点	终点	左多边形	右多边形
g	6	7	Q	C
h	7	8	Q	C
i	8	9	Q	C
j	9	4	B	C
k	9	10	Q	B
l	10	3	Q	B
m	11	13	A	D
n	13	12	A	D
o	12	11	A	D

表 2-11 中第一行表示线段 a 的方向是从起点 1 到终点 6，其左侧的多边形是 Q，右侧的多边形是 A。在双重独立编码结构中，结点与结点或者多边形与多边形之间为邻接关系，结点与线段或者多边形与线段之间为关联关系。利用这种拓扑关系可以来组织数据，有效地进行数据存储正确性检查(如多边形是否封闭)，同时便于对数据进行更新和检索。因为通过这种数据结构的格式绘制图形，当多边形的起点与终点相一致，并且按照左侧多边形或右侧多边形自动建立一个指定的区域单元时，空间点的左边应当自行闭合。如果不闭合，或者出现多余线段，则表示数据存储或编码有误，这样就可以达到数据自动编辑的目的。同样，利用该结构可以自动形成多边形，并可以检查线文件数据的正确性。

除线段拓扑关系文件(即线文件)外，双重独立编码结构还需要点文件和多边形文件，其结构同表 2-10 和表 2-8。DIME 编码结构尤其适用于城市地籍宗地的管理，在宗地管理中，界址点对应于点，界址边对应于线段，面对应于多边形，各种要素都有唯一的标志符。

(三)链状双重独立编码结构

链状双重独立编码结构是对 DIME 的一种改进。在 DIME 中，一条边只能用直线两端点的序号及相邻的多边形来表示，而在链状数据结构中，将若干直线段合为一个弧段(或链段)，每个弧段可以有许多中间点。

在链状双重独立编码结构中，主要有四个文件：多边形文件、弧段文件、弧段点文件、点坐标文件。多边形文件主要由多边形记录组成，包括多边形 ID、组成多边形的弧段号以及周长、面积、中心点坐标和有关“洞”的信息等。多边形文件也可以通过软件自动检索各有关弧段生成，并同时计算出多边形的周长和面积以及中心点坐标。当多边形中含有“洞”时，则此“洞”的面积为负，并在总面积中减去，其组成的弧段号前也冠以负号。弧段文件主要由弧段记录组成，存储弧段的起、终点号和弧段左、右多边形号。弧段点文件由一系列点组成，一般从数字化过程获取，数字化的顺序确定了这条链段的方向。点坐标文件由点记录组成，存储每个点的坐标。点坐标文件一般通过软件自动生成。在数字化的过程中，因为数字化操作的误差，各弧段在同一结点处的坐标不可能完全一致，所以需要进行匹配处理。当偏差在允许范围内时，可取同名结点的坐标平均值。如果偏差过大，则弧段需要重新数字化。

对图 2-9 所示的矢量数据，其链状双重独立编码结构需要多边形文件、弧段文件、弧段点文件、点坐标文件，见表 2-12 ~ 表 2-15。

表 2-12　多边形文件

多边形 ID	弧段号	属性（如周长、面积、中心点坐标和有关“洞”的信息等）
A	*a*,*b*,*e*	…
B	*c*,*d*,*b*	…
C	*g*	…
D	*f*,*e*,*d*, −*g*	…

表 2-13　弧段文件

弧段 ID	起点	终点	左多边形	右多边形
a	5	1	*Q*	*A*
b	7	1	*A*	*B*
c	1	13	*Q*	*B*
d	13	7	*D*	*B*
e	7	5	*D*	*A*
f	13	5	*Q*	*D*
g	25	25	*D*	*C*

注：表中的 *Q* 为多边形外围的虚多边形编号。

表 2-14　弧段点文件

弧段 ID	点号
a	5,4,3,2,1
b	7,8,1
c	1,9,10,11,12,13
d	13,7
e	7,6,5
f	13,14,15,16,17,18,19,5
g	25,20,21,22,23,24,25

表 2-15　点坐标文件

点 ID	坐标
1	(x_1, y_1)
2	(x_2, y_2)
⋮	⋮
12	(x_{12}, y_{12})

续表 2-15

点 ID	坐标
13	(x_{13}, y_{13})
⋮	⋮
25	(x_{25}, y_{25})

国际著名 GIS 软件平台开发商美国 ESRI 公司的 ArcGIS 产品中的 COVERAGE 数据模型就是采用链状双重独立编码结构。

第四节　栅格数据结构

以规则栅格阵列表示空间对象的数据结构称为栅格数据结构。阵列中每个栅格单元上的数值表示空间对象的属性特征。即栅格阵列中每个单元的行列号确定位置,属性值表示空间对象的类型、等级等特征。每个栅格单元只能存在一个值。

栅格数据结构表示的地表是不连续的,是量化和近似离散的数据。在栅格数据结构中,地理空间被分成相互邻接、规则排列的栅格单元,一个栅格单元对应于小块地理范围。在栅格数据结构中,点用一个栅格单元表示;线状地物则用沿线走向的一组相邻栅格单元表示,每个栅格单元最多只有两个相邻单元在线上;面或区域用记有区域属性的相邻栅格单元的集合表示,每个栅格单元可有多于两个的相邻单元同属一个区域,如图 2-13 所示。

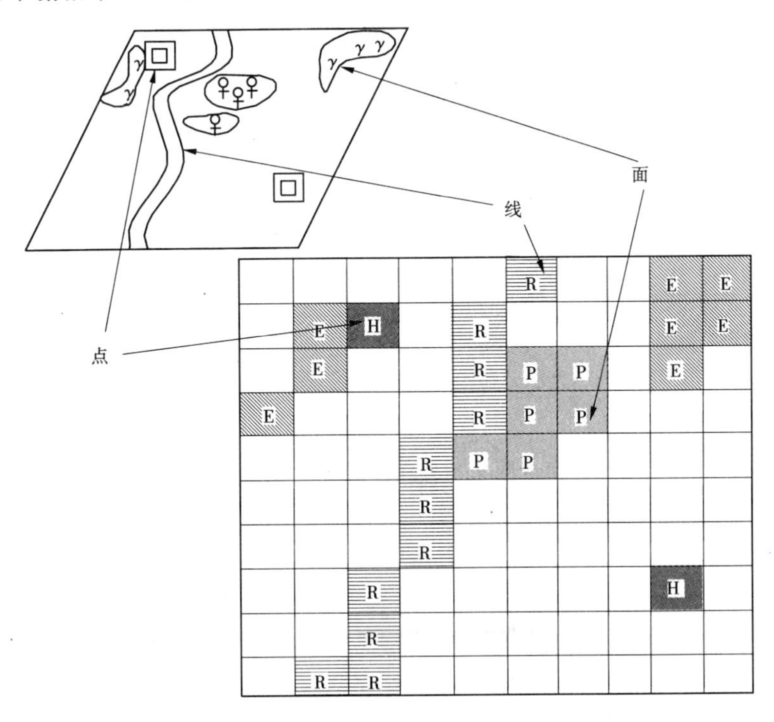

图 2-13　实体在栅格数据结构中的表示

栅格数据结构的显著特点是:属性明显,定位隐含,即数据直接记录属性的指针或属性本身,而所在位置则根据行列号转换为相应的坐标给出,也就是说,定位是根据数据在数据集中的位置得到的。栅格数据结构具有数据结构简单、数学模拟方便的优点,但也存在着缺点:数据量大,难以建立实体间的拓扑关系,通过改变分辨率而减少数据量时精度和信息量同时受损等。

一、栅格单元的确定

(一)栅格数据的参数

一个完整的栅格数据通常由以下几个参数决定:

(1)栅格形状。栅格单元通常为矩形或正方形。特殊情况下也可以按经纬网划分栅格单元。

(2)栅格单元大小。也就是栅格单元的尺寸,即分辨率。栅格单元的合理尺寸应能有效地逼近空间对象的分布特征,以保证空间数据的精度。但是用栅格来逼近空间实体,不论采用多细小的栅格,与原实体比都会有误差。通常以保证最小图斑不丢失为原则来确定合理的栅格尺寸。设研究区域某要素的最小图斑面积为 S,栅格单元的边长 L 用如下公式计算:

$$L = \frac{1}{2}\sqrt{S}$$

就可以保证最小的图斑得到反映。

(3)栅格原点。栅格系统的起始坐标应和国家基本比例尺地形图公里网的交点相一致,或者和已有的栅格系统数据相一致,并同时使用公里网的纵横坐标轴作为栅格系统的坐标轴。这样在使用栅格数据时,就容易和矢量数据或已有的栅格数据相配准。

(4)栅格的倾角。通常情况下,栅格的坐标系与国家坐标系平行。但有时候,根据应用的需要,可以将栅格系统倾斜某一个角度,以方便应用。

栅格数据的坐标系及描述参数如图 2-14 所示。

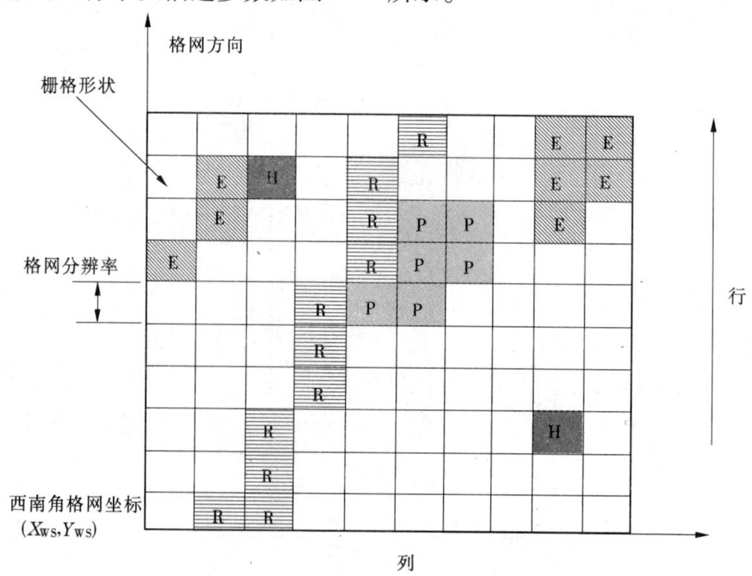

图 2-14　栅格数据的坐标系及描述参数

(二)栅格单元值的选取

栅格单元值是唯一的,但由于受到栅格大小的限制,栅格单元中可能会出现多个地物,那么在决定栅格单元值时应尽量保持其真实性。对于图 2-15 所示的栅格单元,要确定该单元的属性取值,可根据需要选用如下方法:

(1)中心点法。以位于栅格中心处的地物类型决定其取值。由于中心点位于代码为 C 的地物范围内,故其取值为 C。这种方法常用于有连续分布特性的地理现象。

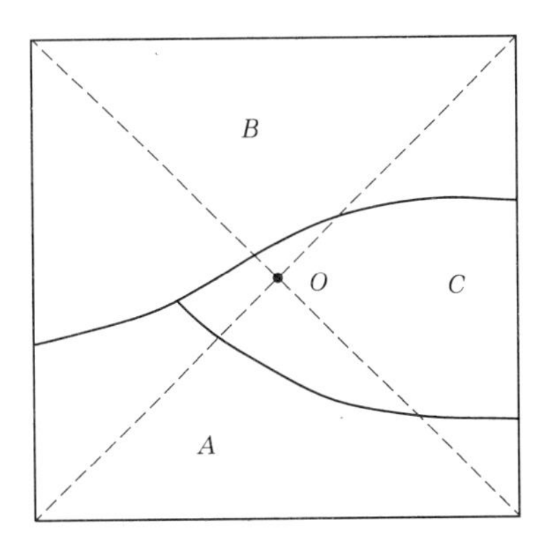

图 2-15　栅格单元值的选取

(2)面积占优法。以占矩形区域面积最大的地物类型作为栅格单元的代码。从图 2-15 上看,B 类地物所占面积最大,故相应栅格单元代码为 B。

(3)重要性法。根据栅格内不同地物的重要性,选取最重要的地物类型作为相应的栅格单元代码。设图 2-15 中 A 类地物为最重要的地物类型,则栅格单元代码为 A。这种方法常用于有特殊意义而面积较小的地理要素,特别是点状和线状地理要素,如城镇、交通线、水系等。在栅格单元代码中应尽量表示这些重要地物。

(4)百分比法。根据矩形区域内各地理要素所占面积的百分比确定栅格单元的取值,如可记面积最大的两类 BA,也可根据 B 类和 A 类所占面积的百分比在代码中加入数字。

由于采用的取值方法不同,得到的结果也不尽相同。

逼近原始精度的方法是缩小单个栅格单元的面积,即增加栅格单元的总数,行列数也相应地增加。这样,每个栅格单元可代表更为精细的地面矩形单元,混合单元减少。混合类别和混合的面积都大大减小,可以大大提高量算的精度,接近真实的形态,表现更细小的地物类型。然而增加栅格个数、提高数据精度的同时也带来了一个严重的问题,那就是数据量的大幅度增加,数据冗余严重。

二、完全栅格数据结构

完全栅格数据结构(也称编码)将栅格看做一个数据矩阵,逐行逐个记录栅格单元的值。可以每行都从左到右,也可奇数行从左到右而偶数行从右到左,或者采用其他特殊的方法。

这是最简单、最直接的一种栅格编码方法。通常这种编码为栅格文件或格网文件。它不采用任何压缩数据的处理,因此是最直观、最基本的栅格数据组织方式。

完全栅格数据的组织有三种基本方式:基于像元、基于层和基于面域,如图 2-16 所示。

(1)基于像元。以像元为独立存储单元,每一个像元对应一条记录,每条记录中的内容包括像元坐标及对应各层的属性值编码。该方式节省了许多存储坐标的空间,因为各层对应像元的坐标只需存储一次。

(2)基于层。以层为存储基础,层中又以像元为序记录其坐标和对应各层的属性值编码。

(3)基于面域。以层为存储基础,层中再以面域为单元进行记录,记录内容包括面域编

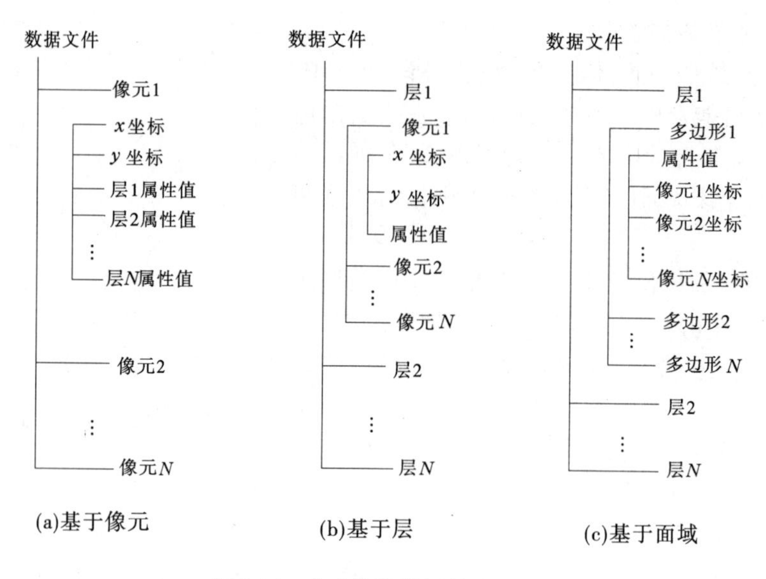

图2-16　完全栅格数据的组织方式

号、面域对应各层的属性值编码、面域中所有栅格单元的坐标；同一属性的多个相邻像元只需记录一次属性值。

基于像元的数据组织方式简单明了，便于数据扩充和修改，但进行属性查询和面域边界提取时速度较慢；基于层的数据组织方式便于进行属性查询，但每个像元的坐标均要重复存储，浪费了存储空间；基于面域的数据组织方式虽然便于面域边界提取，但在不同层中像元的坐标仍要多次存储。

三、压缩栅格数据结构

(一)游程长度编码结构

游程长度(Run – Length)编码，也称行程编码，不仅是一种栅格数据无损压缩的重要方法，而且是一种栅格数据结构。它的基本思想是：对于某栅格数据(或图像)，常常行(或列)方向上相邻的若干点具有相同的属性代码，因而可采取某种方法压缩那些重复的记录内容。其编码方案是，只在各行(或列)数据值发生变化时依次记录该值以及相同值重复的个数，从而实现数据的压缩，并实现数据的组织。经编码后，原始栅格数据阵列转换为(s_i, l_i)数据对，其中s_i为属性值，l_i为行程。图2-17给出了栅格数据沿行方向进行游程长度编码的结果。

显然图2-17中栅格数据用游程长度编码只需要40个整数就可以表示，而如果用前述的直接编码却需要64个整数表示，可见游程长度编码压缩数据是十分有效又简便的。事实上，压缩比的大小是与图的复杂程度成反比的，在变化多的部分游程数就多，在变化少的部分游程数就少，原始栅格类型越简单，压缩效率就越高。因此，这种数据结构最适合于类型面积较大的专题要素、遥感图像的分类结构，而不适合于类型连续变化或类型分散的分类图。

游程长度编码在栅格加密时，数据量没有明显增加，压缩效率较高，且易于检索、叠加合并等操作，运算简单，适用于机器存储容量小，数据需大量压缩，而又要避免复杂的编码解码

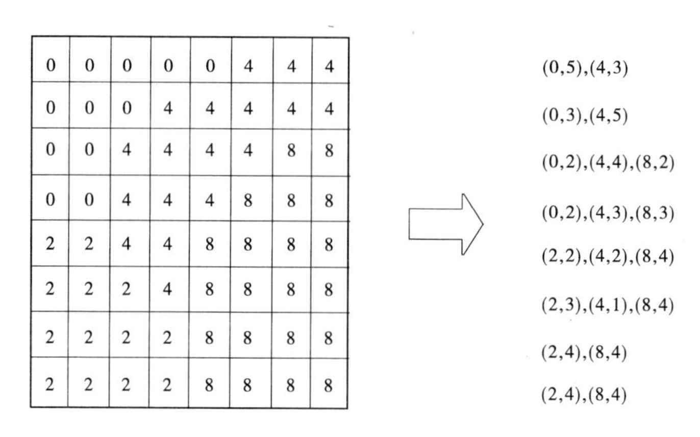

图 2-17　栅格数据沿行方向进行游程长度编码的结果

运算增加处理和操作时间的情况。

（二）四叉树数据结构

四叉树（Quadtree）数据结构也是一种对栅格数据的压缩编码方法。该方法的基本思想是将一栅格数据或图像等分为四部分，逐块检查其格网属性值（或灰度值）；如果某个子区的所有格网值都具有相同的值，则这个子区就不再继续分割，否则还要把这个子区再分割成四个子区；这样依次分割，直到每个子块都只含有相同的属性值为止。

图 2-18 显示了栅格数据的四叉树分割。这四个等分区称为四个子象限，按顺序为左上（NW）、右上（NE）、左下（SW）、右下（SE），其结果是一棵倒立的树。

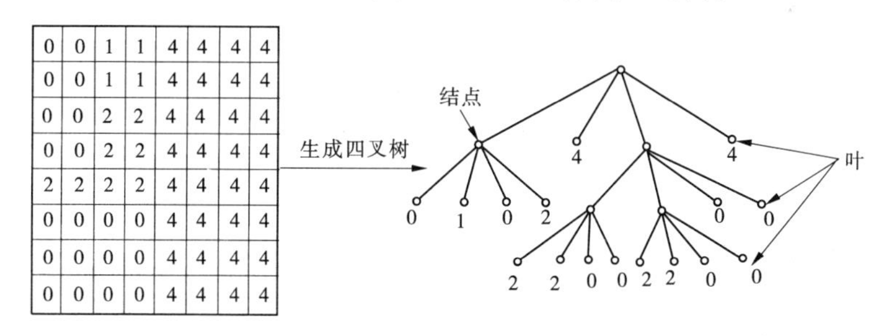

图 2-18　栅格数据的四叉树分割

这种从上而下的分割需要大量的运算，因为大量数据需要重复检查才能确定划分。当 $n \times n$ 的栅格单元数比较大，且区域内容要素又比较复杂时，建立这种四叉树的速度比较慢。

还可以采用从下而上的方法建立四叉树。对栅格数据按如下的顺序进行检测：如果每相邻四个网格值相同则进行合并，逐次往上递归合并，直到符合四叉树的原则为止。这种方法重复计算较少，运算速度较快。

从图 2-18 中可以看出，为了保证四叉树能不断地分割下去，要求栅格数据的栅格单元数必须为 $2^n \times 2^n$，n 为极限分割次数，$n+1$ 是四叉树的最大高度或最大层数。对于非标准尺寸的图像需首先通过增加背景的方法将栅格数据扩充为 $2^n \times 2^n$ 个单元，对不足的部分以 0 补足。在建树时，对于补足部分生成的叶结点不存储，这样存储量就不会增加。

四叉树结构按其编码的方法不同又分为常规四叉树和线性四叉树。常规四叉树除记录叶结点外，还要记录中间结点。结点之间借助指针联系，每个结点需要用六个量表达：四个叶结点指针、一个父结点指针和一个结点的属性值或灰度值。这些指针不仅增加了数据存储量，而且增加了操作的复杂性。常规四叉树主要在数据索引和图幅索引等方面应用。

线性四叉树只存储最后叶结点的信息，包括叶结点的位置、深度和叶结点的属性值或灰度值。所谓深度，是指处于四叉树的第几层上，由深度可推知子区的大小。

线性四叉树叶结点的编号需要遵循一定的规则，这种编号称为地址码，它隐含了叶结点的位置和深度信息。最便于应用的地址码是十进制 Morton 码（简称 M_D 码）。十进制Mortan码可以使用栅格单元的行列号计算（遵循 C 语言规范，矩阵的第一行为 0 行，第一列为 0 列），先将十进制的行列号转换成二进制数，进行“位”运算，如图 2-19 所示，即行号和列号的二进制数两两交叉，得到以二进制数表示的 M_D 码，再将其转换为十进制数。

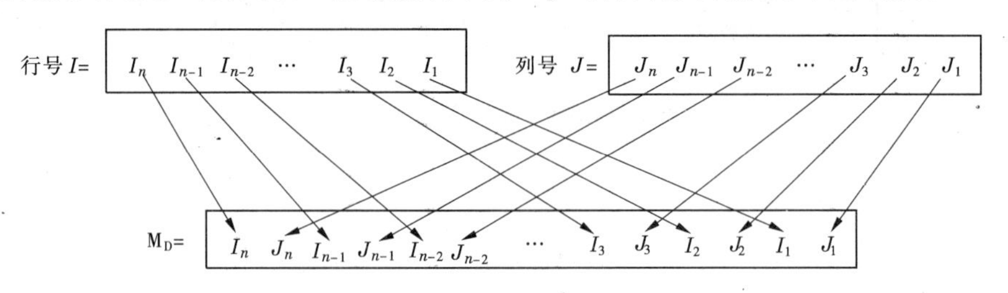

图 2-19　M_D 码的“位”运算

例如图 2-20 中 2 行和 3 列对应的栅格单元，其二进制的行列号分别为：$I = 0010$，$J = 0011$；得到的 M_D 码为：$M_D = (00001101)_2 = (13)_{10}$。用类似的方法，也可以由 M_D 码反求栅格单元的行列号。对于 8 × 8 栅格单元，M_D 码顺序如图 2-20 所示。

行方向 →

列方向 ↓	0	1	2	3	4	5	6	7	8
0	0	1	4	5	16	17	20	21	64
1	2	3	6	7	18	19	22	23	66
2	8	9	12	13	24	25	28	29	72
3	10	11	14	15	26	27	30	31	74
4	32	33	36	37	48	49	52	53	96
5	34	35	38	39	50	51	54	55	98
6	40	41	44	45	56	57	60	61	104
7	42	43	46	47	58	59	62	63	106
8	128	129	132	133	144	145	148	149	192

图 2-20　栅格单元的 M_D 码顺序

按以上 M_D 顺序，对图 2-18 所示的栅格数据按线性四叉树进行编码，可得到线性四叉树数据文件，其结构如图 2-21 所示。

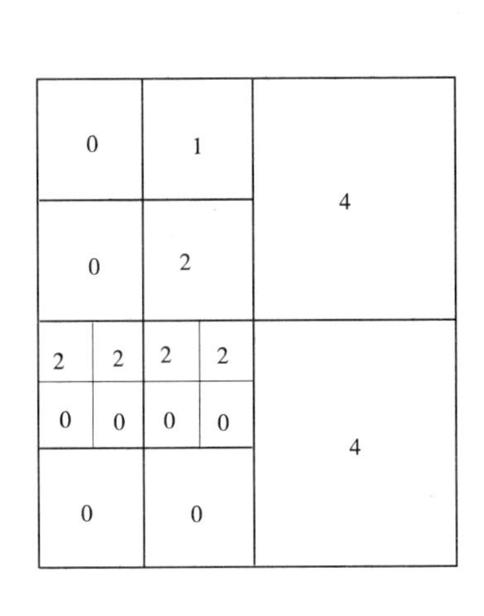

M_D码	属性值
0	0
4	1
8	0
12	2
16	4
32	2
33	2
34	0
35	0
36	2
37	2
38	0
39	0
40	0
44	0
48	4

图 2-21　按 M_D 码建立的线性四叉树结构

（三）二维行程编码结构

在生成线性四叉树之后，仍然存在前后叶结点的值相同的情况，因而可以进一步压缩数据，将前后值相同的叶结点合并，形成一个新的线性表列。如图 2-22（a）所示的线性四叉树的线性表，是按 M_D 码的大小顺序排列的，可以看出，在这个表中还有属性值相同而又相邻排列的情况，将值相同的叶结点合并后的编码表见图 2-22（b）。这种记录方式类似于游程编码，但是所合并的不是栅格单元，而是合并了代表范围大小不一的叶结点，所以称它为二维行程编码。通过比较图 2-22 中两个表可以看出，二维行程编码又进一步压缩了数据。

二维行程编码采用了线性四叉树的地址码，并按照码的顺序完成编码，但却是没有结构规律的四叉树。二维行程编码比规则的四叉树更节省存储空间，而且有利于以后的插入、删除和修改等操作。它与线性四叉树之间的相互转换也非常容易和快速，因此可将它们视为相同的结构概念。

（四）链码结构

链码结构首先采用弗里曼（Freeman）码对栅格中的线或多边形边界进行编码，然后再组织为链码结构的文件。链码结构将线状地物或区域边界表示为：由某一起点和在某些基本方向上的单位矢量链组成。单位矢量的长度为一个栅格单元，每个后续点可能位于其前继点的 8 个基本方向之一（见图 2-23）。图 2-24 所示的线实体和面实体可编码为表 2-16 所示的方式。具体编码过程是：起点的寻找一般遵从从上到下、从左到右的原则。当发现没有记录过的点，而且数值也不为 0 时，该点就是一条线或边界线的起点。记下该地物的特征码及起点的行列数，然后按顺时针方向寻找，找到相邻的等值点，并按 8 个方向编码。如遇不能闭合的线段，结束后可以返回到起点再开始寻找下一个线段。已经记录过的栅格单元，可将属性代码置 0，以免重复编码。

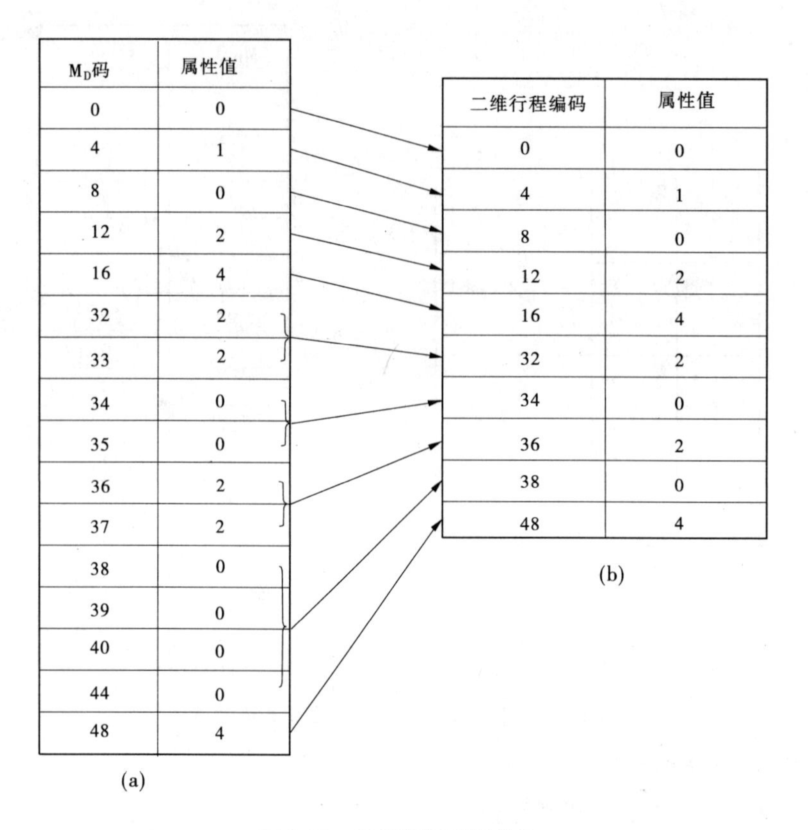

图 2-22　二维行程编码结构

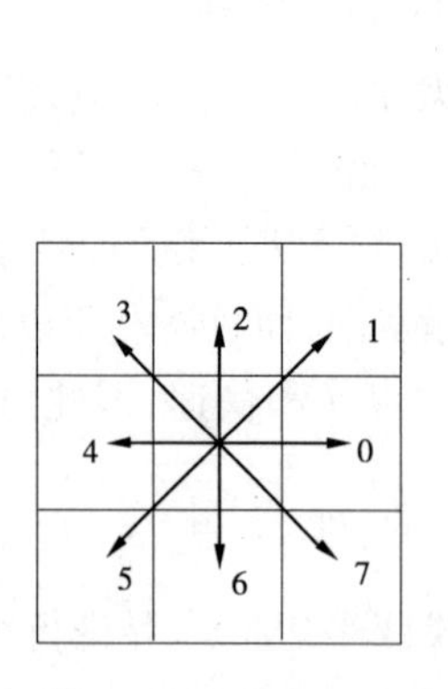

图 2-23　Freeman 方向

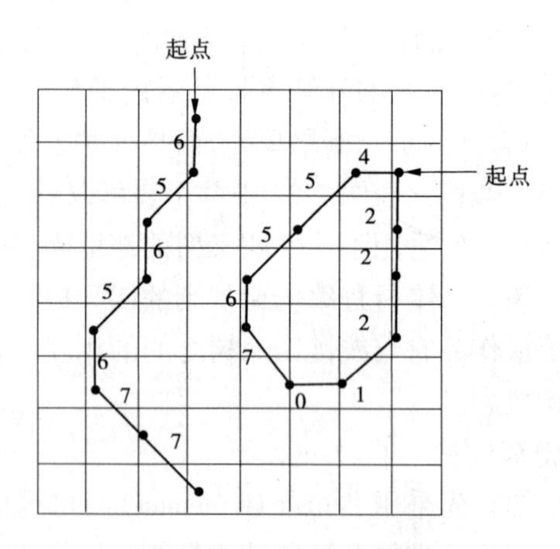

图 2-24　线、面的链码结构

表 2-16　链码结构文件

特征码	起点行	起点列	链码
2	1	4	6,5,6,5,6,7,7
7	2	8	4,5,5,6,7,0,1,2,2,2

链码结构可以有效地压缩栅格数据，特别是对计算面积、长度、转折方向和凹凸度等运

算十分方便。缺点是对边界作合并和插入等修改比较困难。这种结构有些类似于矢量结构,但不具有区域的性质,因此对区域空间分析运算比较困难。

(五)影像金字塔结构

影像金字塔结构是指在统一的空间参照下,根据用户需要以不同分辨率进行存储与显示,形成分辨率由粗到细、数据量由小到大的金字塔结构。影像金字塔结构用于图像编码和渐进式图像传输,是一种典型的分层数据结构形式,适合于栅格数据和影像数据的多分辨率组织,也是一种栅格数据或影像数据的有损压缩方式。在金字塔结构里,图像被分层表示。在金字塔结构的最顶层,存储最低分辨率的数据;随着金字塔层数的增加,数据的分辨率依次降低;在金字塔结构的底层,则存储能满足用户需要的最高分辨率的数据。每一层相当于降低分辨率的图像估计。影像金字塔有多种结构,其中最简单的是 M – 金字塔结构,如图 2-25所示。

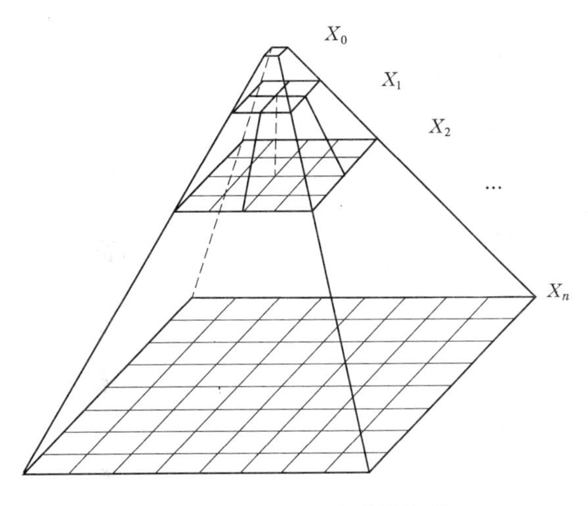

图 2-25　M – 金字塔结构

第五节　矢栅一体化数据结构

一、栅格数据结构与矢量数据结构的比较

栅格数据结构具有属性明显、位置隐含的特点,它易于实现,且操作简单,有利于基于栅格的空间信息模型的分析,如在给定区域内计算多边形面积、线密度,采用栅格数据结构可以很快算得结果,而采用矢量数据结构则麻烦得多。但栅格数据结构的表达精度不高,数据存储量大,工作效率较低。如要提高一倍的表达精度(栅格单元减小一半),数据量就需增加三倍,同时也增加了数据的冗余度。因此,对于基于栅格数据结构的应用项目来说,需要根据应用项目的自身特点及其精度要求来恰当地平衡栅格数据的表达精度和工作效率之间的关系。另外,因为栅格数据结构的简单性(不经过压缩编码),其数据格式容易为大多数程序设计人员和用户所理解,基于栅格数据结构的信息共享也较矢量数据结构容易。最后,遥感影像本身就是以像元为单位的栅格数据结构,所以可以直接把遥感影像应用于栅格数据结构的地理信息系统中,也就是说栅格数据结构比较容易和遥感相结合。

矢量数据结构具有位置明显、属性隐含的特点,它操作起来比较复杂,许多分析操作(如叠置分析等)用矢量数据结构难以实现。但栅格数据结构的表达精度较高,数据存储量小,输出图形美观且工作效率较高。

栅格、矢量数据结构的比较如表2-17所示。

表2-17 栅格、矢量数据结构的比较

数据结构	优点	缺点
矢量数据结构	1. 数据结构严密,冗余度小,数据量小; 2. 空间拓扑关系清晰,易于进行网络分析; 3. 面向对象目标,不仅能表达属性编码,而且能方便地记录每个目标的具体的属性描述信息; 4. 能够实现图形数据的恢复、更新和综合; 5. 图形显示质量好、精度高	1. 数据结构处理算法复杂; 2. 叠置分析与栅格图形组合比较难; 3. 数学模拟比较困难; 4. 空间分析技术比较复杂,需要较高的软、硬件条件; 5. 显示与绘图成本比较高
栅格数据结构	1. 数据结构简单,易于算法的实现; 2. 空间数据的叠置和组合容易,有利于与遥感数据的匹配应用和分析; 3. 各类空间分析、地理现象模拟均较为容易; 4. 输出方法快速简单,成本低廉	1. 图形数据量大,用大像元减小数据量时,精度和信息量受损失; 2. 难以建立空间网络连接关系; 3. 投影变化的实现困难; 4. 图形数据质量差,地图输出不精美

目前,大多数地理信息系统平台都支持这两种数据结构,而在应用过程中,应该根据具体的目的,选用不同的数据结构。例如,在集成遥感数据以及进行空间模拟运算(如污染扩散)等应用中,一般主要采用栅格数据结构;而在网络分析、规划选址等应用中,通常采用矢量数据结构。

二、矢栅一体化数据结构

矢量数据结构和栅格数据结构各有优缺点,如何充分利用两者的优点,在同一个系统中将两者结合起来,是GIS中的一个重要理论与技术问题。为将矢量数据结构与栅格数据结构更加有效地结合,龚建雅(1993)研究提出了矢栅一体化数据结构。在这种数据结构中,同时具有矢量实体的概念,又具有栅格覆盖的思想。它的理论基础是:多级格网方法、三个基本约定和线性四叉树编码。

多级格网方法是将栅格划分成多级格网:粗格网、基本格网和细分格网(见图2-26)。粗格网用于建立空间索引,基本格网的大小与通常栅格划分的原则基本一致,即基本栅格的大小。由于基本栅格的分辨率较低,难以满足精度要求,所以在基本格网的基础上又细分为256×256或16×16个格网,以增加栅格的空间分辨率,从而提高点、线的表达精度。粗格网、基本格网和细分格网都采用线性四叉树编码的方法,用三个Morton码(即M_0、M_1、M_2)表示,其中M_0表示点或线所通过的粗格网的Morton码,是研究区的整体编码;M_1表示点或线所通过的基本格网的Morton码,也是研究区的整体编码;M_2表示点或线所通过的细分格网的Morton码,是基本栅格内的局部编码。

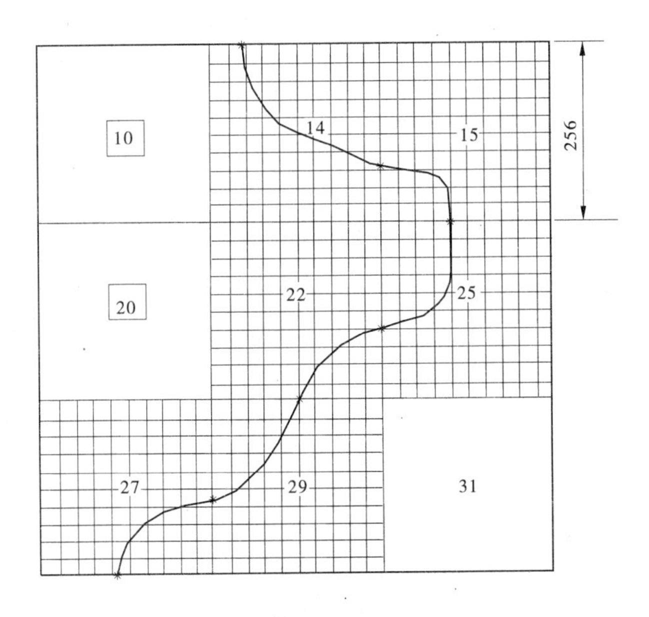

图 2-26　矢栅一体化数据结构细分格网

以上编码是基于栅格的，因而据此设计的数据结构必定具有栅格的性质。为了使之具有矢量的特点，对点状地物、线状地物和面状地物作三个基本约定：

(1)点状地物仅有空间位置而无形状和面积，在计算机中仅有一个坐标数据。

(2)线状地物有形状但无面积，除要记录结点坐标外，还要记录线状路径通过的栅格单元。

(3)面状地物有形状和面积，除要记录多边形边界外，还要记录内部填充栅格单元。

据此，点状地物、线状地物、面状地物的数据组织方式如下：

点状地物：用(M_1, M_2)代替矢量数据结构中的(x, y)，即

点标记号	M_1	M_2	属性值

线状地物：用 Morton 码代替(x, y)记录原始采样的中间点位置。必要时，还可记录线目标所穿过的基本网格的交线位置，即

弧 ID	起点 ID	终点 ID	左面域 ID	右面域 ID	中间点坐标(M_1, M_2)序列	…

面状地物：除用 Morton 码代替(x, y)记录面状地物边界原始采样的中间点位置，以及它们所穿过的所有基本网格的交线位置外，还要用链指针记录多边形的内部栅格。必要时，还可以记录边界所穿过的所有基本网格的交线位置，即

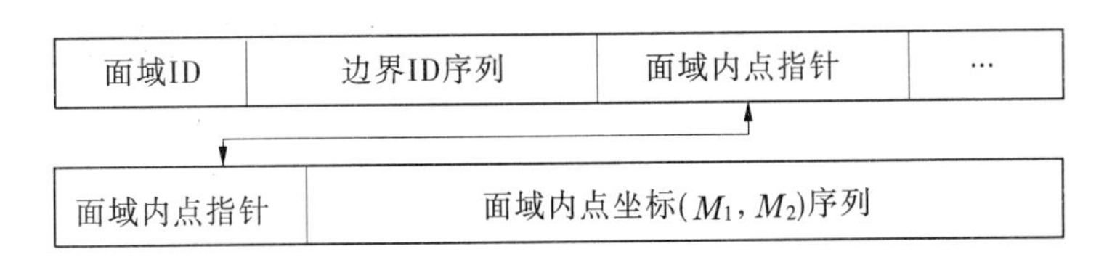

面域ID	边界ID序列	面域内点指针	…

面域内点指针	面域内点坐标(M_1, M_2)序列

可以看出，点状地物、线状地物和面状地物不仅具有如同矢量数据结构的位置坐标，而且还可以有类型编码、属性值和拓扑关系，因而具有完全的矢量特性。与此同时，由于用栅格元子表达了点，填充了线性目标、多边形边界及其内部（空洞除外），实际上是进行了栅格化，因而可以进行各种栅格操作。

思考题

1. 如何正确理解地理空间的概念?
2. 空间数据类型有哪些？如何表示地理空间数据?
3. 空间数据的特征有哪些?
4. 简述空间数据的拓扑关系。
5. 总结矢量数据和栅格数据在结构表达方面的特色。
6. 简述栅格数据编码的几种方式和各自优缺点。
7. 简述矢量数据编码的几种方式和各自优缺点。
8. 栅格数据结构与矢量数据结构相比较各有什么优缺点?
9. 矢量数据和栅格数据的结构都有通用标准吗？请说明。
10. 有人说矢量数据的实质还是栅格数据，你怎么理解这句话?

第三章　空间数据获取

【导读】:空间数据是 GIS 的操作对象,有效获取准确、高效的空间数据是 GIS 运行的基础。本章首先介绍了 GIS 的数据源,主要包括地图数据、遥感影像数据、实测数据、共享数据、其他数据,其次详细地介绍了空间数据采集、属性数据采集及空间数据格式转换等,最后对空间数据质量进行了阐述。

第一节　GIS 数据源

一、数据源分类

GIS 数据源比较丰富,类型多种多样,通常可以根据数据获取方式或数据表现形式进行分类。根据数据获取方式可以分为:①地图数据。地图是传统的空间数据存储和表达的方式,数据丰富且具有很高的精度。国家基本比例尺系列地图以及各类专题地图,经过数字化处理,成为 GIS 最重要的数据源之一。②遥感影像数据。随着航空、航天和卫星遥感技术的发展,遥感影像数据以其现势性强等诸多优点迅速成为 GIS 的主要数据源之一。摄影测量技术可以从立体像对中获取地形数据,通过对遥感影像的解译和判读还可以得到诸如土地利用类型图、植被覆盖类型图等诸多数据信息。③实测数据。各种野外、实地测量数据也是 GIS 常用的获取数据的方式。实测数据具有精度高、现势性强等优点,可以根据系统需要灵活地进行补充。④共享数据。在地理信息系统发展的过程中,产生了大量的数据信息,经过格式转换,许多数据、信息在不同的系统中是可以重复利用的。因此,很多时候有必要进行数据共享,以降低系统成本和防止资源浪费。同时,通信、网络技术的高度发达,为地理信息共享提供了高效可行的通道。⑤其他数据。即通过其他方式获取的数据。

按照数据的表现形式还可以将数据分为数字化数据、多媒体数据及文本资料数据。

二、数据源特征

(一)地图数据

各种类型的地图是目前 GIS 最常见的数据源。地图是地理数据的传统描述形式,是具有共同参考坐标系的点、线、面的二维平面形式的表示,其内容丰富,图上实体间的空间关系直观,而且实体的类别或属性可以用各种不同的符号加以识别和表示。不同种类的地图,其研究的对象不同,应用的部门、行业不同,所表达的内容也不同。地图主要包括普通地图和专题地图两类。普通地图是以相对平衡的详细程度表示地球表面上的自然地理和社会经济要素,主要表达居民地、交通网、水系、地貌、境界、土质和植被等。其中大比例尺地图具有较高的几何精度,可真实反映区域地理要素的特征。专题地图着重反映一种或少数几种专题要素,如地质、地貌、土壤、植被和土地利用等。通常以地图作为 GIS 数据源时可将地图内容分解为点、线和面三类基本要素,然后以特定的编码方式进行组织和管理。此外,地图是经过系列制图综合的产物，在 GIS 趋势分析、模式分析等方面具有非常重要的作用。

在应用地图数据时应注意以下几点：

(1)地图存储介质的缺陷。由于地图多为纸质，在不同的存放条件下存在不同程度的变形，具体应用时，须对其进行纠正。

(2)地图现势性较差。传统地图更新周期较长，造成现存地图的现势性不能完全满足实际需要。

(3)地图投影的转换。使用不同投影的地图数据进行交流前，须先进行地图投影的转换。

(二)遥感影像数据

遥感影像(航空、卫星)数据是 GIS 中一个极其重要的信息源(见图 3-1、图 3-2)。通过遥感影像可以快速、准确地获得大面积的、综合的各种专题信息，通过航天遥感影像还可以取得周期性的资料，这些都为 GIS 提供了丰富的信息。每种遥感影像都有其自身的成像规律、变形规律，所以在应用时要注意影像的纠正、影像的分辨率、影像的解译特征等方面的问题。

图 3-1　卫星遥感影像

图 3-2　航空遥感影像

(三)实测数据

实测数据主要指各种野外试验、实地测量所得数据，它们通过转换可直接进入 GIS 的空间数据库，以便于实时分析和进一步应用。其中，GPS 点位数据、地籍测量数据等通常具有较高的精度和较好的现势性，是 GIS 的重要数据来源。

(四)共享数据

目前，随着各种专题图件的制作和各种 GIS 的建立，直接获取数字图形数据和属性数据的可能性越来越大。GIS 数据共享已成为地理信息系统技术的一个重要研究内容，已有数据的共享也成为 GIS 数据的重要来源之一。但对已有数据的采用需注意数据格式的转换和数据精度、可信度的问题。

(五)统计数据

许多部门和机构都拥有不同领域如人口、自然资源等方面的大量统计资料和国民经济的各种统计数据，这些常常也是 GIS 的数据源，尤其是属性数据的重要来源。统计数据一般都是和一定范围内的统计单元或观测点联系在一起的，因此采集这些数据时，要注意包括研究对象的特征值、观测点的几何数据和统计资料的基本统计单元。当前，在很多部门和行业内，统计工作已经在很大程度上实现了信息化，除以传统的表格方式提供使用外，还建立起各种规模的数据库，数据的建立、传送、汇总已普遍使用计算机。各类统计数据可存储在属性数据库中与其他形式的数据一起参与分析。表 3-1 为一统计表，记录不同地区不同月份的气温递减率。

表 3-1　各地气温递减率

地区	测站	高度差(m)	不同月份气温递减率(℃/100 m)			
			1 月	4 月	7 月	10 月
天山南坡	阿克苏—阿合奇	883	0.03	0.57	0.59	0.31
天山北坡	乌鲁木齐—小渠子	1 266	-0.40	0.50	0.74	0.40
祁连山北坡	玉门镇—玉门市	800	-0.03	0.49	0.50	0.26
贺兰山区	银川—贺兰山	1 789	0.29	0.59	0.64	0.50

(六)多媒体数据

由多媒体设备获取的数据(包括声音、录像等)也是 GIS 的数据源之一，目前多媒体数据的主要功能是辅助 GIS 分析和查询，可通过通信口传入 GIS 的空间数据库中。

(七)文本数据

各种文字报告和立法文件在一些管理类的 GIS 中有很大的应用。如在城市规划管理信息系统中，各种城市管理法规及规划报告在规划管理工作中起着很大的作用。在土地资源管理、灾害监测、水质和森林资源管理等专题信息系统中，各种文字说明资料对确定专题内容的属性特征起着重要的作用。在区域信息系统中，文字报告是区域综合研究不可缺少的参考资料。文字报告还可以用来研究各种类型地理信息系统的权威性、可靠程度和内容的完整性，以便决定地理信息的分类和使用。文字说明资料也是地理信息系统建立的主要依据，须认真加以研究，准确输入计算机系统，使收集的资料更加系统化。

对于一个多用途的或综合型的系统，一般要建立一个大而灵活的数据库，以支持其非常广泛的应用范围。而对于专题型和区域型统一的系统，数据类型与系统功能密切相关。

三、数据采集与处理的基本流程

不同的数据源有不同的采集与处理方法，总体上讲，空间数据的采集与处理包含图 3-3 所示的基本内容。

(一)数据源的选择

地理信息系统可用的数据源多种多样，进行选择时，应注意从以下几个方面考虑：①所选数据源是否能够满足系统功能的要求。②所选数据源是否已有使用经验。如果传统的数据源可用的话，就应避免使用其他的陌生数据源。一般情况下，当两种数据源的数据精度差别不大时，宜采用有使用经验的传统数据源。③系统成本。因为数据成本占 GIS 工程成本的 70% 甚至更多，所以数据源的选择对于系统整体的成本控制来说至关重要。

(二)采集方法的确定

根据所选数据源的特征，选择合适的采集方法。如图 3-3 所示，地图数据的采集，通常采用扫描矢量化的方法；遥感影像数据包括航空遥感影像数据和卫星遥感影像数据两类，对于它们的采集与处理，已有完整的摄影测量、遥感图像处理的理论与方法；实测数据指各类野外测量所采集的数据，包括平板测量、全野外数字测图、空间定位测量(如 GPS 测量)等；

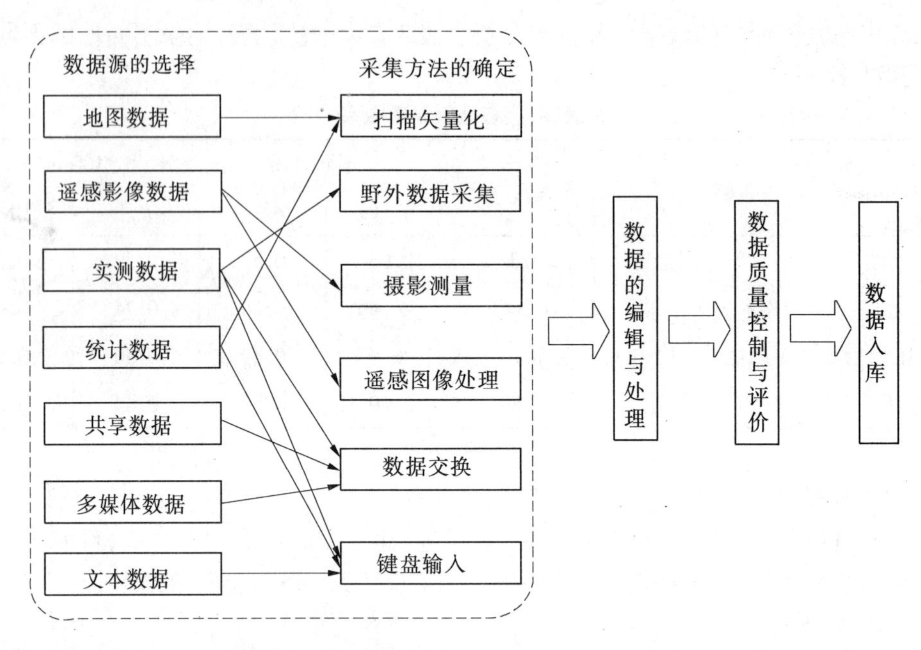

图 3-3 空间数据采集与处理的基本内容

统计数据可采用扫描矢量化的方法输入作为辅助性数据,也可直接用键盘输入;已有的数字化数据通常可通过相应的数据交换方法共享为当前系统可用的数据;多媒体数据通常也是以数据交换的形式进入系统;文本数据可用键盘直接输入。

(三)数据的编辑与处理

各种方法所采集的原始空间数据,都不可避免地存在着错误或误差,属性数据在建库输入时,也难免会存在错误,所以对图形数据和属性数据进行一定的编辑与处理是很有必要的。不同系统对图形的数学基础、数据结构等可能会有不同的要求,往往需要进行数学基础、数据结构的转换。此外,根据系统分析功能的要求,需要对数据进行图形拼接、拓扑生成等处理。如果考虑到存储空间和系统运行效率,往往需要对数据进行一定程度的压缩。

(四)数据质量控制与评价

无论何种数据源,使用何种方法进行采集,都不可避免地存在各种类型的误差,而且误差会在数据处理及系统的各个环节之中累积和传播。对数据质量进行控制与评价是系统有效运行的重要保障和保证系统分析结果可靠性的前提条件之一。

(五)数据入库

数据入库就是按照空间数据管理的要求,把采集和处理的成果数据导入空间数据库中。

第二节 空间数据采集

数据采集就是运用各种技术手段,通过各种渠道收集数据的过程。空间数据采集的方法主要包括野外数据采集、地图数字化、摄影测量、遥感影像处理等。

一、野外数据采集

野外数据采集是 GIS 数据采集的一个基础手段。对于大比例尺的城市地理信息系统而言,野外数据采集更是主要手段。

(一)平板测量

平板测量获取的是非数字化数据。虽然现在它已不是GIS野外数据获取的主要手段,但由于它的成本低、技术容易掌握,少数部门和单位仍然在使用。平板测量包括小平板测量和大平板测量,测量的产品都是纸质地图。在传统的大比例尺地图的生产过程中,一般在野外测量,绘制铅笔草图,然后用小笔尖转绘在聚酯薄膜上,之后可以晒成蓝图提供给用户使用。当然也可以对铅笔草图进行手扶跟踪或扫描数字化,使平板测量结果转变为数字数据。

(二)全野外数字测图

全野外数据采集设备是全站仪加电子手簿或电子平板配以相应的采集和编辑软件,作业分为编码和无码两种方法。数字化测绘记录设备以电子手簿为主。还可采用电子平板内外业一体化的作业方法,即利用电子平板(便携机)在野外测量碎部点,展绘成图。

全野外数据采集测量工作包括图根控制测量、测站点的增补和地形碎部点的测量。采用全站仪进行观测(见图3-4),用电子手簿记录观测数据或经计算后的测点坐标。每一个碎部点的记录,通常有点号、观测值或坐标,除此之外,还有与地图符号有关的编码以及点之间的连接关系码。这些信息码以规定的数字代码表示。信息码的输入可在地形碎部点测量的同时进行,即观测每一碎部点后按草图输入碎部点的信息码。地图上的地理名称及其他各种注记,除一部分根据信息码由计算机自动处理外,不能自动注记的需要在草图上注明,在内业通过人机交互编辑进行注记。

图3-4　用全站仪进行观测

全野外空间数据采集与成图分为三个阶段:数据采集、数据处理和地图数据输出。数据采集是在野外利用全站仪等仪器测量特征点,并计算其坐标,赋予代码,明确点的连接关系和符号化信息。然后经编辑、符号化、整饰等成图,通过绘图仪输出或直接存储成电子数据。数据采集和编码是计算机成图的基础,这一工作主要在外业完成。内业主要进行数据的图形处理,在人机交互方式下进行图形编辑,生成绘图文件,由绘图仪绘制地图。

通常工作步骤为:先布设控制导线网,然后进行平差处理得出导线坐标,再采用极坐标法、支距法或后方交会法等,获得碎部点的三维坐标。

(三)空间定位测量

空间定位测量也是GIS空间数据的主要来源。目前,常用的空间定位系统主要有美国的全球定位系统(GPS),俄罗斯的全球导航卫星系统(GLONASS),以及欧洲的伽利略导航卫星系统(GALILEO)。我国的北斗导航卫星系统也在逐步完善之中,2012年2月底,北斗导航系统的第十一颗卫星成功发射入轨,它必将给我国用户提供快速、高精度的定位服务,也必将给我国范围内的GIS提供更为丰富、高效的空间定位数据。

(四)手持GIS数据采集

手持GIS数据采集把移动GIS应用带到了一个全新的领域。它可进行数据采集、数据维护、GIS 数据的更新或者直接在野外使用 GIS 数据，使用方便。

Geo XH 是世界上首台基于 WinCE 操作系统的 GIS 数据接收机，如图 3-5 所示。

现场已有了 Geo XM 和 Geo XT 等产品。Geo XT 增加了亚米级接收机和 EVEREST 多路径抑制技术，可以轻松地在树林、城市等任何所需要记录高精度 GIS 空间数据的地方，为用户提供可靠的数据采集和数据维护功能。Geo XM 和 Geo XT 两款接收机都具有足够大的内存和更快的数据处理器，这意味着用户可以快速地传输大的图形文件，并且很快地将它在完美的彩色屏幕上显示出来。

图 3-5　Geo XH GIS 数据接收机

二、地图数字化

地图数字化是指根据现有纸质地图，通过手扶跟踪或扫描矢量化的方法，生产出可在计算机上进行存储、处理和分析的数字化数据。

(一) 手扶跟踪数字化

早期，地图数字化所采用的工具是手扶跟踪数字化仪。这种设备是利用电磁感应原理，当使用者在电磁感应板上移动游标到图件的指定位置，按动相应的按钮时，电磁感应板周围的多路开关等线路可以检测出最大信号的位置，从而得到该点的坐标值。这种方式数字化的速度比较慢，工作量大，自动化程度低，数字化精度与作业员的操作有很大关系，所以目前已基本上不再采用。

(二) 扫描矢量化

目前，地图数字化一般采用扫描矢量化的方法。根据地图幅面大小，选择合适规格的扫描仪，对纸质地图扫描生成栅格图像。然后经过几何纠正，即可进行矢量化。地图扫描矢量化的工作流程如图 3-6 所示。

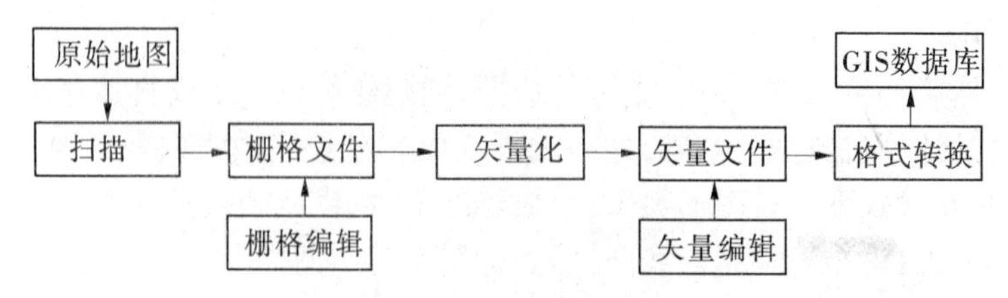

图 3-6　地图扫描矢量化的工作流程

栅格图像的矢量化有软件自动矢量化和屏幕鼠标跟踪矢量化两种方法。软件自动矢量化方法工作速度较快、效率较高，但是由于软件智能化水平有限，其结果仍然需要再进行人工检查和编辑。屏幕鼠标跟踪矢量化方法工作方式与数字化仪基本相同，仍然是手动跟踪，但是数字化的精度和工作效率得到了显著的提高。

扫描获得的数据是栅格数据，数据量比较大。除此之外，扫描获得的数据还存在着噪声和中间色调像元的处理问题。噪声是指不属于地图内容的斑点污渍和其他模糊不清的东西形成的像元灰度值。噪声范围很广，没有简单有效的方法能加以完全消除，有的软件能去除一些小的脏点，但有些地图内容，如小数点等和小的脏点很难区分。对于中间色调像元，则可以通过选择合适的阈值并选用一些软件（如 Photoshop）来处理。

常使用 GIS 软件，如 MapInfo、ArcInfo、GeoStar、SuperMap 等，对扫描所获取的栅格数据进行屏幕跟踪矢量化，并对矢量化结果数据进行编辑和处理。

三、摄影测量

摄影测量技术曾经在我国基本比例尺地形图生产过程中扮演了重要角色，我国绝大部分 1∶1万和 1∶5万基本比例尺地形图使用了摄影测量方法。随着数字摄影测量技术的推广，在 GIS 空间数据采集的过程中，摄影测量也起着越来越重要的作用。

（一）摄影测量原理

摄影测量包括航空摄影测量和地面摄影测量。地面摄影测量一般采用倾斜摄影或交向摄影，航空摄影一般采用垂直摄影。摄影机镜头中心垂直于聚焦平面（胶片平面）的连线称为相机的主轴线。航测上规定当主轴线与铅垂线方向的夹角小于 3°时为垂直摄影。摄影测量通常采用立体摄影测量方法（立体摄影测量的原理如图 3-7 所示）采集某一地区空间数据，对同一地区同时摄取两张或多张重叠的像片，在室内的光学仪器上或计算机内恢复它们的摄影方位，重构地形表面，即把野外的地形表面搬到室内进行观测。航测上对立体覆盖的要求是：当飞机沿一条航线飞行时相机拍摄的任意相邻两张像片的重叠（航向重叠）不小于 55% ~65%，在相邻航线上的两张相邻像片的旁向重叠应保持在 30%。

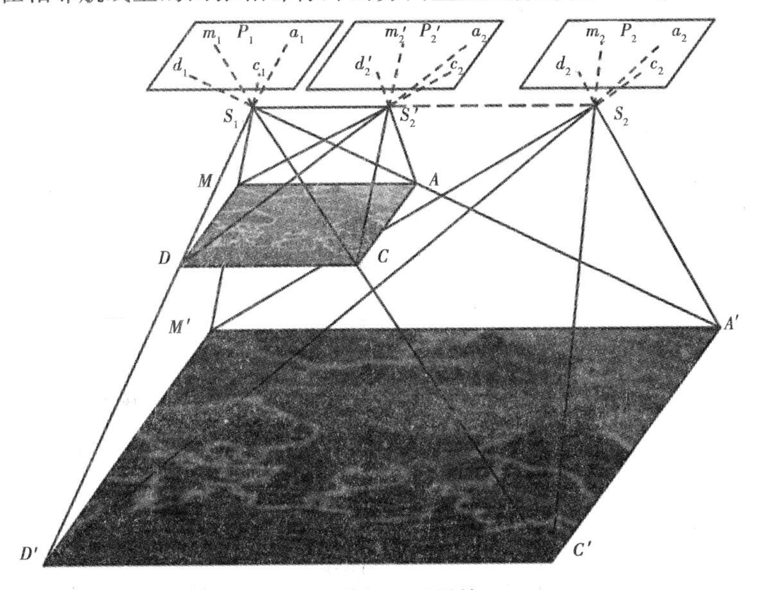

图 3-7　立体摄影测量的原理

（二）数字摄影测量的数据处理流程

数字摄影测量一般指全数字摄影测量，它是基于数字影像与摄影测量的基本原理，应用计算机技术、数字影像处理、影像匹配、模式识别等多学科的理论与方法，提取所摄对象用数字方式表达的几何与物理信息的摄影测量方法。

数字摄影测量是摄影测量发展的全新阶段。与传统摄影测量不同的是，数字摄影测量所处理的原始影像是数字影像。数字摄影测量继承立体摄影测量和解析摄影测量的原理，同样需要内定向、相对定向和绝对定向。不同的是，数字摄影测量直接在计算机内建立立体模型。由于数字摄影测量的影像已经完全实现了数字化，数据处理在计算机内进行，所以可以加入许多人工智能的算法，使它进行自动内定向、自动相对定向、半自动绝对定向。不仅如此，还可以进行自动相关、识别左右像片的同名点、自动获取数字高程模型，进而生产数字正射影像。另外，还可以加入某些模式识别的功能，自动识别和提取数字影像上的地物目标。图 3-8 为数字摄影测量系统 VirtuoZo 采集数据的作业流程，可以说明数字摄影测量采集数据的一般流程。

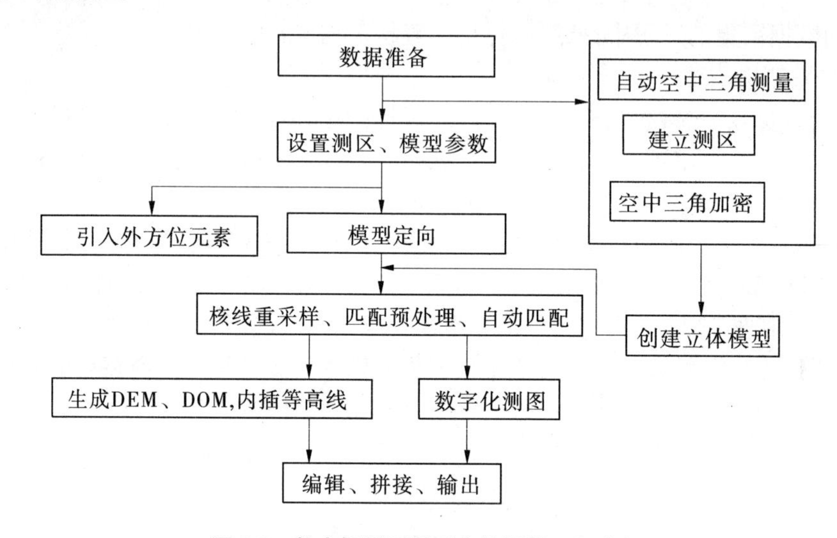

图 3-8　数字摄影测量采集数据的一般流程

四、遥感影像处理

通常所称的遥感影像指的是卫星遥感影像，其信息获取方式与航空像片不同。遥感成像的基本原理如图 3-9 所示。

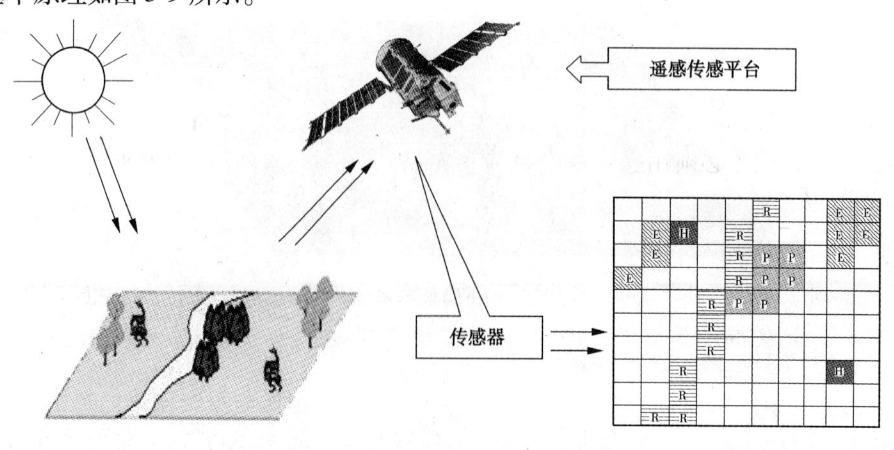

图 3-9　遥感成像的基本原理

地面接收太阳辐射，地表各类地物对其反射的特性各不相同，搭载在卫星上的传感器捕捉并记录这种信息,之后将信息传回地面,然后从中获得数据。经过一系列处理过程,可得到满足 GIS 需求的数据。

遥感数据的处理与具体的数据类型(卫星遥感影像、雷达影像)、存储介质等因素相关。遥感数据的基本处理流程见图 3-10。

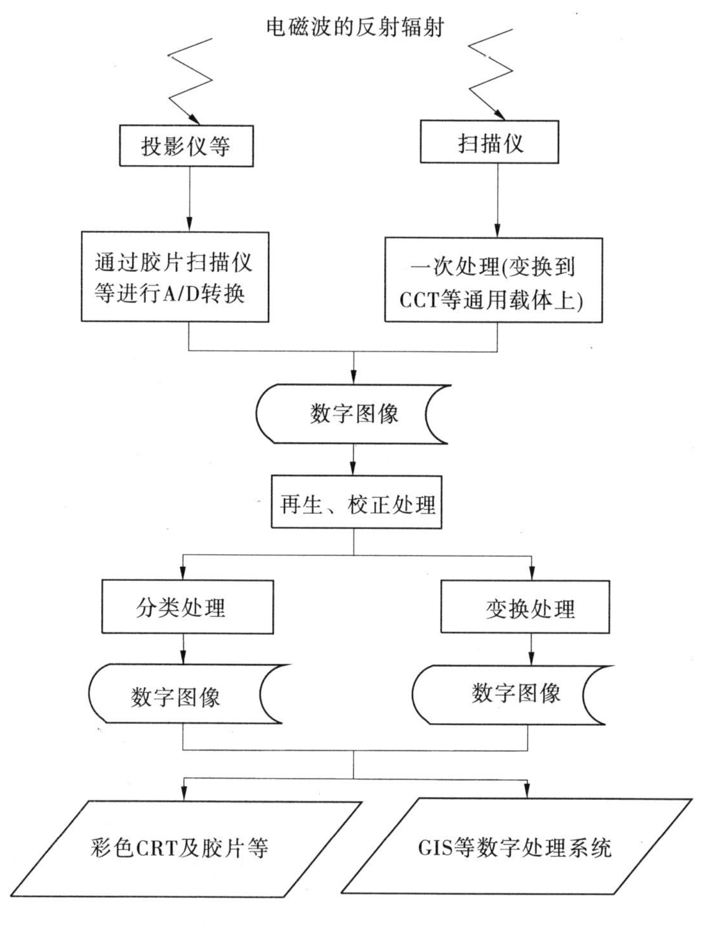

图 3-10　遥感数据的基本处理流程

(1)观测数据的输入:采集的数据包括模拟数据和数字数据两种,为了把像片等模拟数据输入到处理系统中,必须用胶片扫描仪等进行 A/D 转换。对数字数据来说,因为数据多记录在特殊的数字记录器(HDDT 等)中,所以必须将其转换到一般的计算机都可以读出的 CCT(Computer Compatible Tape)等通用载体上。

(2)再生、校正处理:对于进入处理系统的观测数据,首先,进行辐射量失真及几何畸变的校正,对于 SAR 的原始数据进行图像重建;其次,按照处理目的进行变换、分类处理,或者变换与分类结合的处理。

(3)变换处理:变换处理意味着从某一空间投影到另一空间上,通常在这一过程中观测数据所含的一部分信息得到增强。因此,变换处理的结果多为增强的图像。

(4)分类处理:分类是以特征空间的分割为中心的处理,最终要确定图像数据与类别之间的对应关系。因此,分类处理的结果多为专题图形式。

(5)处理结果的输出:处理结果可分为两种情况,一种是经 D/A 转换后作为模拟数据输出到显示装置及胶片上,另一种是作为地理信息系统或其他处理系统的输入数据而以数字数据输出。

第三节 属性数据采集

属性数据即空间实体的特征数据,一般包括名称、等级、数量、代码等多种形式。属性数据的内容有时直接记录在栅格或矢量数据文件中,有时则单独输入数据库存储为属性文件,通过关键字与图形数据相联系。

属性数据一般采用键盘输入。输入的方式有两种:一种是对照图形直接输入;另一种是预先建立属性表输入属性,或从其他统计数据库中导入属性,然后根据关键字与图形数据自动连接。

一、属性数据的来源

国家资源与环境信息系统规范在专业数据分类和数据项目建议总表中,将数据分为社会环境、自然环境和资源与能源三大类共十四项,并规定了每项数据的内容及基本数据来源。

(一)社会环境数据

社会环境数据包括城市与人口、交通网、行政区划、地名、文化和通信设施五项。这几项数据可从人口普查办公室、外交部、民政部、国家测绘局,以及林业、文化、教育、卫生、邮政等相关部门获取。

(二)自然环境数据

自然环境数据包括地形数据、海岸及海域数据、水系及流域数据、基础地质数据四项。这些数据可以从国家测绘局、国家海洋局、水利部,以及电力、地质、矿产、地震、石油等相关部门和机构获取。

(三)资源与能源数据

资源与能源数据包括土地资源相关数据、气候和水热资源相关数据、生物资源相关数据、矿产资源相关数据、海洋资源相关数据五项。这几项数据可从中国科学院、国家测绘局,以及农业、林业、气象、水利、电力、海洋等相关部门和机构获取。

二、属性数据的分类

属性数据的分类,是根据系统的功能以及相应的国际、国家和行业空间信息分类规范与标准,将具有不同空间特征和语义的空间要素区别开来的过程,是为了在空间数据的逻辑结构上将数据组织为不同的信息层并标记空间要素的类别。

一般采用线分类法对空间实体进行分类,即将分类对象按选定的空间特征和语义信息作为分类的基础,逐次地分成相应的若干个层级的类目,并排列成一个有层次的、逐级展开的分类体系。同级类之间是并列关系,下级类与上级类间存在着隶属关系,同级类不重复、不交叉。这种分类法将地理空间的空间实体组织为一个层级树,因此也称为层级分类法。

我国《基础地理信息要素分类与代码》(GB/T 13923—2006)将地球表面的自然和社会基础信息分为九个大类,分别为测量控制点、水系、居民地、交通、管线与垣栅、境界、地形与土质、植被和其他,在每个大类下又依次细分为小类、一级类和二级类,如图 3-11 所示。

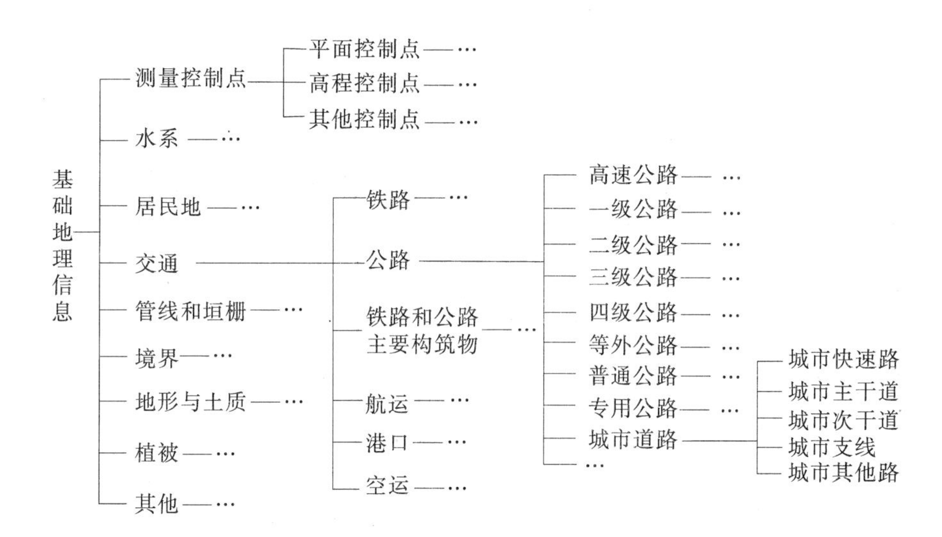

图 3-11　基础地理信息分类体系

三、属性数据的编码

属性数据的编码是指确定属性数据的代码的方法和过程。代码是一个或一组有序的易于被计算机或人识别与处理的符号,是计算机鉴别和查找信息的主要依据和手段。编码的直接产物就是代码,而分类分级则是编码的基础。

对于要直接记录到栅格或矢量数据文件中的属性数据,必须先对其进行编码,将各种属性数据变为计算机可以接收的数字或字符形式,便于 GIS 存储管理。属性数据的编码一般要基于以下几个原则:①编码的系统性和科学性;②编码的一致性和唯一性;③编码的标准化和通用性;④编码的简捷性;⑤编码的可扩展性。

(一)属性数据编码方案的制订

在属性数据进行编码的过程中,应力求规范化、标准化,有可遵循标准的尽量依照标准。如要对交通 GIS 系统数据进行编码,就有许多国家标准及行业标准(见表 3-2)可以遵循。

表 3-2　与交通 GIS 相关的国家标准及行业标准

标准编号	标准名称
GB 2260—2007	中华人民共和国行政区划代码
GB/T 10114—2003	县级以下行政区划代码编制规则
GB 12409—2009	地理格网
GB/T 15660—1995	1∶5 000　1∶10 000　1∶25 000　1∶50 000　1∶100 000 地形图要素分类与代码

续表 3-2

标准编号	标准名称
GB 917.1—2000	公路路线标识规则　命名、编号和编码
GB 917.2—2000	公路路线标识规则　国道名称和编号
JT/T 0022—90	公路管理养护单位代码编制规则
JTG H10—2009	公路养护技术规范
GB 920—2002	公路路面等级与面层类型代码
GB/T 919—2002	公路等级代码
GB 11708—89	公路桥梁命名编号和编码规则
GBJ 124—88	道路工程术语标准
GB/T 4754—2011	国民经济行业分类

如果没有适用的标准可遵循,可依照以下编码的一般方法,制定出有一定适用性的编码标准:

(1)列出全部制图对象清单。

(2)制定对象分类、分级原则和指标,将制图对象进行分类、分级。

(3)拟订分类代码系统。

(4)确定代码及其格式,即设定代码使用的字符和数字、码位长度、码位分配等。

(5)建立代码和编码对象的对照表。这是编码最终成果档案,是将数据输入计算机进行编码的依据。

属性的科学分类体系无疑是 GIS 中属性编码的基础。目前,较为常用的编码方法有层次分类编码法与多源分类编码法两种基本类型。

(二)层次分类编码法

层次分类编码法是按照分类对象的从属和层次关系为排列顺序的一种代码,它的优点是能明确表示出分类对象的类别,代码结构有严格的隶属关系。图 3-12 以河流类型的编码为例,说明层次分类编码法所构成的编码体系。

(三)多源分类编码法

多源分类编码法又称独立分类编码法,是指对于一个特定的分类目标,根据诸多不同的分类依据分别进行编码,各位数字代码之间并没有隶属关系。表 3-3 以河流类型的编码为例说明了属性数据多源分类编码法的编码方法。

例如,常年河,通航,河流长 7 km,宽 25 m,平均深度为 50 m,可表示为:11454。由此可见,该种编码方法一般具有较大的信息量,有利于对于空间信息的综合分析。

在实际工作中,也往往将以上两种编码方法结合使用,以达到更理想的效果。

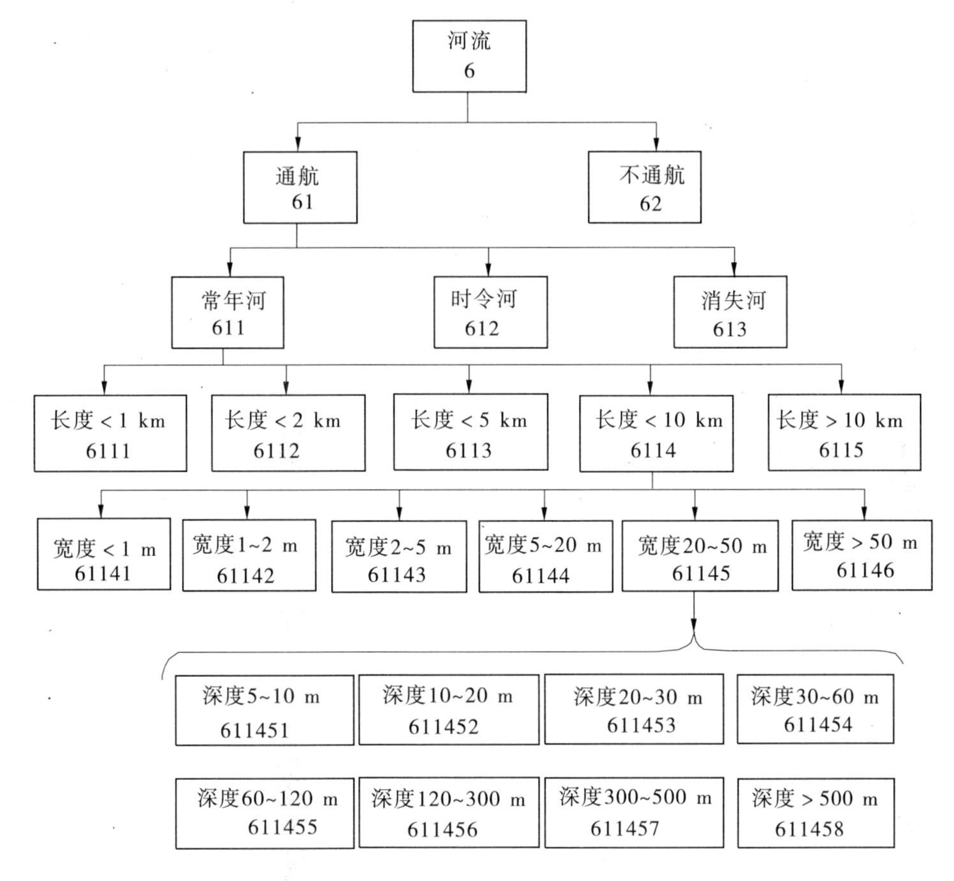

图 3-12　河流类型的层次分类编码方案

表 3-3　河流类型的多源分类编码方案

通航情况	流水季节	河流长度	河流宽度	河流深度
通航:1 不通航:2	常年河:1 时令河:2 消失河:3	＜1 km:1 ＜2 km:2 ＜5 km:3 ＜10 km:4 ＞10 km:5	＜1 m:1 1 ~ 2 m:2 2 ~ 5 m:3 5 ~ 20 m:4 20 ~ 50 m:5 ＞50 m:6	5 ~ 10 m:1 10 ~ 20 m:2 20 ~ 30 m:3 30 ~ 60 m:4 60 ~ 120 m:5 120 ~ 300 m:6 300 ~ 500 m:7 ＞500 m:8

第四节　空间数据格式转换

不同的数据生产者在获取空间数据时采用的数据采集平台不同，地理几何数据和属性数据存储方式和表现方法各不相同。不论何种平台，地理几何数据都可以归结为至少包括点、线、面三种要素，但地图符号化的表现方式，以及空间关系的组织各不相同，不能简单地进行转换使用。属性数据的组织虽然也各不相同,但一般都采用表的形式,只要找到对应的字段映射关系就可实现转换,相对几何数据更易于实现在不同平台上的相互转换。数据格式转换是GIS获取空间数据、共享空间数据的常用手段。

一、空间数据交换模式

实现数据交换的模式大致有四种,即外部数据交换模式、直接数据访问模式、数据互操作模式和空间数据共享平台模式。后三种数据交换模式提供了较为理想的数据共享模式,但是对大多数普通用户而言,外部数据交换模式在具体应用中更具可操作性和现实性,与现实的技术、资金条件更相符。数据转换可直接利用软件商提供的交换文件(如DXF、MIF、E00等),也可以采用中介文件转换方式,即在数据加工平台软件支持下,把空间数据连同属性数据按自定义的格式输出为文本文件,作为中介文件,该文件的要素和结构符合相应的数据转换标准,然后在GIS平台下开发数据接口程序,读入该文件,自动生成基础地理信息系统支持的数据格式。

二、数据转换的内容

数据转换的内容包括空间数据、属性数据、拓扑信息以及相应的元数据和数据描述信息。根据数据转换的程度、数据分层和编码对应情况,数据转换可以分为三类:

(1)分层和编码原则都不同的数据转换。在数据转换过程中,系统最大限度地保证空间数据和属性数据的转入,并把相应的分层和编码转换过来。

(2)分层不同、编码原则相同的数据转换。两者数据编码原则是一致的,为空间数据和数据描述信息的相互转换提供了有利条件。

(3)分层不同、编码方案完全一致的数据转换。除描述信息外,两者数据质量和数据情况是完全一致的。

三、空间数据转换途径

空间数据转换途径多种多样,一般可以通过以下三种方式实现空间数据转换。

(一)外部数据交换方式

外部数据交换方式是目前空间数据转换的主要方式。大部分商用GIS软件定义了外部数据交换文件格式,一般为ASCII码文件,如ArcInfo的E00,MapInfo的MIF,AutoCAD的DXF等。如图3-13所示,从系统A的内部文件转换到系统B,如果B能够直接读A的外部交换文件,则从A的内部文件转换到A的外部交换文件,转换两次即可;否则还需要从A的外部交换文件到B的外部交换文件,即转换三次。

(二)标准空间数据交换方式

标准空间数据交换方式采用一种空间数据的转换标准来实现空间数据转换,尽量减少空间数据转换造成的信息损失,使之更加科学化与标准化。许多国家和国际组织制定了空间数据转换标准,例如美国国家空间数据协会(National Spatial Data Institute)制定了统一的空间数据格式规范SDTS,包括几何坐标、投影、拓扑关系、属性数据、数据字典,也包括栅格和矢量等不同空间数据格式的转换标准。根据SDTS,目前有许多GIS软件提供了空间数据

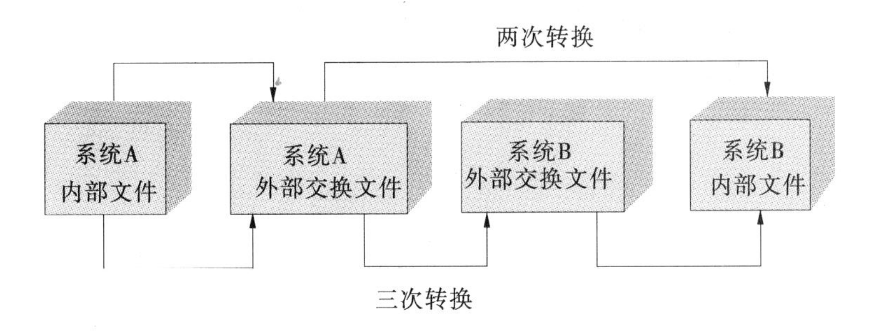

图 3-13　通过外部交换文件完成数据转换

交换的标准格式,如 ArcInfo 的 SDTSIMPORT 和 SDTSEXPORT 模块等,可供其他系统调用。有了空间数据交换的标准格式后,每个系统都提供读写这一标准格式空间数据的程序,避免了大量的编程工作,而且数据转换只需两次,如图 3-14 所示。

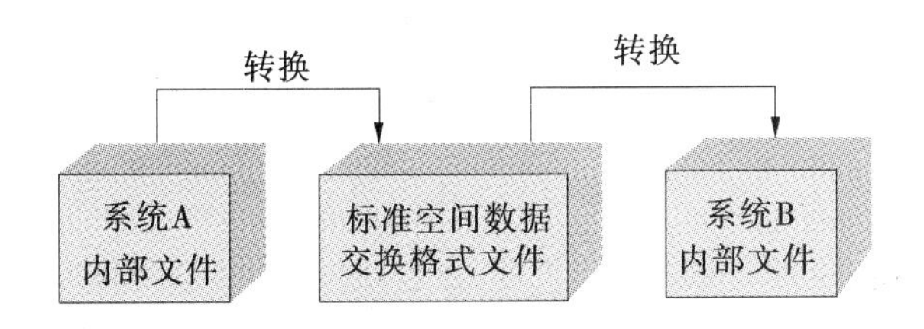

图 3-14　通过标准格式完成数据转换

(三)空间数据的互操作方式

空间数据的互操作方式是基于公共接口的数据融合方式。接口相当于一种规程,它是大家都遵守并达成统一的标准。在接口中不仅要考虑数据格式和数据处理,而且要提供数据处理所采用的协议,各个系统通过公共接口相互联系,允许各自系统内部数据结构和数据处理各不相同。例如,OGC(Open GIS Consortium)为数据互操作制定了统一的规范,从而使一个系统同时支持不同的空间数据格式成为可能。Open GIS 的思想是将空间数据的转换变成一次转换或者不进行转换,实现不同 GIS 软件之间空间数据的互操作。如图 3-15 所示,从系统 A 到系统 B 只需一次转换。空间数据的互操作是实现异构空间数据库数据共享的有效途径。

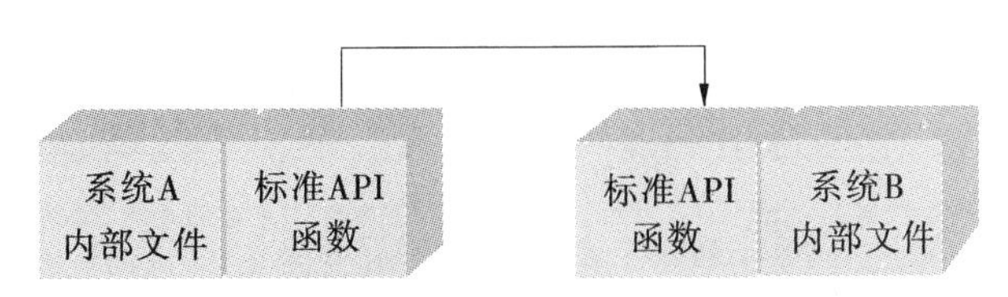

图 3-15　通过 Open GIS 完成数据转换

在数据转换的过程中,数据格式的不一致实质上是空间数据模型的定义不一致。因此,基于语义的数据转换也是一种非常有前景的转换方法。基于语义层次上的空间数据转换,除数据结构的转换外,更重要的是对语义数据模型的转换和操作,更注重数据所蕴涵的知识背景。语义转换与传统数据转换有着很大的不同。

如图 3-16 所示,语义转换就像一个宽宽的管道把两个数据集连接起来,数据转换双方可以自由地进行数据的转换与共享。语义转换就像一个引擎,通过要素操作语言,不仅可以对输入数据而且可以对输出数据进行数据的重定义。这是因为在语义转换的背后存在一个丰富的数据转换模型,它具有内部一致性和外部可扩展性。

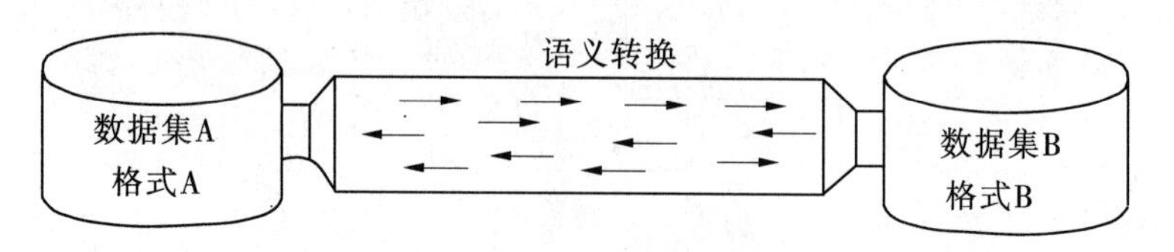

图 3-16 语义转换概念示意图

如图 3-17 所示,数据模型 A 和数据模型 B 可以自由映射到数据转换模型中,而这种映射不是基于最低数据转换标准的映射机,也就是说,不是基于公共要素的映射。在这种映射中,针对输入数据和输出数据,数据转换模型提供了一系列的方法来实现数据模型之间的定义和转换。这种功能使得数据的转入方和数据的转出方之间可以自由地变换,并且可以继续使用各自独立的系统和数据格式。

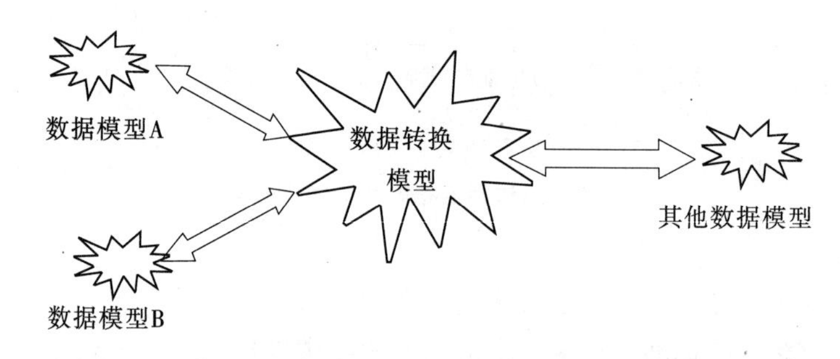

图 3-17 基于语义的数据转换模型示意图

在数据转换模型中的映射不仅能够实现高度的定制,而且这种映射是双向的。数据转换模型是基于语义层次建立的一种数据的转换机制和规则。数据转换模型不仅考虑到各个数据源的空间数据模型及空间数据组织方式,而且更重要的是侧重于语义的继承及丰富程度。语义层次转换如图 3-18 所示。

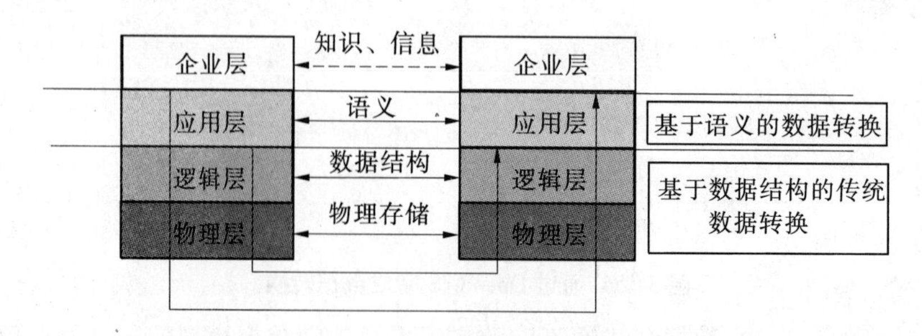

图 3-18 语义层次转换

基于语义层次上的空间数据转换,除数据结构的转换外,更重要的是对语义数据模型的转换和操作。基于语义层次上的空间数据转换在考虑数据模型的基础上,引入语义信息,如元数据、转换的规则与规范、转换的机制与原则等,来解决模型之间的冲突,即数据转换器通过语义的继承和丰富来生产出符合用户要求的数据。

数据转换模型在逻辑上可分为许多模型单元。针对各个不同格式的数据源，将这些模型单元有机地组合形成不同的模型块。

基于组件思想的数据转换模型留有很大的扩展空间，是一种可伸缩的、开放的数据转换模型。这样，以此模型为支持的转换共享功能也就具有了很强的伸缩性，可以根据不同的数据转换共享的需要对数据转换模型进行扩展，进而便于在异构空间数据转换共享平台构建时进行功能的配置和扩充。

第五节　空间数据质量

地理信息系统是一个基于计算机软件、硬件和数据的集成系统，该系统主要通过空间及非空间数据的操作，实现空间检索、编辑及分析功能。在 GIS 的几个主要因素中，数据是一个极为重要的因素。在计算机软件、硬件环境选定之后，GIS 中数据质量的优劣决定着系统分析质量以及整个应用的成败。GIS 提供的空间数据的分析方法被广泛用于各种领域，用于决策领域的数据，其质量要求应该是可知的或可预测的。

一、数据质量的基本概念

（一）准确性（Accuracy）

准确性即一个记录值（测量或观察值）与它的真实值之间的接近程度。这个概念是相当抽象的，似乎人们已经知道存在这样的事实。在实际中，测量的知识可能依赖于测量的类型和比例尺。一般而言，对单次观察或测量的准确性的估价仅仅是通过与可获得的最准确的测量或公认的分类进行比较。空间数据的准确性经常是根据所指的位置、拓扑或非空间属性来分类的。它可用误差（Error）来衡量。

（二）精度（Precision）

精度即对现象描述的详细程度。如对同样的两点，精度低的数据并不一定准确度也低。精度要求测量能以最好的准确性来记录，但是这可能误导提供较大的精度，因为超出一个测量仪器的已知准确度的数字在效率上是冗余的。因此，如果手工操作的数字化板所返回的坐标不可能依赖于比 0.1 mm 还要准确的一个“真正的”数值，那么就不存在任何的点，在1/10的地方是以 mm 表示的。

（三）空间分辨率（Spatial Resolution）

分辨率是两个可测量数值之间最小的可辨识的差异。空间分辨率可以看做记录变化的最小距离。在一张用肉眼可读的地图上，假设用一条线来记录一个边界，空间分辨率通常由最小线的宽度来确定。地图上的线很少以小于 0.1 mm 的宽度来画。一个图形扫描仪的物理分辨率从理论上讲是由设施的像元之间的分离来确定的。一个激光打印机的物理分辨率是 1 in（1 in = 2.54 cm）的 1/300，而对高质量的激光扫描仪，还会细化 10 倍。如果没有放大，最细的激光扫描仪的线是看不到的。因此，在人的视觉分辨率和设备物理分辨率之间存在着一个差异。一个相似的区别可以存在于两个最小距离之间，即当人操作数字化仪时所区别的最小距离和数字化仪硬件可以不断地报告的最小距离。

(四)比例尺(Scale)

比例尺是地图上一个记录的距离和它所表现的真实世界的距离之间的比例。地图的比例尺将决定地图上一条线的宽度所表现的地面的距离。例如,在一个 1∶10 000 比例尺的地图上,一条 0.5 mm 宽度的线对应着 5 m 的地面距离。如果这是线的最小的宽度,那么就不可能表示小于 5 m 的地面距离。

(五)误差(Error)

定义出一个所记录的测量和它的事实之间的准确性以后,很明显对于大多数目的而言,它的数值是不准确的。误差研究包括:位置误差,即点的位置的误差、线的位置的误差和多边形的位置的误差;属性误差;位置和属性误差之间的关系。

(六)不确定性(Uncertainty)

地理信息系统的不确定性包括空间位置的不确定性、属性不确定性、时域不确定性、逻辑上的不一致性及数据的不完整性。空间位置的不确定性指 GIS 中某一被描述物体与其地面上真实物体位置上的差别;属性不确定性是指某一物体在 GIS 中被描述的属性与其真实属性的差别;时域不确定性是指在描述地理现象时,时间描述上的差错;逻辑上的不一致性指数据结构内部的不一致性,尤其是指拓扑逻辑上的不一致性;数据的不完整性指对于给定的目标,GIS 没有尽可能完全地表达该物体。

二、空间数据质量问题的来源

从空间数据的形式表达到空间数据的生成,从空间数据的处理变换到空间数据的应用,在这两个过程中都会有数据质量问题的发生。下面按照空间数据自身存在的规律性,从几个方面来阐述空间数据质量问题的来源。

(一)空间现象自身存在的不稳定性

空间数据质量问题首先来源于空间现象自身存在的不稳定性。空间现象自身存在的不稳定性包括空间现象在空间、时间和属性上的不确定性。空间现象在空间上的不确定性指其在空间位置分布上的不确定性变化;空间现象在时间上的不确定性表现为其在发生时间段上的游移性;空间现象在属性上的不确定性表现为属性类型划分的多样性,非数值型属性值表达的不精确性。因此,空间数据存在质量问题是不可避免的。

(二)空间现象的表达

数据采集中的测量方法以及量测精度的选择等受到人类自身的认识和表达的影响,因此数据的生成会出现误差。如在地图投影中,由椭球体到平面的投影转换必然产生误差;用于获取原始数据的各种测量仪器都有一定的设计精度,如 GPS 提供的地理位置数据都有用户要求的一定设计精度,因而数据误差的产生不可避免。

(三)空间数据处理中的误差

在空间数据处理过程中,容易产生的误差有以下几种:

投影变换:地图投影是开口的三维地球椭球面到二维场平面的拓扑变换。在不同投影形式下,地理特征的位置、面积和方向的表现会有差异。

地图数字化和扫描后的矢量化处理:数字化过程中采点的位置精度、空间分辨率、属性赋值等都可能出现误差。

数据格式转换:在矢量格式和栅格格式之间的数据格式转换中,数据所表达的空间特征的位置具有差异性。

数据抽象:在数据发生比例尺变换时,对数据进行聚类、归并、合并等操作会产生误差,如知识性误差和数据所表达的空间位置的变化误差。

建立拓扑关系:拓扑过程中伴随有数据所表达的空间特征的位置坐标的变化。

与主控数据层的匹配:在一个数据库中,常存储同一地区的多层数据面,为保证各数据层之间空间位置的协调性,一般建立一个主控数据层,以控制其他数据层的边界和控制点。在与主控数据层匹配的过程中会存在空间位移,导致误差。

数据叠加操作和更新:在进行数据叠加操作以及数据更新时,会产生空间位置和属性值的差异。

数据集成处理:在来源不同、类型不同的各种数据集的相互操作过程中会产生误差。数据集成是包括数据预处理、数据集之间的相互运算、数据表达等在内的复杂过程,其中位置误差、属性误差都会出现。

数据的可视化表达:在数据的可视化表达过程中为达到视觉效果,需对数据的空间位置、注记等进行调整,由此产生数据表达上的误差。

数据处理过程中误差的传递和扩散:在数据处理的各个过程中,误差是累积和扩散的,前一过程的累积误差可能成为下一个阶段的误差起源,从而导致新的误差的产生。

(四)空间数据使用中的误差

在空间数据使用的过程中也会导致误差的出现,主要包括两个方面:一是对数据的解释,二是缺少文档。对于同一种空间数据来说,不同用户对它的内容的解释和理解可能不同,处理这类问题的方法是随空间数据提供各种相关的文档说明,如元数据。另外,缺少对某一地区不同来源的空间数据的说明,如缺少投影类型、数据定义等描述信息,往往导致数据用户对数据的随意性使用而使误差扩散。

三、常见空间数据的误差分析

GIS 中的误差是指 GIS 中数据表示与其现实世界本身的差别。数据误差的类型可以是随机的,也可以是系统的。归纳起来,数据的误差主要有四大类,即几何误差、属性误差、时间误差和逻辑误差。在这几种误差中,属性误差和时间误差与普通信息系统中的误差概念是一致的,几何误差是地理信息系统所特有的,而几何误差、属性误差和时间误差都会造成逻辑误差,因此下面主要讨论逻辑误差和几何误差。

(一)误差的类型

1. 逻辑误差

数据的不完整性是通过上述四类误差反映出来的。事实上,检查逻辑误差,有助于发现不完整的数据和其他三类误差。对数据进行质量控制或质量保证或质量评价,一般先从数据的逻辑性检查入手。如图 3-19 所示,其中桥或停车场等与道路是相接的,如果数据库中只有桥或停车场,而没有与道路相连,则说明道路数据被遗漏,数据不完整。

2. 几何误差

由于地图是以二维平面坐标表达位置的,因此在二维平面上的几何误差主要反映在点和线上。

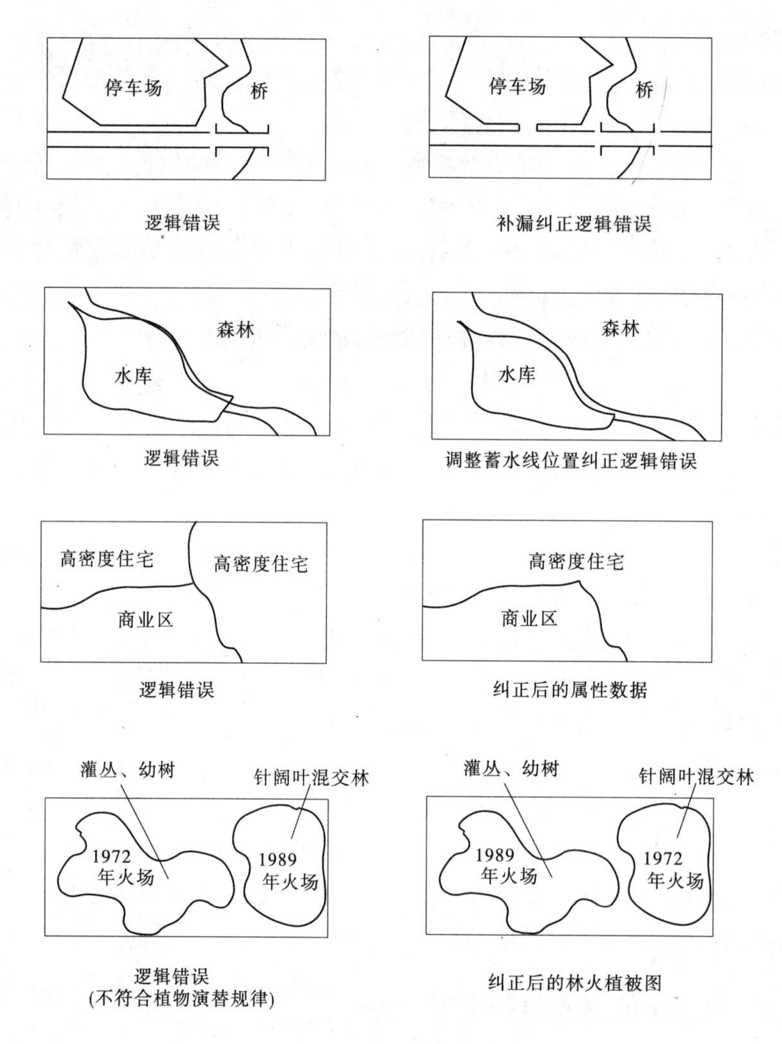

图 3-19　各种逻辑误差

1) 点误差

点误差即为点的测量位置与其真实位置的差异。真实位置比测量位置要更加精确，可在野外使用高精度的 GPS 方法得到。点误差可通过计算坐标误差和距离的方法得到。

为了衡量整个数据采集区域或制图区域内的点误差，一般抽样测算。抽样点应随机分布于数据采集区域内，并具有代表性。这样，抽样点越多，所测的误差分布就越接近于点误差的真实分布。

2) 线误差

线在地理信息系统数据库中既可表示线性现象，又可以通过连成的多边形表示面状现象。第一类是线上的点在现实世界中可以找到，如道路、河流、行政界线等，这类线性特征的误差主要产生于测量和对数据的后处理过程中；第二类是线上的点在现实世界中找不到，如按数学投影定义的经纬线、按高程绘制的等高线，或者是气候区划线和土壤类型界限等，这类线性特征的误差及在确定线的界限时的误差，被称为解译误差。解译误差与属性误差直接相关，若没有属性误差，则可以认为那些类型界限是准确的，因而解译误差为零。

另外,线分为直线、折线、曲线等(见图 3-20)。GIS 数据库中用两种方法表达曲线、折线,图 3-21 对这两类误差作了对照。

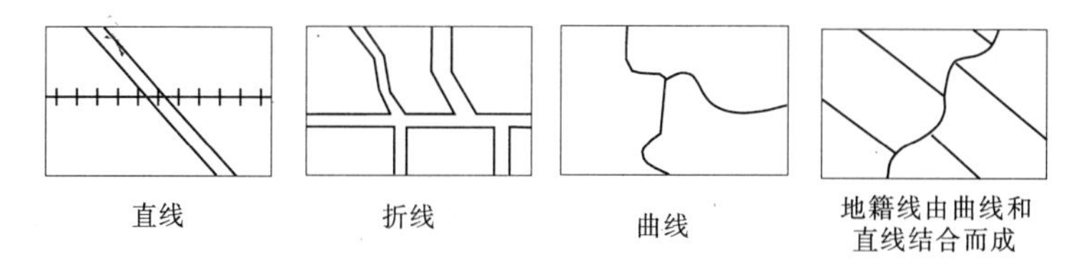

图 3-20　各种线(直线、折线、曲线等)

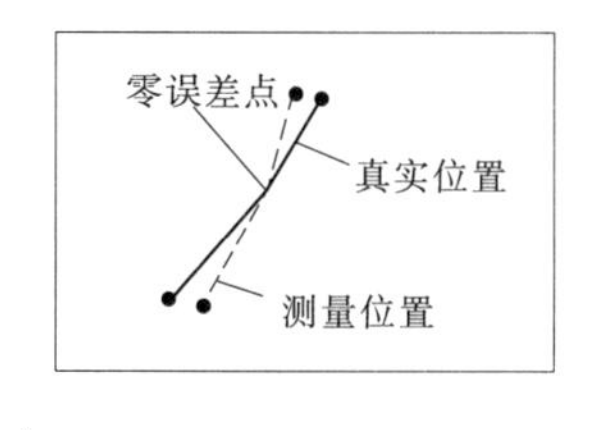

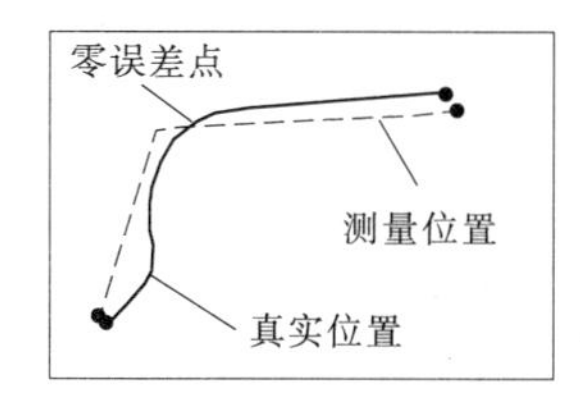

图 3-21　折线和曲线的误差

线误差分布可以用 Epsilon 带模型来描述,它由一条线及其两侧定宽的带构成,真实的线以某一概率落于 Epsilon 带内。Epsilon 带是等宽的(类似于后面讲述的缓冲区,不过其意义不同),在此基础上,误差带模型被提出,与 Epsilon 带模型相比,它在中间最窄而在两端较宽。基于误差带模型,可以把直线与折线的误差分布分别看做是骨头形或者车链形的误差分布带模式(见图 3-22)。

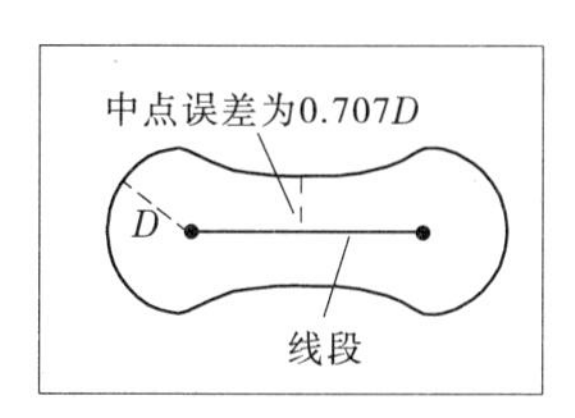

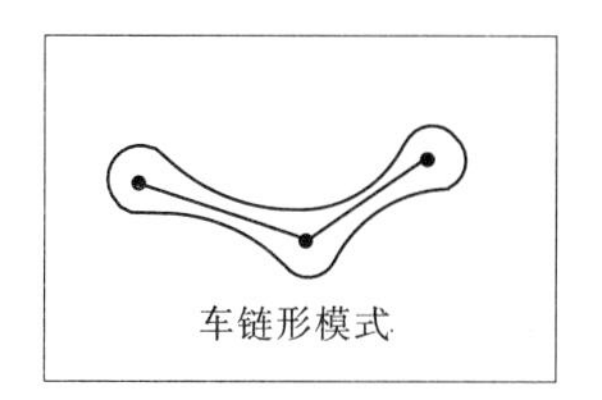

图 3-22　折线的误差分布

对于曲线的误差分布或许应当考虑串肠形模式(见图 3-23)。

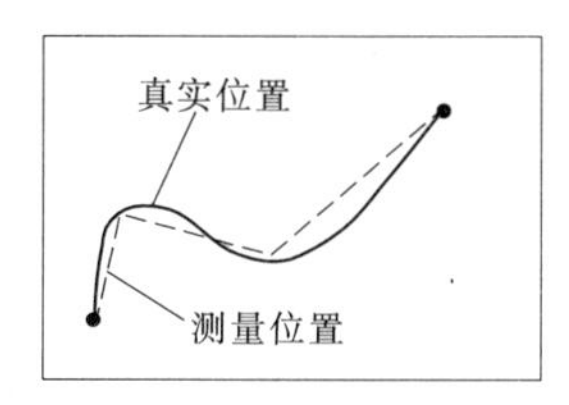

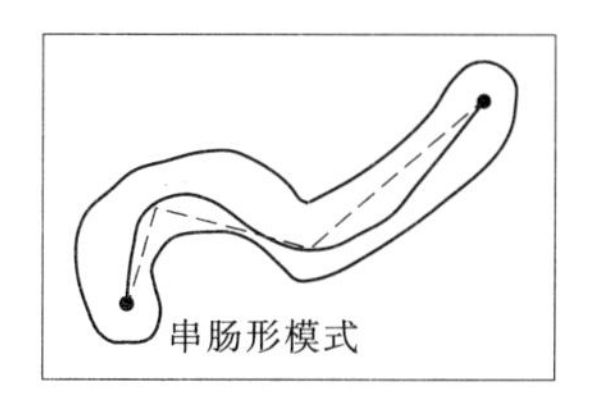

图 3-23　曲线的误差分布

(二)地图数据的质量问题

地图数据是现有地图经过数字化或扫描处理后生成的数据。在地图数据质量问题中,不仅含有地图固有的误差,还包括图纸变形、图形数字化等误差。

(1)地图固有误差:是指用于数字化的地图本身所带有的误差,包括控制点误差、投影误差等。由于这些误差间的关系很难确定,所以很难对其综合误差作出准确评价。如果假定综合误差与各类误差间存在线性关系，即可用误差传播定律来计算综合误差。

(2)图纸变形误差：这类误差是由于图纸的尺寸受湿度和温度变化的影响而产生的。在温度不变的情况下，若湿度由0增加至25%，则图纸的尺寸可能改变1.6%；图纸的膨胀率和收缩率并不相同，即使湿度又恢复到原来的大小，图纸也不能恢复原有的尺寸，一张6 in的图纸因湿度变化而产生的误差可能高达0.576 in。在印刷过程中，图纸先随温度的升高而变长变宽，又由于冷却而产生收缩。

(3)图形数字化误差：数字化方式主要有跟踪数字化和扫描数字化两种。影响跟踪数字化数据质量的因素主要有数字化要素对象、数字化操作人员、数字化仪和数字化操作。影响扫描数字化数据质量的因素包括原图质量(如清晰度)、扫描精度、扫描分辨率、配准精度、校正精度等。

(三)遥感数据的质量问题

遥感数据的质量问题，一部分来自遥感仪器的观测过程，另一部分来自遥感图像处理和解译过程。遥感仪器的观测过程本身存在着精度和准确度的限制，这一过程产生的误差主要表现为空间分辨率、几何畸变和辐射误差，这些误差将影响遥感数据的位置和属性精度。在遥感图像处理和解译过程中主要产生空间位置和属性方面的误差。这是由图像处理中的影像或图像校正和匹配以及遥感解译判读和分类引入的，其中包括混合像元的解译判读所带来的属性误差。

(四)测量数据的质量问题

测量数据主要指使用大地测量、GPS、城市测量、摄影测量和其他一些测量方法直接得到的测量对象的空间位置信息。这部分数据质量问题，主要是空间数据的位置误差。空间数据的位置通常以坐标表示，空间数据位置的坐标与其经纬度表示之间存在着某误差因素，由于这种误差因素无法排除，一般也不作为误差考虑。测量方面的误差通常考虑的是系统误差、操作误差和偶然误差。

系统误差的产生与一个确定的系统有关，它受环境因素(如温度、湿度和气压等)、仪器结构与性能以及操作人员技能等方面因素的综合影响。系统误差不能通过重复观测加以检查或消除，只能用数字模型模拟和估计。

操作误差是操作人员在使用设备、读数或记录观测值时，因粗心或操作不当而产生的。应采用各种方法检查和消除操作误差。一般地，操作误差可通过简单的几何关系或代数检查验证其一致性，或通过重复观测检查并消除操作误差。

偶然误差是一种随机性的误差，由一些不可测和不可控的因素引入。这种误差具有一定的特征，如正负误差出现频率相同，大误差少、小误差多等。偶然误差可采用随机模型进行估计和处理。

四、空间数据质量控制

空间数据质量控制是一个复杂的过程，要控制数据质量应从数据质量产生和扩散的所有过程和环节入手，分别用一定的方法减小误差。空间数据质量控制常见的方法有以下几种。

(一)传统的人工方法

质量控制的人工方法主要是将数字化数据与数据源进行比较，图形部分的检查包括目视检查、绘制到透明图上与原图叠加比较，属性部分的检查采用与原属性逐个对比的方法或其他比较方法。

（二）元数据方法

数据集的元数据中包含了大量的有关数据质量的信息，通过它可以检查数据质量，同时元数据也记录了数据处理过程中质量的变化，通过跟踪元数据可以了解数据质量的状况和变化。

（三）地理相关法

用空间数据的地理特征要素自身的相关性来分析数据的质量。如从地表自然特征的空间分布着手分析，山区河流应位于微地形的最低点，因此叠加河流和等高线两层数据时，如河流的位置不在等高线的外凸连线上，则说明两层数据中必有一层数据有质量问题。如不能确定哪层数据有问题，可以通过将它们分别与其他质量可靠的数据层叠加来进一步分析。因此，可以建立一个有关地理特征要素相关关系的知识库，以备各空间数据层之间地理特征要素的相关分析之用。

思考题

1. GIS 的数据源有哪些？简述其特征并叙述通过何种途径来获取这些数据源。
2. 对于扫描仪输出的结果一般需要作哪些处理？
3. 从地图上能得到 GIS 需要的所有数据吗？请举例说明。
4. 简述 GIS 数据采集与处理的流程。
5 简述空间数据采集的方式。
6. 简述属性数据采集的方式。
7. 数据格式转换的途径有哪些？
8. 空间数据共享的方法有哪些？
9. 应从哪几方面分析 GIS 数据质量？
10. 常见 GIS 数据质量控制方法有哪些？

第四章　空间数据处理

【导读】:GIS 空间数据处理是对空间数据本身的操作。从广义上讲,从空间数据的采集到空间数据的输出,包括数据采集、检验、编辑、格式化、转换、存储、组织、管理、分析、显示等,整个流程中的绝大部分工作都可以看做数据处理。本章主要讲述的空间数据处理不涉及空间分析及 GIS 产品输出等内容,只包括 GIS 空间数据处理的基本内容,如图形编辑、拓扑处理、图形坐标变换、图幅拼接、图形的裁剪与合并及图形投影变换。

第一节　图形编辑

地理信息系统中对空间数据的编辑主要是对输入的图形数据和属性数据进行检查、改错、更新及加工,以完成 GIS 空间数据在装入 GIS 地理数据库前的准备工作,是实现 GIS 功能的基础。

图形数据的编辑是纠正数据采集错误的重要手段,图形数据的编辑分为图形参数的编辑及图形几何数据的编辑,通常用可视化编辑修正。图形参数主要包括线性、线宽、线色、符号尺寸和颜色、面域图案及颜色等。图形几何数据的编辑内容较多,其中包括点的编辑、线的编辑、面的编辑等。点的编辑包括点的删除、移动、追加和复制等,主要用来消除伪结点,或者将两弧段合并等。线的编辑包括线的删除、移动、复制、追加、剪断和平滑等。面的编辑包括面的删除、面形状变化、面的插入等。

一、结点的编辑

结点是线目标(或弧段)的端点,结点在 GIS 中地位非常重要,它是建立点、线、面关联关系的桥梁和纽带。GIS 中相当多的编辑工作是针对结点进行的。针对结点的编辑主要分为以下三类。

(一)结点吻合(Snap)

结点吻合又称结点匹配和结点符合。例如三个线目标或多边形的边界弧段中的结点本来应是一点,坐标一致,但是由于数字化的误差,三点坐标不完全一致,造成它们之间不能建立关联关系。为此,需要经过人工或自动编辑,将这三点的坐标匹配成一致,或者说将三点吻合成一个点。

结点匹配有多种方法:一是结点移动,即分别用鼠标将其中两个结点移动到第三个结点上,使三个结点匹配成一致;二是用鼠标拉一个矩形,将落入这个矩形中的结点坐标吻合成一致,即求它们的中点坐标,并建立它们之间的关系;三是通过求交的方法,求两条线的交点或延长线的交点,即是吻合的结点;四是自动匹配,即给定一个容差,在图形数字化时或图形数字化之后,在容差范围之内的结点自动吻合在一起(如图 4-1 所示)。一般来说,如果结点容差设置合适的话,大部分结点能够互相吻合在一起,但有些情况下还需要使用前三种方法进行人工编辑。

（二）结点与线的吻合

在数字化过程中，经常遇到一个结点与一个线目标的中间相交，这时由于测量误差，它也可能不完全交于线目标上，而需要进行编辑，称为结点与线的吻合（如图 4-2 所示）。编辑的方法也有多种：一是结点移动，将结点移动到线目标上；二是使用线段求交的方法，求出 *AB* 与 *CD* 的交点；三是使用自动编辑的方法，在给定的容差内，将它们自动求交并吻合在一起。

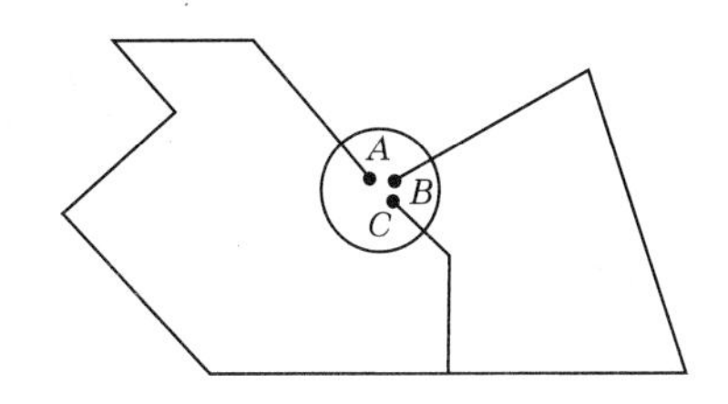

图 4-1　结点吻合

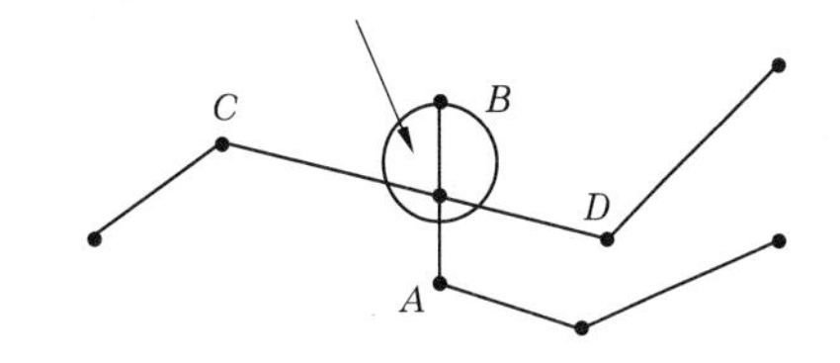

图 4-2　结点与线的吻合

结点与结点的吻合以及结点与线目标的吻合可能有两种情况需要考虑：一是仅要求它们的坐标一致，而不建立关联关系；二是不仅要求它们的坐标一致，而且要建立它们之间的空间关联关系。在后一种情况下，如图 4-2 中，*CD* 所在的线目标要分裂成两段，即增加一个结点，再与结点 *B* 进行吻合，并建立它们之间的关联关系。但对于前一种情况，线目标 *CD* 不变，仅结点 *B* 的坐标作一定修改，使它位于直线 *CD* 上。

（三）清除假结点

仅有两个线目标相关联的结点称为假结点，如图 4-3 所示。有些系统（如 ArcInfo）要将这种假结点清除掉，即将线目标 *a* 和 *b* 合并成一条线，使它们之间不存在结点。但有些系统不要求清除假结点，如 GeoStar 等。因为这些所谓的假结点并不影响空间查询、空间分析和制图。

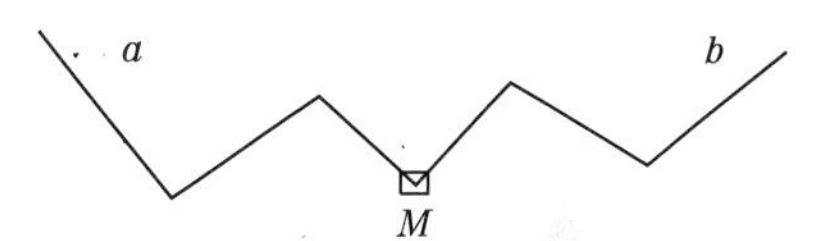

图 4-3　两个线目标间的假结点

二、图形编辑

图形编辑包括用鼠标增加一个点、线、面实体，删除一个点、线、面实体，移动、拷贝、旋转一个点、线、面实体等。对于这些编辑工作，不同的软件操作方法有所不同，这里不作详细介绍，仅对线目标或多边形弧段的顶点的编辑作一简单的介绍，因为这一操作在 GIS 的图形编辑中使用频繁。

（一）删除与增加一个结点

如图 4-4（a）所示，删除结点 *d*，此时由于删除结点后线目标的结点个数比原来少，所以该线目标不用整体删除，只是在原来存储的位置重新写一次坐标，拓扑关系不变。相反，对有些系统来说，如果要在 *cd* 之间增加一个结点，则操作和处理都要复杂得多。在操作上，首先要找到增加结点对应的线 *cd*，给一个新结点位置，如图 4-4（b）中 *k* 点，这时 7 个结点的线目标 *abcdefg* 变成由 *a*、*b*、*c*、*k*、*d*、*e*、*f*、*g* 8 个结点组成，由于增加了一个结点，它不能重写于原来的存储位置（指文件管理系统而言），而必须给一个新的目标标记号，重写一个线目标，而将原来的线目标删除，此时需要作一系列处理，调整空间拓扑关系。

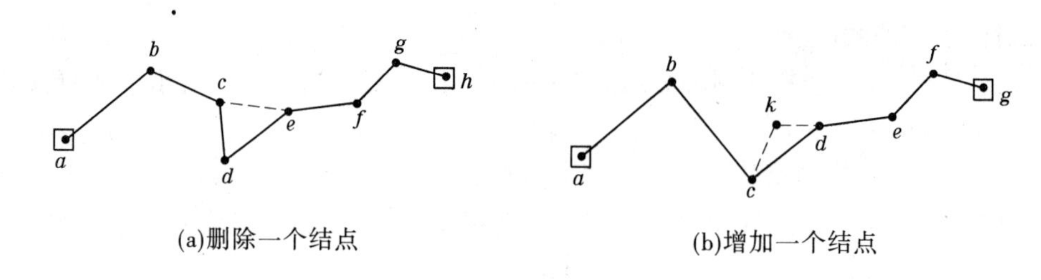

图 4-4　删除与增加一个结点

(二)移动一个结点

移动一个结点比较简单,因为只改变某个点的坐标,不涉及拓扑关系的维护和调整。如图 4-5 所示,将 *b* 点移到 *p* 点,所有关系不变。

(三)删除一段弧段

有时需要在一线目标或多边形边界弧段之间删除一段弧段,此时的处理也比较复杂,先要把原来的弧段分成三段(在存储器中原来的弧段实际上被删除),去掉之间一段,保留两端的两条弧段。这时由于赋了两个新的目标标志,原来建立的空间拓扑关系都需要调整和变化。如图 4-6 所示,原来的弧段 *abcefg*,删除弧段 *ce* 后,现在变成了两个弧段 *abc* 和 *efg*。

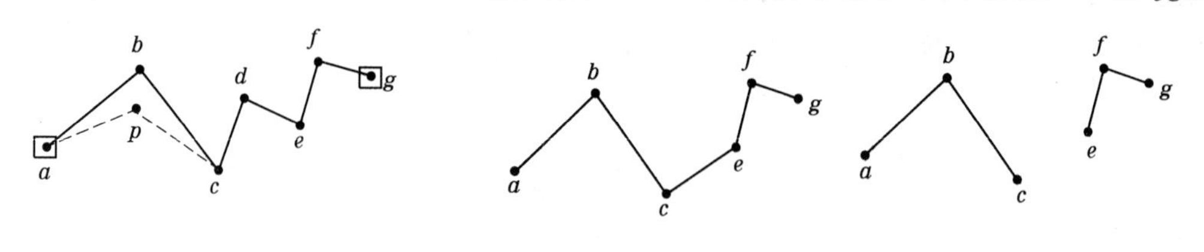

图 4-5　移动一个结点

图 4-6　删除一段弧段

三、数据检查与清理

数据检查主要是指拓扑关系的检查。检查结点是否匹配,是否存在悬挂结点,多边形是否闭合,是否有假结点。将有错误的或不正确的拓扑关系的点、线、面用不同的颜色或符号标记出来,例如用红色或 D 表示没有匹配的结点,用蓝色或△表示假结点,这样就便于进行人工检查和修改。

数据清理是指用自动的方法清除空间数据的错误,例如给定一个结点吻合的容差,使该容差范围之内的结点自动吻合在一起,并建立拓扑关系。给定短弧的容差,使小于该容差的短弧自动删除。这一工作在 ArcInfo 中使用 Data Clean 命令,而在 GeoStar 中选择整体结点匹配即可。

第二节　拓扑处理

空间关系是指各空间实体之间的关系,包括拓扑关系、顺序关系和度量关系等。由于拓扑关系对 GIS 查询和分析具有重要意义,在 GIS 中,空间关系一般指拓扑关系。

在 GIS 中拓扑关系的核心是建立点(或称结点)、线(或称弧段)、面(或称多边形)的关联关系,这里归结为点、线拓扑关系的自动建立和多边形拓扑关系的自动建立。

一、拓扑关系的基本概念

（一）拓扑关系的含义

拓扑学是研究图形在保持连续状态下变形时的那些不变的性质。在拓扑关系中对距离或方向参数不予考虑。拓扑关系是一种对空间结构关系进行明确定义的数学方法，是指图形在保持连续状态下变形时，图形关系不变的性质。可以假设图形绘在一张高质量的橡皮平面上，将橡皮任意拉伸和压缩，但不能扭转或折叠，这时原来图形的有些属性保留，有些属性发生改变，前者称为拓扑属性，后者称为非拓扑属性或几何属性。这种变换称为拓扑变换或橡皮变换，如图 4-7 所示。

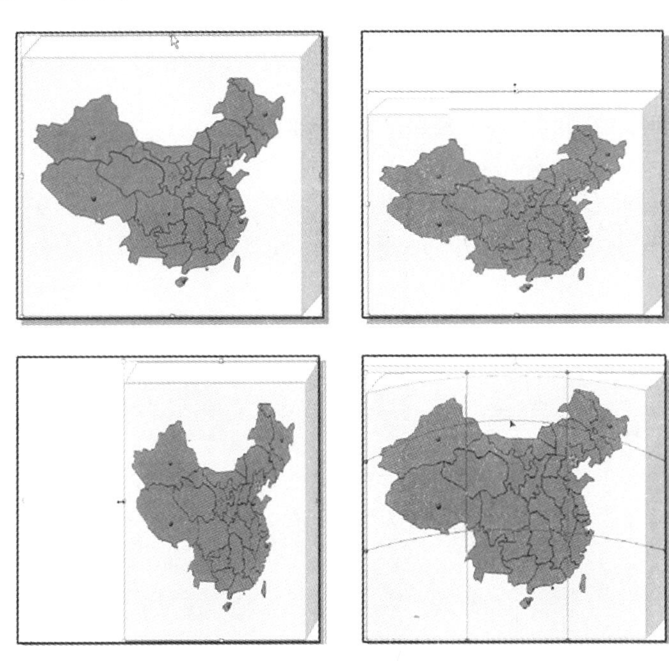

图 4-7　拓扑变

（二）拓扑元素的种类

点（结点）、线（链、弧段、边）、面（多边形）三

1. 结点

结点是指地图平面上反映一定意义的零维

要素边界线的首点和尾点等。

2. 链

链是指两结点间的有序线段。如线要素

3. 面

面是指一条或若干条链构成的闭合区

（三）拓扑关系的种类和表示

1. 拓扑关系的种类

拓扑关系指拓扑元素之间的空间关

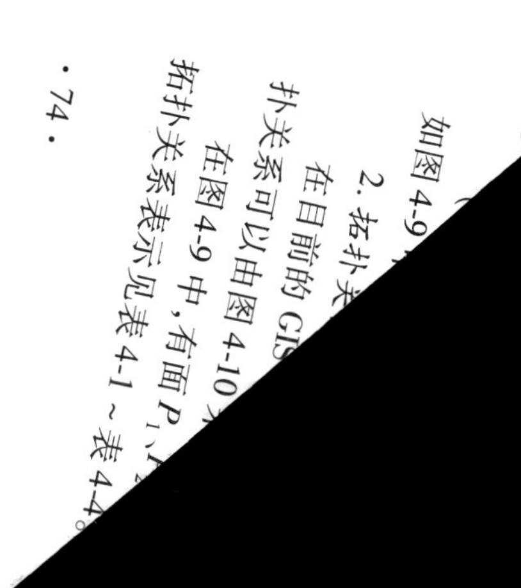

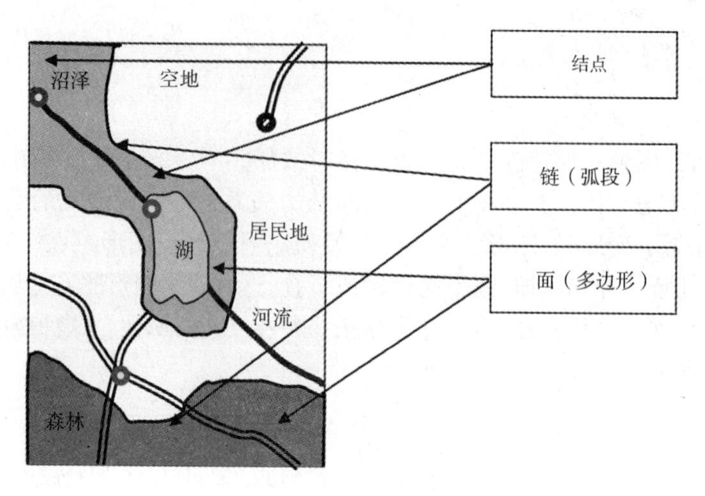

图 4-8　拓扑元素的种类

（1）邻接。邻接指存在于空间图形的同类元素之间的拓扑关系。例如图 4-9 中，结点之间的邻接关系有 N_1 与 N_4，N_1 与 N_2 等；多边形（面）之间的邻接关系有 P_1 与 P_3，P_2 与 P_3 等。

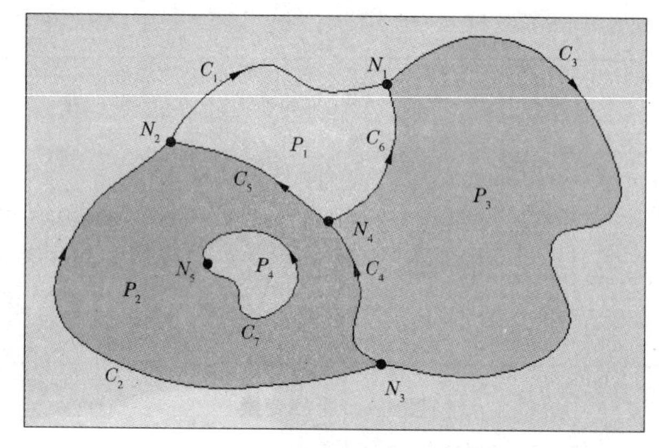

图 4-9　空间数据的拓扑关系

（2）关联。关联指存在于空间图形的不同类元素之间的拓扑关系。例如图 4-9 中，结点与弧段（链）的关联关系有 N_1 与 C_1、C_3、C_6，N_2 与 C_1、C_2、C_5 等。多边形（面）与弧段（链）的关联关系有 P_1 与 C_1、C_5、C_6，P_2 与 C_2、C_4、C_5、C_7 等。

（3）包含。包含指存在于空间图形的不同类或同类但不同级元素之间的拓扑关系，例

中，多边形（面）P_2 包含多边形（面）P_4。

系的表示

中，主要表示基本的拓扑关系，而且表示方法不尽相同。在矢量数据中拓

来表示，具体表示方法在下节讲述。

、P_3、P_4，链 C_1、C_2、C_3、C_4、C_5、C_6、C_7 和结点 N_1、N_2、N_3、N_4、N_5，则

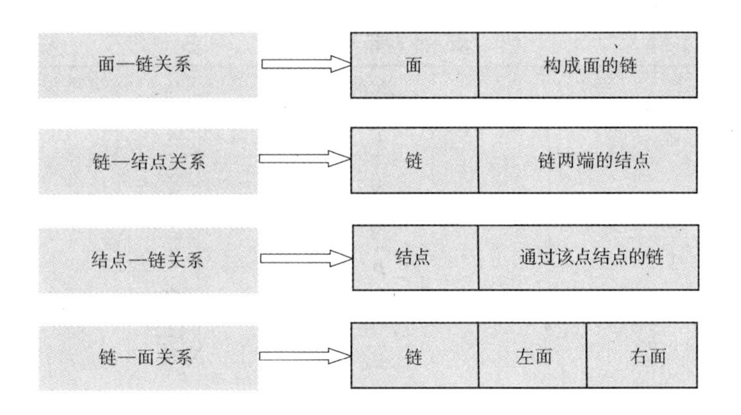

图 4-10　拓扑关系的表示

表 4-1　面—链关系

面	构成面的链
P_1	$C_1, -C_6, C_5$
P_2	$-C_5, -C_4, C_2$
P_3	C_3, C_4, C_6
P_4	C_7

表 4-2　链—结点关系

链	链两端的结点
C_1	N_2, N_1
C_2	N_3, N_2
C_3	N_1, N_3
C_4	N_3, N_4
C_5	N_4, N_2
C_6	N_4, N_1
C_7	N_5

表 4-3　结点—链关系

结点	通过该结点的链
N_1	C_1, C_3, C_6
N_2	C_1, C_5, C_2
N_3	C_2, C_3, C_4
N_4	C_5, C_6, C_4
N_5	C_7

表 4-4　链—面关系

链	左面	右面
C_1	0	P_1
C_2	0	P_2
C_3	0	P_3
C_4	P_2	P_3
C_5	P_2	P_1
C_6	P_1	P_3
C_7	P_4	P_2

注:表中 0 表示该链没有左面。

3. 拓扑关系的意义

空间数据的拓扑关系,对于 GIS 数据处理和空间分析具有重要的意义,因为:

(1)拓扑关系能清楚地反映实体之间的逻辑结构关系,它比几何关系具有更大的稳定性,不随地图投影而变化。

(2)拓扑关系有助于空间要素的查询,利用拓扑关系可以解决许多实际问题。如某两县邻接,涉及面面相邻问题。又如供水管网系统中某段水管破裂,要找到关闭它的阀门,就需要查询该段水管(线)与哪些阀门(点)关联。

(3)根据拓扑关系可重建地理实体。例如根据弧段构建多边形,实现面域的选取;根据弧段与结点的关联关系重建道路网络,进行最佳路径选择等。

二、点、线拓扑关系的建立

点、线拓扑关系的实质是建立结点—弧段、弧段—结点的关系表格,有两种方案:

(1)在图形采集与编辑时自动建立。主要记录两个数据文件:一个记录结点所关联的弧段,即结点—弧段列表;另一个记录弧段两端的结点,即弧段—结点列表。对图形进行数字化时,自动判断新的弧段周围是否已存在结点。若有,将其结点编号登记;若没有,产生一个新的结点,并进行登记。

(2)在图形采集和编辑后自动建立。

三、多边形拓扑关系的建立

(一)基本多边形

多边形有四种基本图形,如图 4-11 所示。

第一种是独立多边形。它与其他多边形没有共享边界,例如独立房屋、独立水塘等。这种多边形在数字化过程中直接生成,因为它仅有一条周边弧段,该弧段就是多边形的边界。

第二种是具有公共边的多边形。在数据采集时,采集弧段数据,然后用一种算法,自动将多边形的边界聚合起来,建立多边形文件。

第三种是带岛的多边形。除要按第二种方法自动建立多边形外,还要考虑多变形的内岛。

第四种是复合多边形。它由两个或多个不相邻的多边形组成,对这种多边形一般是在

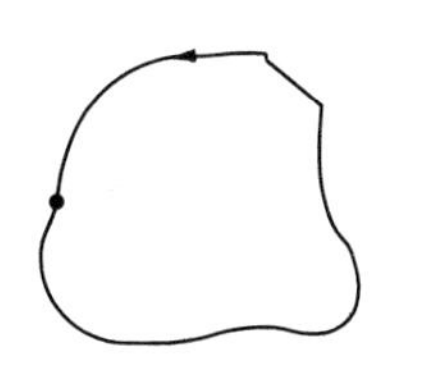

(a)独立多边形　(b)具有公共边的多边形　(c)带岛的多边形　(d)复合多边形

图 4-11　基本多边形

建立单个多边形以后，再用人工或某一种规则组合成复合多边形。

（二）建立多边形拓扑关系

建立多边形拓扑关系是矢量数据自动拓扑关系生成中最关键的部分，算法比较复杂。多边形矢量数据自动拓扑主要包括四个步骤：

（1）链的组织：主要找出在链的中间相交而不是在端点相交的情况，自动切成新链；把链按一定顺序存储（如按最大或最小的 x 或 y 坐标的顺序），这样查找和检索都比较方便，然后把链按顺序编号。

（2）结点匹配：把一定限差内的链的端点作为一个结点，其坐标值取多个端点的平均值，然后对结点按顺序编号。

（3）检查多边形是否闭合：可以通过判断一条链的端点是否有与之匹配的端点来进行。如图 4-12 所示，链 a 的端点 p 没有与之匹配的端点，因此无法用该条链与其他链组成闭合多边形。多边形不闭合的原因可能是结点匹配限差的问题，造成应匹配的端点不匹配，也可能是数字化误差较大，或数字化错误，这些都可以通过图形编辑或重新确定匹配限差来确定。另外，一条链可能本身就是悬挂链，不需要参加多边形拓扑，在这种情况下，可以作一标记，使之不参加下一阶段的建立多边形拓扑关系的工作。

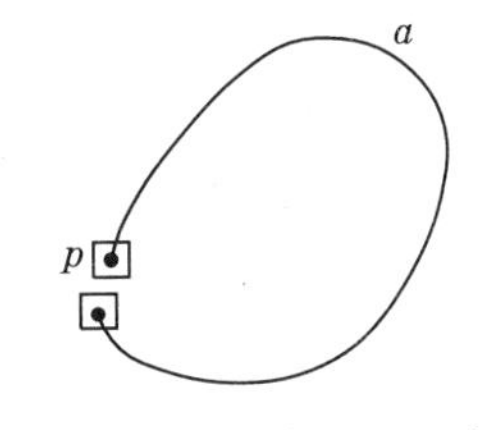

图 4-12　多变形不闭合

（4）建立多边形拓扑关系：根据多边形拓扑关系自动生成的算法，建立和存储多边形拓扑关系表格。

第三节　图形坐标变换

纠正地图在进行数字化时产生的整体变形，或者要把数字化仪坐标、扫描影像坐标变换到投影坐标系，或在两种不同的投影坐标系之间进行变换时，需要进行相应的坐标系统变换，这个过程统称为坐标几何变换。

一、坐标系的建立

地球自然表面点位坐标系的确定包括两个方面的内容：一是地面点在地球椭球体面上的投影位置，采用地理坐标系；二是地面点至大地水准面的垂直距离，采用高程系。但是无论把地球当成椭球体还是正球体，它们的表面都是不可展曲面。也就是说，大地坐标系不能直接表示在平面上，需要把大地坐标系上的成果转换到平面坐标系上，这就是后面要讲的地图投影。

(一)大地坐标系

大地坐标系是大地测量中以参考椭球面为基准面建立起来的坐标系。地面点 P 的位置用大地经度 L、大地纬度 B 和大地高 H 表示。当点在参考椭球面上时,仅用大地经度和大地纬度表示。

大地经度是指参考椭球面上某点的大地子午面与起始子午面间的两面角。东经为正,西经为负。

大地纬度是指参考椭球面上某点的垂直线(法线)与赤道平面的夹角。北纬为正,南纬为负。

大地高是地面点沿法线到参考椭球面的距离。

大地坐标系的建立包括选择一个椭球、对椭球进行定位和确定大地起算数据。一个形状、大小和定位都已确定的地球椭球叫参考椭球。参考椭球一旦确定,则标志着大地坐标系已经建立(见图 4-13)。

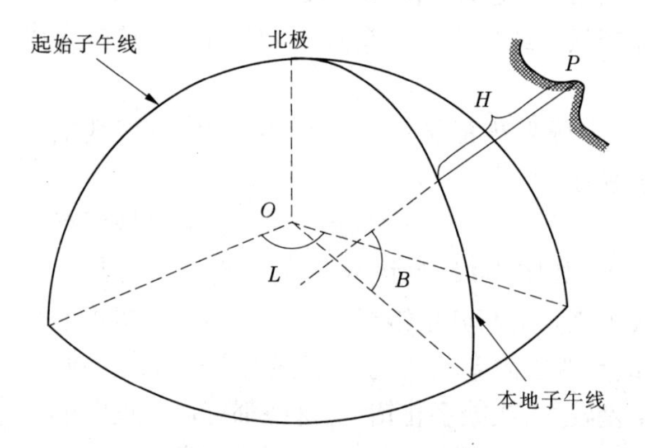

图 4-13　大地坐标系

当选定了某一个地球椭球后,这只是解决了椭球的形状和大小问题。要把地面大地网归算到它上面,仅仅知道它的形状和大小是不够的,还必须确定它同大地的相关位置,这就是所谓椭球的定位。一个形状、大小和定位都已确定的地球椭球叫参考椭球,参考椭球面是我们处理大地测量结果的基准面。大地起算数据的确定,就是确定某一个大地原点的坐标值和它对某一方向的大地方位角。

在地理学研究及地图学的小比例尺制图等工作中,由于精度要求不是很高,通常将椭球体看做正球体,采用地心经纬度。地心是指地球的质心,地心经度与大地经度等同,地心纬度为地面点和地心连线与赤道面的夹角。

(二)平面直角坐标系

如图 4-14 所示,在水平面上选定一点 O 作为坐标原点,建立平面直角坐标系。纵轴为 x 轴,与南北方向一致,向北为正,向南为负;横轴为 y 轴,与东西方向一致,向东为正,向西为负。将地面点 A 沿着铅垂线方向投影到该水平面上,则平面直角坐标 x_A、y_A 就表示了 A 点在该水平面上的投影位置。如果坐标系的原点是任意假设的,则称为独立的平面直角坐标系。为了不使坐标出现负值,对于独立测区,往往把坐标原点选在测区西南角以外适当位置。

应当指出，测量和制图中采用的平面直角坐标系与数学中的平面直角坐标系从形式上看是不同的。这是由于测量和制图中所用的方向是从北方向（纵轴方向）起按顺时针方向以角度计值的，同时它的象限划分也是按顺时针方向编号的。但是，它与数学中的平面直角坐标系（角度从横轴正方向起按逆时针方向计值，象限按逆时针方向编号）没有本质区别，所以数学中的三角函数计算公式可不加任何改变地直接应用于测量的计算中。

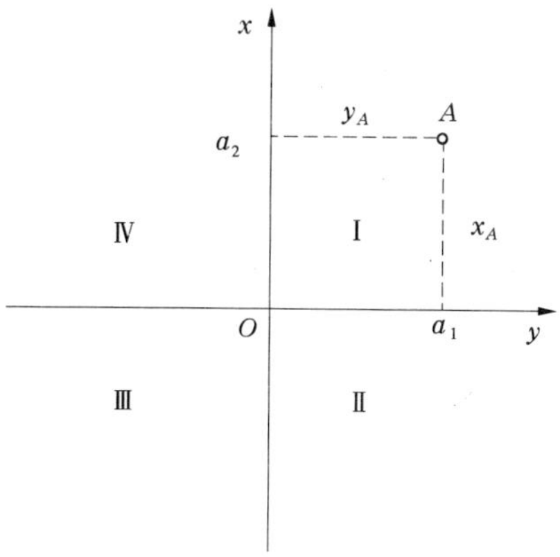

图 4-14　平面直角坐标系

（三）我国坐标系

我国目前常用的坐标系是 1954 北京坐标系、1980 西安坐标系和 2000 国家大地坐标系。

1. 1954 北京坐标系

20 世纪 50 年代初，在当时历史条件下，我国采用克拉索夫斯基椭球元素（$a = 6\ 378\ 245$ m，$\alpha = 1/298.3$）并与苏联 1942 普尔科沃坐标系进行联测，通过计算建立了自己的大地坐标系，定名为 1954 北京坐标系。

2. 1980 西安坐标系

1978 年 4 月在西安召开全国天文大地网平差会议，确定重新定位，建立我国新的坐标系。为此有了 1980 西安坐标系，它比 1954 北京坐标系更适合我国的具体情况。1980 西安坐标系采用的地球椭球基本参数为 1975 年国际大地测量与地球物理联合会第十六届大会推荐的数据，椭球的主要参数是：$a = (6\ 378\ 140 \pm 5)$ m，$\alpha = 1/298.257$。该坐标系的大地原点设在我国中部的陕西省泾阳县永乐镇，位于西安市西北方向约 60 km，故称 1980 西安坐标系，又简称为西安大地原点。

3. 2000 国家大地坐标系

随着社会的进步，国民经济建设、国防建设和社会发展、科学研究等对国家大地坐标系提出了新的要求，迫切需要采用原点位于地球质心的坐标系（以下简称地心坐标系）作为国家大地坐标系。采用地心坐标系，有利于采用现代空间技术对坐标系进行维护和快速更新，测定高精度大地控制点三维坐标，并提高测图工作效率。

2000 国家大地坐标系是全球地心坐标系，其原点为包括海洋和大气的整个地球的质心。2000 国家大地坐标系采用的地球椭球参数如下：长半轴 $a = 6\ 378\ 137$ m，扁率 $f = 1/298.257\ 222\ 101$，地心引力常数 $GM = 3.986\ 004\ 418 \times 10^{14}\ m^3/s^2$，自转角速度 $\omega = 7.292\ 115 \times 10^{-5}$ rad/s。自 2008 年 7 月 1 日起，中国全面启用 2000 国家大地坐标系。

二、坐标变换

坐标变换包括数字化仪坐标和扫描影像坐标与大地坐标的变换，以及两个不同的大地坐标系的变换。

（一）相似变换

相似变换主要解决两个坐标系之间的变换问题，如数字化仪坐标系到地面大地坐标系之间的变换。例如，设 XOY 为新的平面直角坐标系（如地面大地坐标系），$xo'y$ 为旧的平面直角坐标系（如数字化仪坐标系），两个坐标系之间的夹角为 α ，$xo'y$ 坐标系相对于 XOY 坐标系的平移距离为 A_0、B_0，两坐标系之间坐标的比例因子为 m，则根据坐标变换原理，可写出变换公式为

$$\left.\begin{aligned} X &= m(x\cos\alpha - y\sin\alpha) + A_0 \\ Y &= m(x\sin\alpha + y\cos\alpha) + B_0 \end{aligned}\right\} \tag{4-1}$$

令

$$A_1 = m\cos\alpha, \quad B_1 = m\sin\alpha$$

则式(4-1)可简化为

$$\left.\begin{aligned} X &= A_0 + A_1x - B_1y \\ Y &= B_0 + B_1x + A_1y \end{aligned}\right\} \tag{4-2}$$

计算这种变换，至少需要对应的坐标系的两个对应控制点，计算四个变换参数。

（二）仿射变换

如果坐标在 X 和 Y 方向上的比例因子不一致，如图纸存在仿射变形，此时需要采用仿射变换公式。令 m_1 和 m_2 分别表示 X 和 Y 方向的比例尺，则变换公式为

$$\left.\begin{aligned} X &= m_1(x\cos\alpha - y\sin\alpha) + A_0 \\ Y &= m_2(x\sin\alpha + y\cos\alpha) + B_0 \end{aligned}\right\} \tag{4-3}$$

令

$$A_1 = m_1\cos\alpha, \quad B_1 = m_2\sin\alpha$$
$$A_2 = -m_1\sin\alpha, \quad B_2 = m_2\cos\alpha$$

则式(4-3)简化为

$$\left.\begin{aligned} X &= A_0 + A_1x + A_2y \\ Y &= B_0 + B_1x + B_2y \end{aligned}\right\} \tag{4-4}$$

在数字化仪定向和扫描地图定向中，一般总是多于两个或三个定向点，以便提高定向精度和发现定向点的误差。因此，计算这种变换，至少需要对应坐标系的三个对应控制点，计算六个变换参数。

三、高程系

（一）绝对高程

地面点沿铅垂线方向至大地水准面的距离称为绝对高程，亦称为海拔。在图 4-15 中，地面点 A 和 B 的绝对高程分别为 H_A 和 H_B。

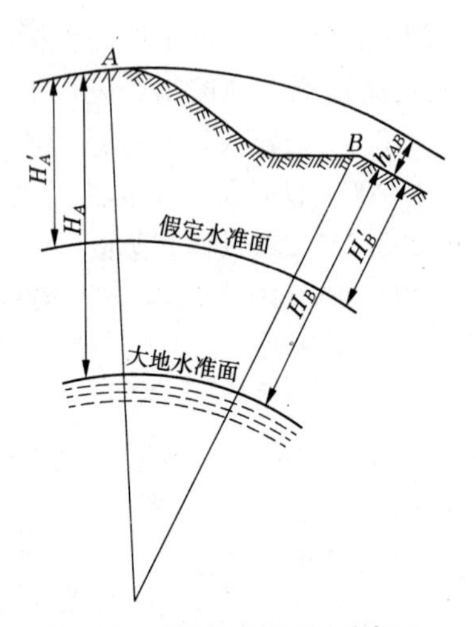

图 4-15 绝对高程与相对高程

我国规定以黄海平均海水面作为大地水准面。黄海平均海水面的位置，是青岛验潮站对潮汐观测井的水位进行长期观测确定的。由于平均海水面不便于随时联测使用，故在青岛观象山建立了水准原点，作为全国推算高程的依据。1956 年，验潮站根据连续 7 年（1950～1956 年）的潮汐水位观测资料，第一次确定了黄海平均海水面的位置，测得水准原点的高程为 72.289 m；按这个原点高程为基准去推

算全国的高程,称为1956黄海高程系。由于该高程系存在验潮时间过短、准确性较差的问题,后来验潮站又根据连续28年(1952~1979年)的潮汐水位观测资料,进一步确定了黄海平均海水面的精确位置,再次测得水准原点的高程为72.260 4 m;1985年决定启用这一新的原点高程作为全国推算高程的基准,并命名为1985国家高程基准。

(二)相对高程

地面点沿铅垂线方向至任意假定水准面的距离称为该点的相对高程,亦称为假定高程。在图4-15中,地面点 A 和 B 的相对高程分别为 H'_A 和 H'_B。

(三)高差

两点高程之差称为高差,以符号 h 表示。图4-15中,A、B 两点的高差 h_{AB} 为

$$h_{AB} = H_B - H_A = H'_B - H'_A \tag{4-5}$$

在测量与制图工作中,一般采用绝对高程,只有在偏僻地区,没有已知的绝对高程点可以引测时,才采用相对高程。

第四节　图幅拼接

在对地图进行数字化时,有时由于图幅较大,或者使用的是小型数字化仪,就需要分幅进行数字化操作。而在GIS的应用中,也经常会需要输入标准分幅的地形图,这样在数字化输入后,为了建立无缝图层,就需要将分幅的数字化地图进行合并,使它们在空间上连续,这个过程被称为图幅拼接。

一、几何裂隙和逻辑裂隙

由于空间数据采集的误差和人工操作的误差,两个相邻图幅的空间数据在结合处可能出现几何裂隙和逻辑裂隙。

在对分幅地图数字化输入后进行拼接时,常常会有边界不一致的情况,由数据文件边界分开的一个地物的两部分不能精确地衔接,这种裂隙被称为几何裂隙。

由于人工操作的失误,两个相邻图幅的空间数据在结合处可能出现逻辑裂隙。若一个地物在一幅图的数据文件中具有地物编码A,而在另一幅图的数据文件中却具有地物编码B,或者同一个地物在两幅图的数据文件中具有不同的属性,这种裂隙被称为逻辑裂隙。

二、图幅拼接

在对标准分幅的地形图进行图幅拼接处理时,一般需要先进行投影变换,通常的做法是从地形图使用的高斯－克吕格投影坐标系转换到经纬度坐标系中,然后再进行拼接处理。在进行拼接处理时,在相邻图幅的边缘部分,常常会有边界不一致的情况,这是由于原图本身存在数字化误差,同一实体的线段或弧段的坐标数据不能相互衔接,或者由于坐标系、编码方式等不统一,因此需进行图幅数据边缘匹配处理。

三、边缘匹配处理

边缘匹配处理可以由计算机自动完成,或者手动完成。通常采用的方法是移动结点或结点黏合,使它们在空间位置上取得一致。一般是以一幅图作为目标,移动另一幅图上的目标。

由于图幅的拼接总是在相邻图幅之间进行的,要将相邻图幅之间的数据集中起来,就要求相同实体间的线段或弧段的坐标数据相互衔接,也要求同一实体的属性码相同,因此必须进行图幅边缘匹配处理。主要有以下四个步骤。

(一)逻辑一致性的处理

由于人工操作的失误,两个相邻图幅的空间数据在结合处可能出现逻辑裂隙,此时,必须使用交互编辑方法,使相邻图斑的属性相同,取得逻辑一致性。

(二)识别和检索相邻图幅

将待拼接的图幅数据按图幅进行编号,编号有两位,其中十位数指示图幅的横向顺序,个位数指示纵向顺序,并记录图幅的长宽标准尺寸。因此,当进行横向图幅拼接时,总是将十位数编号相同的图幅数据收集在一起;进行纵向图幅拼接时,将个位数编号相同的图幅数据收集在一起。

图幅编号及接图范围如图 4-16 所示。

图幅数据的边缘匹配处理主要是针对跨越相邻图幅的弧段或弧而言的,为了减少数据容量,提高处理速度,一般只提取图幅边界 2 cm 范围内的数据作为匹配和处理的目标。同时,要求图幅内空间实体的坐标数据已经进行过投影转换。

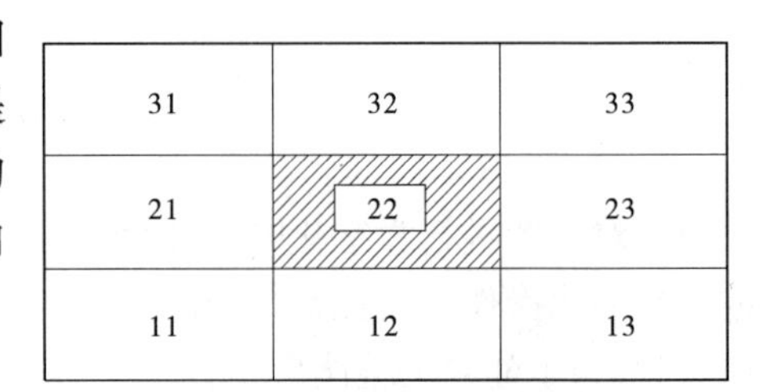

图 4-16　图幅编号及接图范围

(三)相邻图幅边界点坐标数据的匹配

相邻图幅边界点坐标数据的匹配采用追踪拼接法。追踪拼接有四种情况,只要符合下列条件,两条线段或两条弧段即可匹配衔接:相邻图幅边界两条线段或弧段的左右码各自相同或相反;相邻图幅同名边界点坐标在某一允许范围内(如 ±0.5 mm)。

匹配衔接时以一条弧段或线段为处理单元,因此当边界点位于两个结点之间时,需分别取出相关的两个结点,然后按照结点之间线段方向一致性原则进行数据的记录和存储。

(四)相同属性多边形公共边界的删除

当图幅内图形数据完成拼接后,相邻图斑会有相同的属性。因此,应将相同属性的两个或多个相邻图斑合并成一个图斑,即消除公共边界,并对共同属性进行合并。

多边形公共边界的删除方法是:通过构成每一面域的线段坐标链,删去其中共同的线段,然后建立合并多边形的线段链表。

对于多边形的属性表,除多边形的面积和周长需要重新计算外,其余属性保留其中之一图斑的属性即可。

第五节　图形裁剪与合并

一、图形裁剪

在计算机地图制图过程中,会遇到图幅划分及图形编辑过程中对某个区域进行局部放大的问题,这些问题要求确定一个区域,并使区域内的图形显示出来,而将区域外的图形删去(不显示或分段显示),这个过程就是图形裁剪。这里提到的区域也称窗口,根据窗口形状分为矩形窗口或任意多边形窗口。简言之,图形裁剪就是描述某一图形要素(如直线、圆等)是否与一多边形窗口(如矩形窗口)相交的过程。

图形裁剪的主要用途是清除窗口之外的图形,在 GIS 应用中,在许多情况下需要用到图形裁剪,包括窗口的开窗、放大、漫游显示,地形图的裁剪输出,空间目标的提取,多边形叠置分析等。这里主要介绍多边形裁剪的基本原理和多边形的合并操作。

在进行图形裁剪时,首先要确定图形要素是否全部位于窗口内,若只有部分在窗口内,要计算出图形元素与窗口边界的交点,正确选取显示部分内容,裁剪去窗口外的图形,从而只显示窗口内的内容。对于一个完整的图形要素,开窗口时可能使得其中一部分在窗口内,另一部分位于窗口外,为了显示窗口内的内容,就需要用裁剪的方法对图形要素进行处理。裁剪时开的窗口可以为任意多边形,但在实践工作中大多是开一个矩形窗口,这里只讨论矩形窗口的情况。

二、线段的裁剪

(一)基本原理

对于矩形窗口,判断图形是否在窗口内,只需进行四次坐标比较,即满足式(4-6)条件则图形在窗口内,否则,图形不在窗口内。

$$X_{min} \leqslant X \leqslant X_{max}, \quad Y_{min} \leqslant Y \leqslant Y_{max} \tag{4-6}$$

式中,(X, Y)是被判别的点的坐标;(X_{min}, Y_{min})及(X_{max}, Y_{max})是矩形窗口的最小值坐标和最大值坐标。

由于曲线是由一组短直线组成的,因而求直线与矩形窗口边界线的交点,就是计算图形与矩形窗口的交点,其算法公式如下

$$\left.\begin{aligned} X &= X_s + (X_e - X_s)\lambda_x \\ Y &= Y_s + (Y_e - Y_s)\lambda_y \end{aligned}\right\} \tag{4-7}$$

其中

$$\lambda_x = \frac{1}{D}\begin{bmatrix} (X_s - X_m) & -(X_e - X_s) \\ (Y_s - Y_m) & -(Y_e - Y_s) \end{bmatrix}$$

$$\lambda_y = \frac{1}{D}\begin{bmatrix} (X_n - X_m) & (X_s - X_m) \\ (Y_n - Y_m) & (Y_s - Y_m) \end{bmatrix}$$

$$D = \begin{bmatrix} (X_n - X_m) & -(X_e - X_s) \\ (Y_n - Y_m) & -(Y_e - Y_s) \end{bmatrix} \neq 0$$

式中,(X, Y)是交点坐标;(X_s, Y_s)和(X_e, Y_e)为某一窗口边界线的端点坐标;(X_m, Y_m)和(X_n, Y_n)为直线的两个端点坐标。

图形裁剪的原理并不复杂,但是图形裁剪的算法很复杂,在裁剪算法软件开发中,最重要的是提高计算速度。

(二)线段的裁剪算法

1. 线段的编码裁剪法

在裁剪时不同的线段可能被窗口分成几段,但其中只有一段在窗口内可见。这种算法的思想是将图形所在的平面利用窗口的边界分成九个区,每一区都用一个四位二进制编码

表示，每一位数字表示一个方位，其含义分别为上、下、右、左，以 1 代表“真”，0 代表“假”，中间区域的编号为 0000，代表窗口。这样，当线段的端点位于某一区时，该点的位置可以用其所在区域的四位二进制编码来唯一确定，通过对线段的两个端点的编码进行逻辑运算，就可确定线段相对于窗口的关系。

如图 4-17 所示，编码顺序从右到左，每一编码对应线段端点的位置为：第一位为 1 表示端点位于窗口左边界的左边；第二位为 1 表示端点位于窗口右边界的右边；第三位为 1 表示端点位于窗口下边界的下边；第四位为 1 表示端点位于窗口上边界的上边。若某位为 0，则表示端点的位置情况与取值 1 时相反。

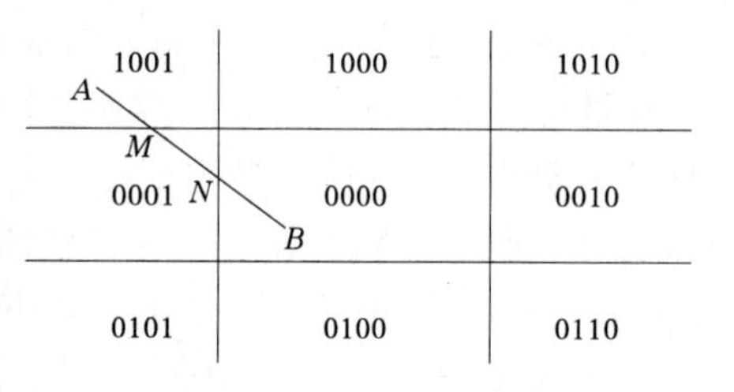

图 4-17　线段的窗口裁剪

很显然，如果线段的两个端点的四位编码全为 0，则此线段全部位于窗口内；若线段的两个端点的四位编码进行逻辑乘运算的结果为非 0，则此线段全部在窗口外。对这两种情况无须作裁剪处理。

如果一条线段用上述方法无法确定是否全部在窗口内或全部在窗口外，则需要对线段进行裁剪分割，对分割后的每一子线段重复以上编码判断，把不在窗口内的子线段裁剪掉，直到找到位于窗口内的线段。

如图 4-17 中的线段 *AB*，第一次分割得到了线段 *AM* 和 *MB*，利用编码判断可把子线段 *AM* 裁剪掉，对子线段 *MB* 再分割成子线段 *MN* 和 *NB*，再利用编码判断又裁剪掉子线段 *MN*，而 *NB* 全部位于窗口内，即为裁剪后的线段，裁剪过程结束。

直线与窗口边界的交点为：

上边界交点

$$X = X_A + (Y_T - Y_A)(X_B - X_A)/(Y_B - Y_A)$$
$$Y = Y_T \tag{4-8}$$

下边界交点

$$X = X_A + (Y_U - Y_A)(X_B - X_A)/(Y_B - Y_A)$$
$$Y = Y_U \tag{4-9}$$

左边界交点

$$X = X_L$$
$$Y = Y_A + (X_L - X_A)(Y_B - Y_A)/(X_B - X_A) \tag{4-10}$$

右边界交点

$$X = X_R$$
$$Y = Y_A + (X_R - X_A)(Y_B - Y_A)/(X_B - X_A) \tag{4-11}$$

式中，(X_A, Y_A)和(X_B, Y_B)分别为线段端点 A 和 B 的坐标；Y_T 为上边界的 Y 坐标；Y_U 为下边界的 Y 坐标；X_L 为左边界的 X 坐标；X_R 为右边界的 X 坐标。

2. 中点分割法

中点分割法的基本原理是，将直线对半平分，用中点逼近直线与窗口边界的交点，进而找到对应直线两端点的最远可见点（位于窗口内的点），而最远可见点之间的部分即是应取线段，其余的舍弃。

三、多边形的窗口裁剪

多边形的窗口裁剪是以线段的窗口裁剪为基础的,但又不同于线段的窗口裁剪。多边形的窗口裁剪比线段要复杂得多。因为经过裁剪后,多边形的轮廓线仍要闭合,而裁剪后的边数可能增加,也可能减少,或者被裁剪成几个多边形,这样必须适当地插入窗口边界才能保持多边形的封闭性。这就使得裁剪多边形不能简单地用裁剪直线的方法来实现。在线段裁剪中,是把一条线段的两个端点孤立地考虑的。而多边形是由若干条首尾相连的有序线段组成的,裁剪后的多边形仍应保持原多边形各自的连接顺序。另外,封闭的多边形裁剪后仍应是封闭的。因此,多边形的窗口裁剪应着重考虑以下问题:如何把多边形落在窗口边界上的交点正确、按序连接起来构成多边形,包括决定窗口边界及拐角点的取舍。

对于多边形的窗口裁剪,人们研究出了多种算法,这里仅对较为常用的逐边裁剪法和双边裁剪法作介绍,有兴趣的读者可以参阅相关的研究文章了解更多的算法。

萨瑟兰德 - 霍奇曼(Sutherland - Hodgman)提出的逐边裁剪法,是根据相对于一条边界裁剪多边形比较容易这一点,把整个多边形先相对于窗口的第一条边界裁剪,把落在窗口外部的图形去掉,只保留窗口内的图形,然后再把形成的新多边形相对于窗口的第二条边界裁剪,如此进行到窗口的最后一条边界,从而把多边形相对于窗口的全部边界进行了裁剪,最后得到的多边形即为裁剪后的多边形。

图 4-18 说明了这个过程,其中原始多边形为 $V_0V_1V_2V_3$,经过窗口的四条边界裁剪后得到多边形 $V_0V_1V_2V_3V_4V_5V_6V_7V_8$。在这个过程中,对于每一条窗口边界,都要计算其与多边形各条边的交点,然后把这些交点按照一定的规则连成线段,而与窗口边界不相交的多边形的其他部分则保留不变。

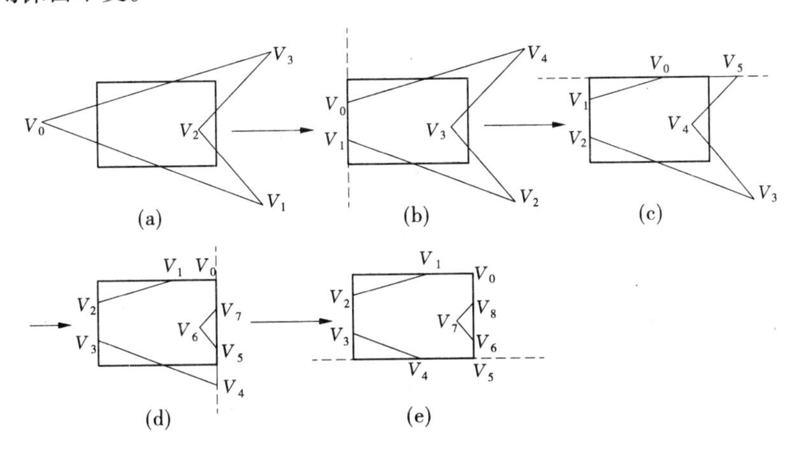

图 4-18　多边形的窗口裁剪

四、图形的合并

在 GIS 中经常要将一幅图内的多层数据合并在一起,或者将相邻的多幅图的同一层数据或多层数据合并在一起,此时涉及空间拓扑关系的重建。对于多边形数据,因为同一个多边形已在不同的图幅内形成独立的多边形,合并时需要去掉公共边。跨越图幅的同一个多边形,在它左右两个图幅内,借助于图廓边形成了两个独立的多边形。为了便于查询与制图

(多边形填充符号),现在要将它们合并在一起,形成一个多边形。此时,需要去掉公共边。实际处理过程是先删掉两个多边形,解除空间拓扑关系,然后删除公共边(实际上是图廓边),最后重建拓扑关系。

第六节　图形投影变换

空间数据处理的一项重要内容是地图投影变换。这是由于 GIS 用户要在平面上对地图要素进行处理。这些地图要素代表地球表面的空间要素,地球表面是一个椭球面。在 GIS 应用中,地图的各个图层应具有相同的坐标系。但是,实际上不同的制图者和不同的 GIS 数据生产者使用数百种不同的坐标系。例如,一些数字地图使用经纬度值度量,另一些数字地图用不同的坐标系,这些坐标系只适用于各自的 GIS 项目。如果要将这些数字地图放在一起使用,就必须在使用前进行投影或投影变换处理。

一、地图投影的基本原理

(一)地图投影的实质

地球椭球面是一个不可展曲面,而地图是一个平面,为解决由不可展的地球椭球面到地图平面上的矛盾,采用几何透视或数学分析的方法,将地球上的点投影到可展的曲面(平面、圆柱面或椭圆柱面)上,由此建立该平面上的点和地球椭球面上的点的一一对应关系的方法,称为地图投影。但是,从地球表面到平面的转换总是带有变形,没有一种地图投影是完美的。每种地图投影都保留了某些空间性质,而牺牲了另一些性质。

现代投影方法是在数学解析基础上建立的,是建立地球椭球面上的点的坐标(φ,λ)与平面上坐标(x,y)之间的函数关系。地图投影的一般方程式为

$$\left.\begin{aligned} x &= f_1(\varphi,\lambda) \\ y &= f_2(\varphi,\lambda) \end{aligned}\right\} \qquad (4\text{-}12)$$

当给定不同的具体条件时,就可得到不同种类的投影公式。在 GIS 软件中大多会提供多种投影以供选择,但是深刻理解地图投影的数学原理将有助于更好地理解与使用它。

(二)地图投影的分类

地图投影的种类很多,分类方法不尽相同,通常采用的分类方法有两种:一是按变形性质进行分类:二是按承影面不同(或正轴投影的经纬网形状)进行分类。

1.按变形性质分类

按地图投影的变形性质分类,地图投影一般分为等角投影、等积投影和任意投影三种。

等角投影:是指没有角度变形的投影。在等角投影地图上两微分线段的夹角与地面上的相应两线段的夹角相等,能保持无限小图形的相似,但面积变化很大。要求角度正确的投影常采用此类投影。这类投影又叫正形投影。

等积投影:是一种保持面积大小不变的投影。这种投影使梯形的经纬线网变成正方形、矩形、四边形等形状,虽然角度和形状变形较大,但都保持投影面积与实地相等,因此在该类型投影上便于进行面积的比较和量算。自然地图和经济地图常用此类投影。

任意投影:是指长度、面积和角度都存在变形的投影,但角度变形小于等积投影,面积变形小于等角投影。要求面积、角度变形都较小的地图,常采用任意投影。

2. 按承影面不同分类

按承影面不同，地图投影分为圆柱投影、圆锥投影和方位投影等（见图4-19）。

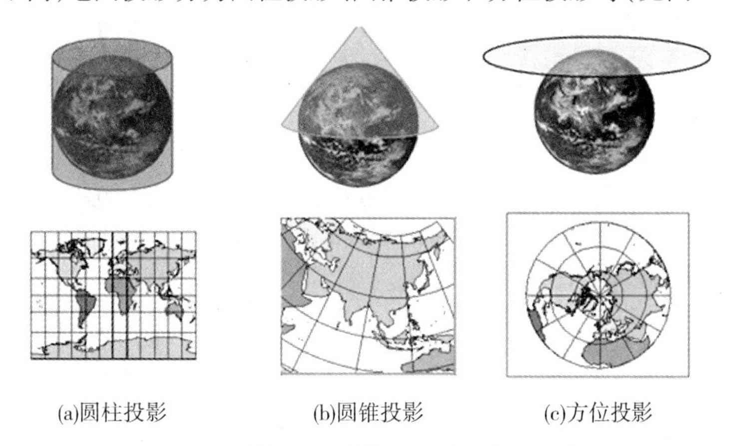
(a)圆柱投影　(b)圆锥投影　(c)方位投影

图4-19　圆柱投影、圆锥投影和方位投影示意图

1）圆柱投影

圆柱投影是以圆柱作为投影面，将经纬线投影到圆柱面上，然后将圆柱面切开展成平面。

2）圆锥投影

圆锥投影是以圆锥面作为投影面，将圆锥面与地球相切或相割，将其经纬线投影到圆锥面上，然后把圆锥面展开成平面。圆锥面又有正位、横位及斜位几种不同位置的区别，制图中广泛采用正轴圆锥投影（见图4-20）。

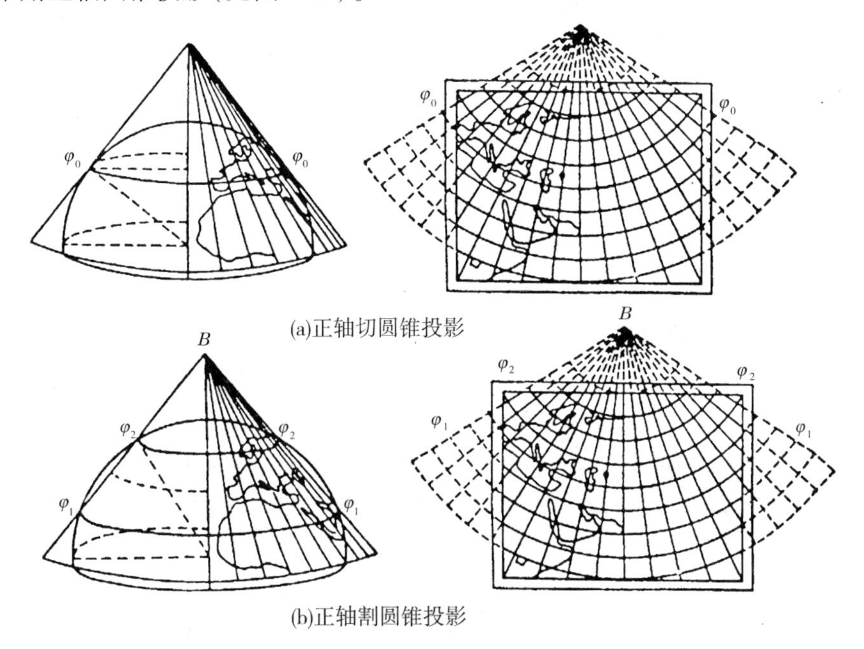

(a)正轴切圆锥投影

(b)正轴割圆锥投影

图4-20　正轴圆锥投影原理及投影后的经纬网图形

在正轴圆锥投影中，纬线为同心圆圆弧，经线为相交于一点的直线束，经线间的夹角与经差成正比。

在正轴切圆锥投影(见图4-20(a))中,切线无变形,相切的那一条纬线叫标准纬线,或叫单标准纬线;在正轴割圆锥投影(见图4-20(b))中,割线无变形,两条相割的纬线叫双标准纬线。

3)方位投影

方位投影是以平面作为承影面进行地图投影。承影面(平面)可以与地球相切或相割,将经纬线网投影到平面上(多使用切平面的方法)。根据承影面与椭球体间位置关系的不同,又有正轴方位投影(切点在北极或南极)、横轴方位投影(切点在赤道)和斜轴方位投影(切点在赤道和两极之间的任意一点)之分。

上述三种方位投影,都又有等角与等积等几种投影性质之分。图4-21是正轴、横轴和斜轴三种方位投影的例子,其中正轴方位投影的经线表现为自圆心辐射的直线,其交角即经差,纬线表现为一组同心圆。

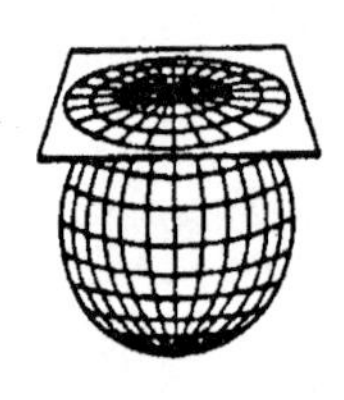

(a)正轴方位投影

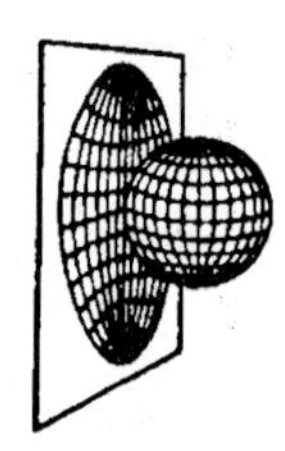

(b)横轴方位投影

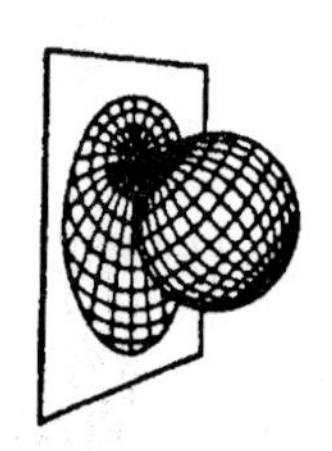

(c)斜轴方位投影

图4-21　方位投影

此外,尚有多方位、多圆锥、多圆柱投影和伪方位、伪圆锥、伪圆柱投影等许多类型的投影。

二、我国基本比例尺地形图投影

我国的GIS应用工程所采用的投影一般与我国基本比例尺地形图投影系统一致,大中比例尺(1:50万以上)时采用高斯-克吕格投影(横轴等角切椭圆柱投影),小比例尺时采用兰勃特(Lambert)投影(正轴等角割圆锥投影)。

(一)正轴等角割圆锥投影

我国1:100万地形图,20世纪70年代以前一直采用国际百万分之一投影,现改用正轴等角割圆锥投影。正轴等角割圆锥投影是按纬差4°分带,各带投影的边纬与中纬变形绝对值相等,每带有两条标准纬线。长度与面积变形的规律是:在两条标准纬线(φ_1、φ_2)上无变形;在两条标准纬线之间为负(投影后缩小);在两条标准纬线之外为正(投影后增大),如图4-22所示。

(二)1:50万~1:5 000地形图投影

我国1:50万和更大比例尺地形图,统一采用高斯-克吕格投影。

1.高斯-克吕格投影的基本概念

高斯-克吕格投影是横轴等角切椭圆柱投影。原理是:假设用一空心椭圆柱横套在地球椭球体上,使椭圆柱轴通过地心,椭圆柱面与椭圆体面某一经线相切;然后,用解析法使地

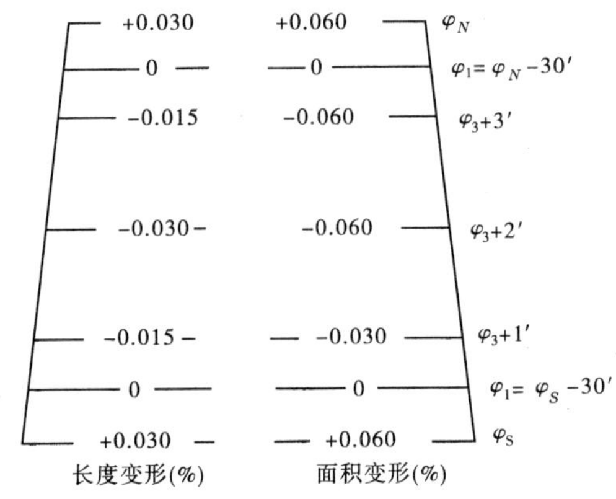

图 4-22　我国 1:100 万地形图正轴等角割圆锥投影的变形

球椭球体面上经纬网保持角度相等的关系,并投影到椭圆柱面上(见图 4-23(a));最后,将椭圆柱面切开展成平面,就得到投影后的图形(见图 4-23(b))。此投影因系德国数学家高斯(Gauss)首创,后经克吕格(Kruger)补充,故称高斯－克吕格投影(Gauss－Kruger Projection),或简称高斯投影。

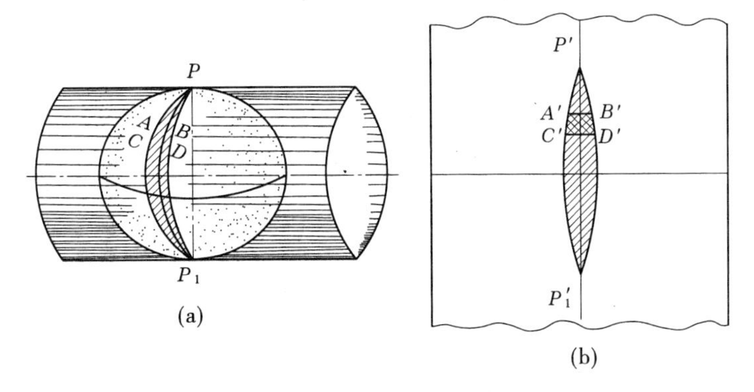

图 4-23　高斯－克吕格投影

2. 分带规定

为了控制变形,采用分带投影的办法,规定 1:2.5 万～1:50 万地形图采用 6°分带法;1:1万及更大比例尺地形图采用 3°分带法,以保证必要的精度。

6°分带法:从格林尼治 0°经线起,自西向东按经差每 6°为一投影带,全球共分为 60 个投影带(见图 4-24)。我国位于东经 72°～136°,共包括 11 个投影带,即 13～23 带,各带的中央经线分别为 75°,81°,87°,…,135°。

3°分带法:从东经 1°30′算起,自西向东按经差每 3°为一投影带,全球共分为 120 个投影带。我国位于 24～46 带,各带的中央经线分别为 72°,75°,78°,…,138°。

3. 坐标网的规定

为了制作和使用地图的方便,在高斯－克吕格投影的地图上绘有两种坐标网。

(1)地理坐标网(经纬网)。在 1:1万～1:10 万比例尺的地形图上,经纬线只以图廓的形式表现,经纬度数值注记在内图廓的四角,在内外图廓间,绘有黑白相间或仅用短线表示经差、纬差 1′的分度带,需要时将对应点相连接,就可以构成很密的经纬网。

在 1:20 万～1:100 万地形图上,直接绘出经纬网,有时还绘有供加密经纬网的加密分

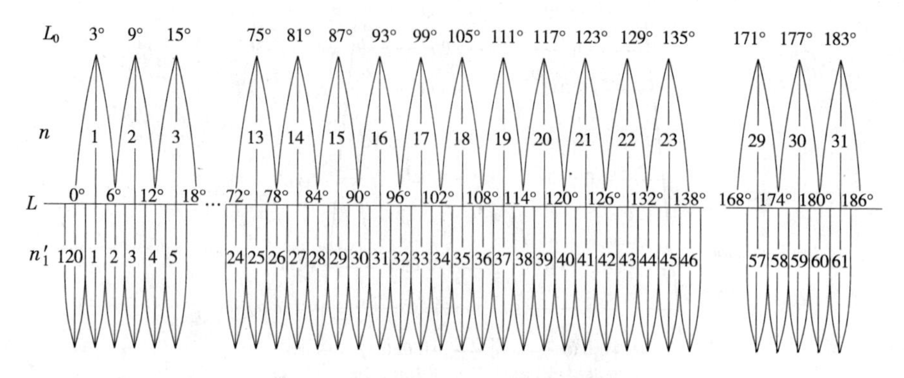

图 4-24 高斯 – 克吕格投影分带示意图

割线。纬度数值注记在东西内外图廓间,经度数值注记在南北内外图廓间。

(2)直角坐标网(方里网)。直角坐标网以每一投影带的中央经线作为纵轴(X 轴),赤道作为横轴(Y 轴)。纵坐标以赤道为 0 起算,赤道以北为正,以南为负。我国位于北半球,纵坐标都是正值。横坐标本应以中央经线为 0 起算,以东为正,以西为负,但因坐标值有正有负,不便于使用,所以又规定凡横坐标值均加 500 km,即等于将纵坐标轴向西移 500 km。横坐标从此纵轴起算,则都成了正值。然后,以 km 为单位,按相等的间距作平行于纵、横轴的若干直线,便构成了图面上的直角坐标网,又叫方里网(见图 4-25(a))。纵坐标注记在左右内外图廓间,由南向北增加;横坐标注记在上下内外图廓间,由西向东增加。靠近地图四角注有全部坐标值,横坐标前两位为带号,其余只注最后两位千米数(见图 4-25(b))。

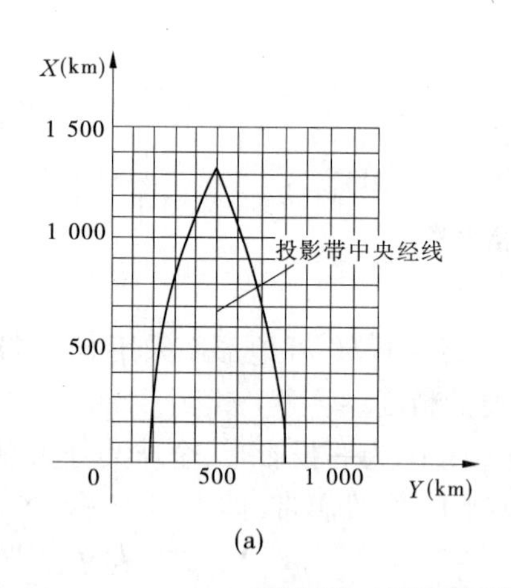

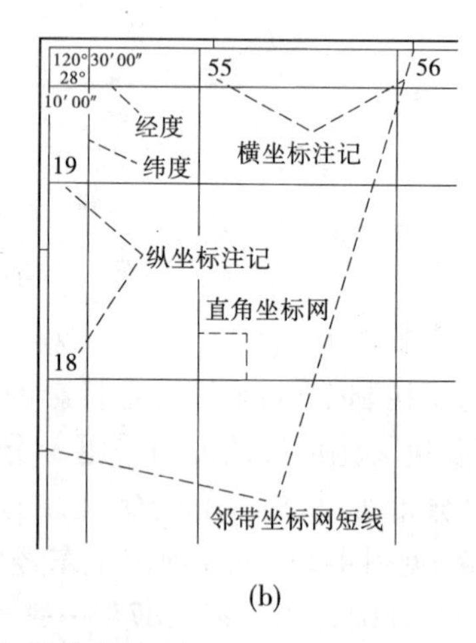

图 4-25 高斯平面直角坐标系(左)坐标数字注记(右)

我国规定在 1∶1万 ~1∶10 万地形图上必须绘出方里网,方里网密度见表 4-5。

表 4-5 方里网密度

比例尺	1∶1万	1∶2.5 万	1∶5万	1∶10 万
图上距离(cm)	10	4	2	2
实地距离(km)	1	1	1	2

三、投影变换

地理信息系统的数据大多来自于各种类型的地图资料，这些不同的地图资料根据成图的目的与需要的不同采用不同的地图投影。为保证同一地理信息系统内（甚至不同地理信息系统之间）的信息数据能够实现交换、配准和共享，在不同地图投影的数据输入计算机时，首先必须将它们进行投影变换，用共同的地理坐标系和直角坐标系作为参照来记录存储各种信息要素的地理位置和属性。

不准确定义投影参数所带来的地图记录误差，会使以后所有基于地理位置的分析、处理与应用都没有意义。因此，地图投影变换对于数据输入和数据可视化都具有重要意义。

地图投影的方式有多种，它们有不同的应用目的。当系统使用的数据取自不同地图投影的图幅时，需要将一种投影的数字化数据转换为所需要的投影的坐标数据。

在地图数字化完毕后，经常需要进行坐标变换，得到经纬度参照系下的地图。对各种投影进行坐标变换的原因主要是输入时地图是一种投影，而输出的地图产物是另外一种投影。进行投影坐标变换有两种方式：一种是利用多项式拟合，类似于图像几何纠正；另一种是直接应用投影变换公式进行变换。

（一）投影变换的方法

投影变换的方法有正解变换、反解变换和数值变换。

1. 正解变换

通过建立一种投影变换为另一种投影的严密或近似的解析关系式，直接由一种投影的数字化坐标 x,y 变换为另一种投影的直角坐标 X,Y。

2. 反解变换

由一种投影的坐标反解出地理坐标（$x,y\rightarrow B,L$），然后将地理坐标代入另一种投影的坐标公式中（$B,L\rightarrow X,Y$），从而实现由一种投影坐标到另一种投影坐标的变换（$x,y\rightarrow X,Y$）。

3. 数值变换

根据两种投影在变换区内的若干同名数字化点，采用插值法、有限差分法、有限元法或待定系数法等，从而实现由一种投影坐标到另一种投影坐标的变换。

（二）地理信息系统中的地图投影配置

地理信息系统中的地图投影配置的一般原则为：

（1）所配置的地图投影应与相应比例尺的国家基本图（基本比例尺地形图、基本省区图或国家大地图集）投影系统一致。

（2）系统一般只采用两种投影系统，一种服务于大比例尺的数据输入输出，另一种服务于中小比例尺的数据输入输出。

（3）所用投影以等角投影为宜。

（4）所用投影应能与格网系统相适应，即所用的格网系统在投影带中应保持完整。

目前，大多数的 GIS 软件都具有地图投影选择与变换功能，对于地图投影与变换的原理的深刻理解是灵活运用 GIS 地图投影功能的关键。

思考题

1. 图形编辑主要包括哪些内容？

2. 拓扑关系的含义在 GIS 中如何表述?

3. 有哪几种坐标系? 坐标系间的变换主要有几类?

4. 为什么要进行图幅拼接?

5. 我国基本比例尺地形图采用什么投影? 有什么特点?

6. 试述地图投影的实质。

7. 地图投影与 GIS 的关系如何? 我国 GIS 中为什么要采用高斯投影和正轴等角割圆锥投影?

第五章　空间数据管理

【导读】:数据库技术产生于20世纪60年代,是计算机领域中最重要的技术之一,是一种理想的数据管理技术。地理信息系统中的空间数据库是一种专门化的数据库,是地理信息系统中空间数据的存储场所。空间数据库建设是地理信息系统功能实现的前提和基础,是最重要、最复杂、工作量最大的工作之一。数据库的结构和质量将直接影响工作的效率和结果,数据库的可靠性、数据的分层、数据组织和数据量的大小对功能实现及工作效率会产生直接的影响。本章首先介绍了空间数据文件,其次介绍了传统的数据模型、面向对象模型和时态GIS数据模型等数据库模型,然后详细介绍了空间数据库的定义、特点、设计、建立和维护,最后对空间数据组织进行了阐述。

第一节　空间数据文件

一、数据组织的分级

数据库中的数据组织一般可以分为四级:数据项、记录、文件和数据库。

(一)数据项

数据项是可以定义数据的最小单位,也叫元素、基本项、字段等,数据项与现实世界实体的属性相对应,数据项有一定的取值范围,称为域,域以外的任何值对该数据项都是无意义的。每个数据项都有一个名称,称为数据项目。数据项的值可以是数字的、字母的、字母加数字的、汉字的等形式。数据项的物理特点在于它具有确定的物理长度,可以作为整体看待。

(二)记录

记录由若干相关联的数据项组成,是处理和存储信息的基本单位,是关于一个实体的数据总和,构成该记录的数据项表示实体的若干属性。记录有"型"和"值"的区别,"型"是同类记录的框架,它定义记录;而"值"是记录反映实体的内容。为了唯一标示每个记录,就必须有记录标示符,也叫关键字。记录标示符一般由记录中的第一个数据项担任,唯一标示记录的关键字称主关键字,其他标示记录的关键字称为辅关键字。记录可以分为逻辑记录与物理记录,逻辑记录是文件中按信息在逻辑上的独立意义来划分的数据单位;而物理记录是单个输入输出命令进行数据存取的基本单元。物理记录和逻辑记录之间的对应关系有一个物理记录对应一个逻辑记录,一个物理记录含有若干个逻辑记录,若干个物理记录存放一个逻辑记录。

(三)文件

文件是一给定类型的(逻辑)记录的全部具体值的集合,文件用文件名称标示,文件根据记录的组织方式和存取方法可以分为顺序文件、索引文件、直接文件和倒排文件等。

（四）数据库

数据库是比文件更大的数据组织，数据库是具有特定联系的数据的集合，也可以看成是具有特定联系的多种类型的记录的集合。数据库的内部构造是文件的集合，这些文件之间存在某种联系，不能孤立存在。

二、数据间的逻辑联系

数据间的逻辑联系主要是指记录与记录之间的联系。记录是表示现实世界中的实体的。实体之间存在着一种或多种联系，这样的联系必然要反映到记录之间的联系上来。数据间的逻辑联系主要有三种：一对一的联系，一对多的联系，多对多的联系。

（一）一对一的联系（1∶1）

如果对于实体集 A 中的每一个实体，实体集 B 中至多有一个实体与之联系，反之亦然，则称实体集 A 与实体集 B 具有一对一的联系，记为 1∶1，如图 5-1 所示。例如，实体省和省会城市之间的联系就是一个一对一的联系，即一个省只能有一个省会城市，而一个省会城市只能属于一个省。

（二）一对多的联系（1∶N）

如果对于实体集 A 中的每一个实体，实体集 B 中有 N 个实体（$N \geq 0$）与之联系，反之，对于实体集 B 中的每一个实体，实体集 A 中至多有一个实体与之联系，则称实体集 A 与实体集 B 有一对多的联系，记为 1∶N，如图 5-2 所示。行政区域就是一对多的联系，一个省对应有多个县，一个县有多个镇，一个镇有多个村。

（三）多对多的联系（M∶N）

如果对于实体集 A 中的每一个实体，实体集 B 中有 N 个实体（$N \geq 0$）与之联系，反之，对于实体集 B 中的每一个实体，实体集 A 中也有 M 个实体（$M \geq 0$）与之联系，则称实体集 A 与实体集 B 具有多对多的联系，记为 M∶N，如图 5-3 所示。空间实体中多对多的联系是很多的，例如土壤类型与种植的作物之间有多对多的联系，同一种土壤类型可以种植不同的作物，同一作物又可种植在不同的土壤类型上。

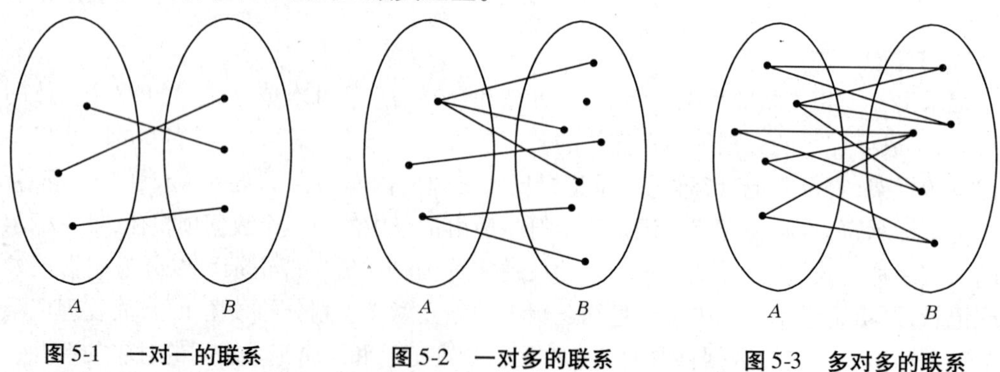

图 5-1　一对一的联系　　图 5-2　一对多的联系　　图 5-3　多对多的联系

三、常用数据文件

文件组织是数据组织的一部分，数据组织既指数据在内存中的组织，又指数据在外存设备上的组织，而文件组织则主要指数据在外存设备上的组织，它由操作系统（OS）进行管理，涉及如何在外存设备上安排数据和组织数据，以及如何实施对数据的访问等问题。操作系统实现的文件组织方式,可以分为顺序文件、索引文件、直接文件和倒排文件。

(一)顺序文件

顺序文件是最简单的文件组织形式,对记录按照主关键字的顺序进行组织。当主关键字是数字型时,以大小为序;若主关键字是字母型的,则以字母的排列为序。一切存于磁带上的记录,都只能是顺序的,而存于磁盘上的记录,既可以是顺序的,也可以是随机的。顺序文件的记录,逻辑上是按主关键字排序的,而在物理存储上可以有不同的方式,包括向量方式:被存储的文件按地址连续存放,物理结构与逻辑结构一致;链方式:文件不按地址连续存放,文件的逻辑结构靠链来实现,文件中的每个记录中都含有一个指针,用以指明下一个记录的存放地址;块链方式:把文件分成若干数据块,块之间用指针连接,而块内则是连续存储。

(二)索引文件

索引文件除存储记录本身(主文件)外,还建立了若干索引表,这种带有索引表的文件叫索引文件。索引表中列出记录关键字和记录在文件中的位置(地址)。读取记录时,只要提供记录关键字的值,系统就可通过查找索引表获得记录的位置,然后取出该记录。索引表一般都是经过排序的,既可以是顺序的,也可以是非顺序的,即可以是单级索引,也可以是多级索引。多级索引可以提高查找速度,但占用的存储空间较大。

(三)直接文件

直接文件又称随机文件,其存储是根据记录关键字的值,通过某种转换方法得到一个物理存储位置,然后把记录存储在该位置上。查找时,通过同样的转换方法,可以直接得到所需要的记录。

(四)倒排文件

倒排文件是带有辅索引的文件,其中辅索引是按照一些辅关键字来组织索引的(注意:索引文件是按照记录的主关键字来构造索引的,也叫主索引)。倒排文件是一种多关键字的索引文件,其中的索引不能唯一标示记录,往往同一索引指向若干记录。因而,索引往往带有一个指针表,指向所有该索引标示的记录。通过辅索引不能直接读取记录,而要通过主关键字才能查到记录的位置。倒排文件的主要优点是在处理多索引查询时,可以在辅索引中先完成查询的交、并等逻辑运算,得到结果后再对记录进行存取,从而提高查询速度。

第二节　数据库模型

数据库系统把相关的数据集合以集成的方法加以组织,使得用户能有效地管理和处理数据。在实际运用中,特别是在涉及空间数据的应用中,数据性质和特征相当复杂,结构和表达方式也相应具有复杂的变化形式。所以,在数据库中需要用一些形式化的方法来描述数据的逻辑结构和各种操作,因此产生了数据模型。数据模型是对现实世界部分现象的抽象,它描述了数据的基本结构及其相互之间的关系和在数据上的各种操作。它是数据库系统中关于数据内容和数据间联系的逻辑组织的形式表示,以抽象的形式描述和反映地理实体构成及其相互关系。数据模型是衡量数据库能力强弱的主要标志之一,数据库的数据结构、操作集合和完整性约束规则集合等组成了数据库的数据模型。

一、传统的数据模型

传统的数据模型主要有层次模型、网络模型和关系模型,它们是计算机中以文件系统组织的数据模型的继承和发展。在地理信息系统发展的初期,空间数据的组织主要是以文件的方式存储。下面以两个简单的空间实体为例(见图5-4),简述以上几个数据模型中的数据组织形式及其特点。

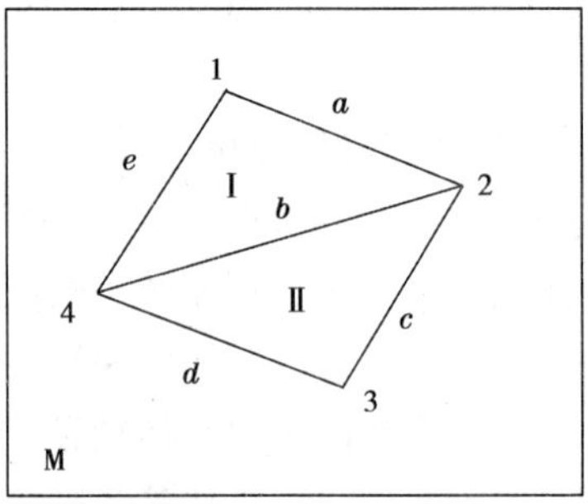

图5-4 地图M及其空间实体Ⅰ、Ⅱ

(一)层次模型

层次模型是将数据组织成一对多(或双亲与子女)联系的结构,其特点为:①有且仅有一个结点无双亲,这个结点即树的根;②其他结点有且仅有一个双亲。对于图5-4所示多边形地图可以构造出图5-5所示的层次模型。

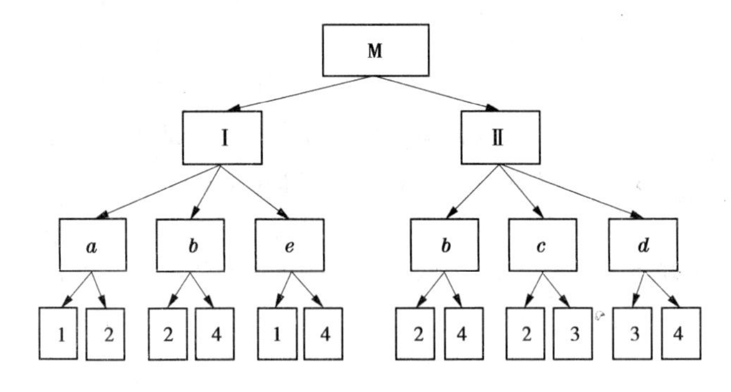

图5-5 层次模型

层次数据库结构特别适用于文献目录、土壤分类、部门机构等分级数据的组织。例如全国—省—县—乡是一棵十分标准的有向树,其中“全国”是根结点,省以下的行政区划单元都是子结点。这种数据模型的优点是层次和关系清楚,查询路线明确。

层次模型不能表示多对多的联系,这是令人遗憾的缺陷。在GIS中,若采用这种层次模型将难以顾及公共点、线数据共享和实体元素间的拓扑关系,导致数据冗余度增加,而且给拓扑查询带来困难。

(二)网络模型

在网络模型中,各记录类型间可具有任意的联系。一个子结点可有多个父结点;可有一个以上的子结点无父结点;父结点与某个子结点记录之间可以有多种联系(一对多、多对一、多对多)。图5-6是图5-4的网络模型。

网络数据库结构特别适用于数据间相互联系非常复杂的情况,除上面说的图形数据外,不同企业部门之间的生产、消耗联系也可以很方便地用这种结构来表示。

网络数据库结构的缺点是:数据间联系要通过指针表示,指针数据项的存在使数据量大大增加,当数据间联系复杂时指针部分会占大量数据库存储空间。另外,修改数据库中的数据,指针也必须随着变化。因此,网络数据库中指针的建立和维护可能成为相当大的额外负担。

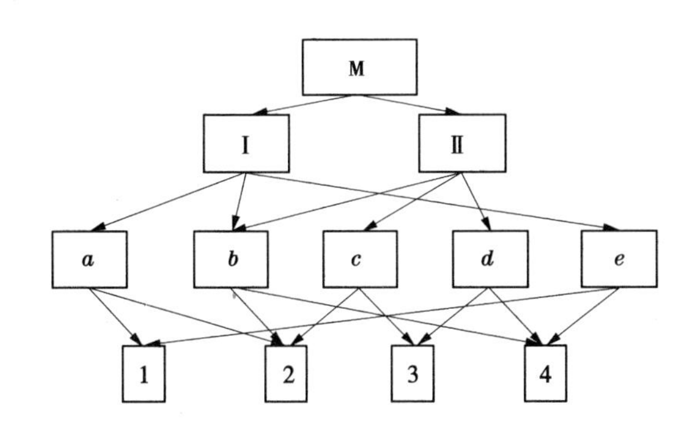

图 5-6　网络模型

(三)关系模型

关系模型的基本思想是用二维表形式表示实体及其联系。二维表中的每一列对应实体的一个属性,其中给出相应的属性值,每一行形成一个由多种属性组成的多元组,或称元组,与一特定实体相对应。实体间联系和各二维表间联系采用关系描述或通过关系直接运算建立。元组(或记录)是由一个或多个属性(数据项)来标示,这一个或一组属性称为关键字,一个关系表的关键字称为主关键字,各关键字中的属性称为元属性。关系模型可由多张二维表形式组成,每张二维表的表头称为关系框架,故关系模型即是若干关系框架组成的集合。如图 5-4 所示的多边形地图,可用表 5-1 所示关系表来表示多边形与边界及结点之间的关系。

关系模型应遵循以下条件:

(1)二维表中同一列的属性是相同的;

(2)赋予二维表中各列不同名字(属性名);

(3)二维表中各列的次序是无关紧要的;

(4)没有相同内容的元组,即无重复元组;

(5)元组在二维表中的次序是无关紧要的。

表 5-1　关系表

关系 1:边界关系		
多边形号(P)	边号(E)	边长
Ⅰ	a	30
Ⅰ	b	40
Ⅰ	e	30
Ⅱ	b	40
Ⅱ	c	25
Ⅱ	d	28

续表 5-1

关系 2:边界—结点关系		
边号(*E*)	起结点号(*SN*)	终结点号(*EN*)
a	1	2
b	2	4
c	2	3
d	3	4
e	1	4
关系 3:结点坐标关系		
结点号(*N*)	*X*	*Y*
1	19. 8	34. 2
2	38. 6	25. 0
3	26. 7	8. 2
4	9. 5	15. 7

关系数据库结构的最大优点是它的结构特别灵活,可满足所有用布尔逻辑运算和数学运算规则形成的询问要求;关系数据库结构还能搜索、组合和比较不同类型的数据,插入和删除数据都非常方便。关系模型用于设计地理属性数据的模型较为适宜。因为在目前,地理要素之间的相互联系是难以描述的,只能独立地建立多个关系表,例如:地形关系,包含的属性有高度、坡度、坡向,其基本存储单元可以是栅格方式或地形表面的三角面;人口关系,包含的属性有人口的数量、男女人口数、劳动力人口数、抚养人口数等,其基本存储单元通常是对应于某一级的行政区划单元。

关系数据库结构的缺点是许多操作都要求在文件中按顺序查找满足特定关系的数据,如果数据库很大的话,这一查找过程要花很多时间。搜索速度是关系数据库的主要技术标准,也是建立关系数据库花费高的主要原因。

(四)传统数据模型的比较及存储空间数据的局限性

1. 传统数据模型的比较

上述三种数据模型均可用来描述包括空间数据和属性数据的地理数据,但各有优缺点,如表 5-2 所示,在选用时应根据具体应用要求选择。

2. 传统数据模型存储空间数据的局限性

1)层次模型用于 GIS 数据库的局限性

(1)很难描述复杂的地理实体之间的联系,描述多对多的联系时导致物理存储上的冗余。

(2)对任何对象的查询都必须从根结点开始,低层次对象的查询效率很低,很难进行反向查询。

(3)数据独立性较差,数据更新涉及许多指针,插入和删除操作比较复杂,父结点的删除意味着其下层所有子结点均被删除。

(4)层次数据操作命令具有过程式性质,要求用户了解数据的物理结构,并在层次数据操作命令中显式地给出数据的存取路径。

表 5-2　传统数据模型的比较

数据模型	优点	缺点
层次模型	1. 容易理解、更新与扩充； 2. 通过关键字数据访问易于实现； 3. 事先知道全部可能的查询结构，数据检查和存取方便	1. 访问限于自上而下的路径，不够灵活； 2. 大量索引文件需要维护； 3. 一些属性值重复多次，导致数据冗余，存储和访问的开销增加
网络模型	1. 地图中相邻的图形特征，乃至其坐标数据易于连接； 2. 在很复杂的拓扑结构中搜索，有环路指针是一种很有效的方法； 3. 避免数据冗余，已有数据可充分利用	1. 间接的指针使数据库扩大，在复杂的系统中可能占据数据库的很大部分； 2. 每次数据库变动时，这些指针必须更新维护，其工作量相当大
关系模型	1. 结构灵活； 2. 可以满足布尔逻辑和数学运算表达的各种查询需要； 3. 允许对各种数据类型的搜索、组合和比较	1. 为找到满足指定关系要求的数据，许多操作涉及文件的顺序搜索，对大型系统而言，很费时间； 2. 为保证以适宜速度进行搜索的能力，商用系统一般需经过十分精心的设计，但价格很高

(5)基本不具备演绎功能和操作代数基础。

2)网络模型用于 GIS 数据库的局限性

(1)网络结构的复杂性，增加了用户查询的定位困难，要求用户熟悉数据的逻辑结构，知道自己所处的位置。

(2)网络数据操作命令具有过程式性质，存在与层次模型相同的问题。

(3)不直接支持对于层次结构的表达。

(4)基本不具备演绎功能和操作代数基础。

3)关系模型用于 GIS 数据库的局限性

在 GIS 分析中，需要综合运用实体的空间数据和属性数据，要求 GIS 数据库能对实体的空间数据和属性数据进行综合管理，如图 5-7 所示。

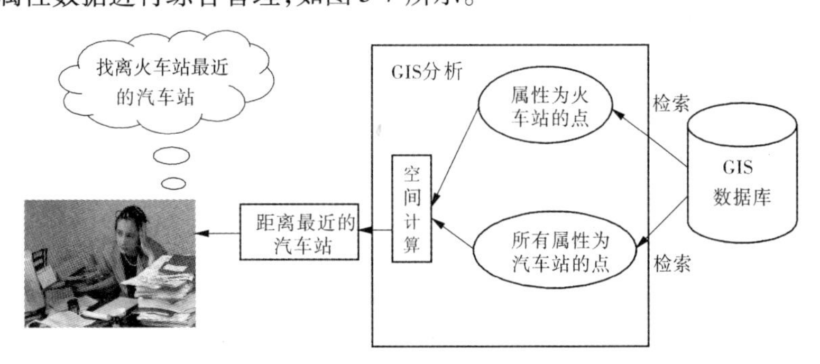

图 5-7　GIS 数据库对空间数据的综合管理示意图

对于属性数据用 DBMS 可以很好地管理，但对于空间数据 DBMS 却有局限性，表现为：

(1)无法用递归和嵌套的方式来描述复杂关系的层次和网络结构，模拟和操作复杂地理对象的能力较弱。

(2)描述本身具有复杂结构和含义的地理对象时，需对地理实体进行不自然的分解，导致在存储模式、查询途径及操作等方面均显得语义不甚合理。

(3)由于概念模式和存储模式的相互独立性，以及实现关系之间的联系需要系统执行开销较大的连接操作，因此运行效率不够高。

二、面向对象模型

面向对象的定义是指无论怎样复杂的事例都可以准确地由一个对象表示。每个对象都是包含了数据集和操作集的实体，即是说，面向对象的模型具有封装性的特点。

(一)面向对象的概念

1. 对象(Object)与封装性(Encapsulation)

在面向对象的系统中，每个概念实体都可以模型化为对象。多边形地图上的一个结点、一条弧段、一条河流、一个区域或一个省都可看成对象。一个对象是由描述该对象状态的一组数据和表达它的行为的一组操作(方法)组成的。例如，河流的坐标数据描述了它的位置和形状，而河流的变迁则表达了它的行为。由此可见，对象是数据和行为的统一体。

一个对象可定义成一个三元组：

Object = (ID, S, M)

其中，ID 为对象标志，S 为对象的内部状态，M 为方法集。S 可以直接是一属性值，也可以是另外一组对象的集合，因而它明显地表现出对象的递归。

2. 分类(Classification)

类是关于同类对象的集合，分类是将具有相同属性和操作的对象组合在一起。属于同一类的所有对象共享相同的属性项和操作方法，每个对象都是这个类的一个实例，即每个对象可能有不同的属性值。可以用一个三元组来建立一个类：

Class = (CID, CS, CM)

其中，CID 为类标志或类型名，CS 为状态描述部分，CM 为应用于该类的操作。

显然，当 $Object \in Class$ 时，$S \in CS$ 和 $M \in CM$。

因此，在实际的系统中，仅需对每个类定义一组操作，供该类中的每个对象应用。由于每个对象的内部状态不完全相同，所以要分别存储每个对象的属性值。

例如，一个城市的 GIS 中包括建筑物、街道、公园、电力设施等类。而洪山路一号楼则是建筑物类中的一个实例，即对象。建筑物类中可能有建筑物的用途、地址、房主、建筑日期等属性，并可能需要显示建筑物、更新属性数据等操作。每个建筑物都使用建筑物类中操作过程的程序代码，代入各自的属性值操作该对象。

3. 概括(Generalization)

在定义类时，将几种类中某些具有公共特征的属性和操作抽象出来，形成一种更一般的超类。例如，将 GIS 中的地物抽象为点状对象、线状对象、面状对象以及由这三种对象组成的复杂对象，因而这四种类可以作为 GIS 中各种地物类型的超类。

比如，设有两种类型：

Class1 =（CID1，CSA，CSB，CMA，CMB）

Class2 =（CID2，CSA，CSC，CMA，CMC）

Class1 和 Class2 中都带有相同的属性子集 CSA 和操作子集 CMA，并且 $CSA \in CS1$ 和 $CSA \in CS2$ 及 $CMA \in CM1$ 和 $CMA \in CM2$，因而将它们抽象出来，形成一种超类。

SuperClass =（SID，CSA，CMA）

这里的 SID 为超类的标示号。

在定义了超类以后，Class1 和 Class2 可表示为：

Class1 =（CID1，CSB，CMB）

Class2 =（CID2，CSC，CMC）

此时，Class1 和 Class2 称为 SuperClass 的子类（SubClass）。

例如，建筑物是饭店的超类，因为饭店也是建筑物。子类还可以进一步分类，如饭店可以进一步分为小餐馆、普通旅社、宾馆、招待所等类。所以，一个类可能是某个或某几个超类的子类，同时又可能是几个子类的超类。

建立超类实际上是一种概括，避免了说明和存储上的大量冗余。由于超类和子类的分开表示，所以就需要一种机制，在获取子类对象的状态和操作时，能自动得到它的超类的状态和操作。这就是面向对象方法中的模型工具——继承，它提供了对世界简明而精确的描述，以利于共享说明和应用的实现。

4. 联合（Association）

联合是在定义对象时，将同一类对象中的几个具有相同属性值的对象组合起来，为了避免重复，设立一个更高水平的对象表示那些相同的属性值。

假设有两个对象：

Object1 =（ID1，SA，SB，M）

Object2 =（ID2，SA，SC，M）

这两个对象具有一部分相同的属性值，可设立新对象 Object3 包含 Object1 和Object2，Object3 =（ID3，SA，Object1，Object2，M）。

此时，Object1 和 Object2 可变为：

Object1 =（ID1，SB，M）

Object2 =（ID2，SC，M）

Object1 和 Object2 称为分子对象，它们联合所得到的对象称为组合对象。联合的一个特征是它的分子对象应属于一个类。

5. 聚集（Aggregation）

聚集是将几个不同特征的对象组合成一个更高水平的复合对象。每个不同特征的对象是复合对象的一部分，它们有自己的属性描述数据和操作，这些是不能为复合对象所公用的，但复合对象可以从它们那里派生得到一些信息。例如，弧段聚集成线状地物或面状地物，简单地物聚集成复杂地物。

例如，设有两种不同特征的分子对象：

Object1 =（ID1，S1，M1）

Object2 =（ID2，S2，M2）

用它们组成一个新的复合对象：

Object3 =(ID3,S3,Object1(SU),Object2(SV),M3)

其中,SU ∈ S1,SV ∈ S2。从式中可见,复合对象 Object3 拥有自己的属性值和操作,它仅是从分子对象中提取部分属性值,一般不继承子对象的操作。

在联合和聚集这两种对象中,是用"传播"作为传递子对象的属性到复杂对象的工具。即是说,复杂对象的某些属性值不单独存于数据库中,而是从它的子对象中提取或派生。例如,一个多边形的位置坐标数据并不直接存于多边形文件中,而是存于弧段和结点文件中,多边形文件仅提供一种组合对象的功能和机制,通过建立聚集对象,借助于传播的工具可以得到多边形的位置信息。

(二)面向对象数据库(OODB)的特征

(1)对象和对象标示符:任一现实世界中的实体都可模拟成一个对象,由唯一对象标示符与之对应。

(2)属性和方法:属性有单值的,也有多值的。属性不受第一范式的约束,不必是原子的,可以是另一个对象。方法是作用在对象上的方法集合。

(3)类:同一类对象共用相同的属性集和方法集。

(4)类层次和继承:类是低层次的概括,而子类继承了高层次类的所有属性和方法,亦有自己特有的属性和方法。

(三)面向对象数据库的设计方法

面向对象数据库的设计主要是定义对象类或对象集合,定义对象属性,定义操作。

1. 确定对象及对象类

(1)从真实世界中抽取有意义的物体和概念作为对象,并将某类作为数据库系统的基础类。

(2)根据数据抽象化的原则,如果表示一组物体的对象集合具备系统所需要的相似特性和操作,那么该集合应用类来表示。

2. 确定操作

要详细分析系统的需求,研究对各类对象起作用的操作,包括对象自身的操作和该对象对另一类对象起作用的操作。

(1)构造操作(又称创建操作):在 OODB 中产生该类的一个新的对象或实例,并赋予属性值。

(2)访问操作:提供附加访问的功能,能产生该类的实例的某些特征。

(3)变更操作:用来改变特定对象的属性值。

(四)GIS 中的面向对象模型

1. 空间地物的几何数据模型

GIS 中面向对象的几何数据模型如图 5-8 所示。从几何方面划分,GIS 中的各种地物可抽象为点状地物、线状地物、面状地物以及由它们混合组成的复杂地物。每一种几何地物又可能由一些更简单的几何图形元素构成。例如,一个面状地物是由周边弧段和中间面域组成的,弧段又涉及结点和中间点坐标。或者说,结点的坐标传播给弧段,弧段聚集成线状地物或面状地物,简单地物组成复杂地物。

2. 拓扑关系与面向对象模型

通常地物之间的邻接、关联关系可通过公共结点、公共弧段的数据共享来隐含表达。在

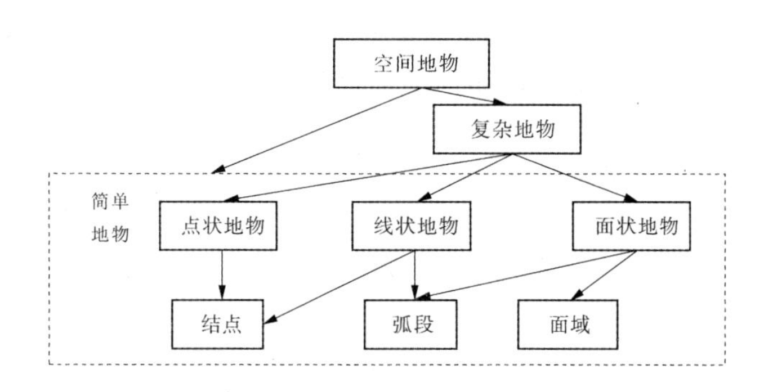

图 5-8　GIS 中面向对象的几何数据模型

面向对象模型中,数据共享是其重要的特征。将每条弧段的两个端点(通常它们与另外的弧段公用)抽象出来,建立应该单独的结点对象类型,而在弧段文件中,设立两个结点子对象标示号,即用传播的工具提取结点文件的信息,如图 5-9 所示。

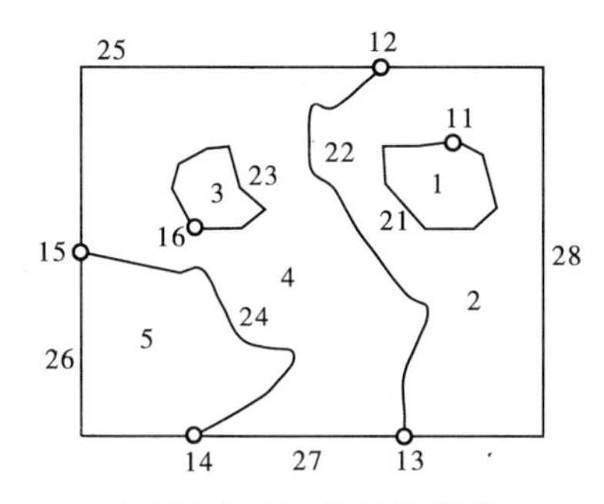

(a)面向对象的拓扑关系

面域文件

面域标志	弧段标志
1	21
2	21,22,28
3	23
4	22,23,24,25,27
5	24,26

结点文件

结点标志	*X*	*Y*	*Z*
11	553	420	100
12	447	522	120
13	482	4	110
14	177	15	150
15	9	271	130
16	181	300	90

弧段文件

弧段标志	起结点	终结点	中间点串
21	11	11	…
22	12	13	…
23	16	16	…
24	14	15	…
25	15	12	…
26	15	14	…
27	13	14	…
28	13	12	…

(b)拓扑关系与数据共享

图 5-9　拓扑关系与面向对象模型

这一模型既解决了数据共享问题，又建立了弧段与结点的拓扑关系。同样，面状地物对弧段的聚集方式与数据共享、拓扑关系的建立亦达到一致。

3. 面向对象的属性数据模型

关系模型和关系数据库管理系统基本上适应于 GIS 中属性数据的表达与管理。若采用面向对象数据模型，语义将更加丰富，层次关系也更明了。可以说，面向对象数据模型是在包含关系数据库管理系统的功能基础上，增加面向对象数据模型的封装、继承、信息传播等功能。

下面以土地利用管理 GIS 为例进行介绍，如图 5-10 所示。

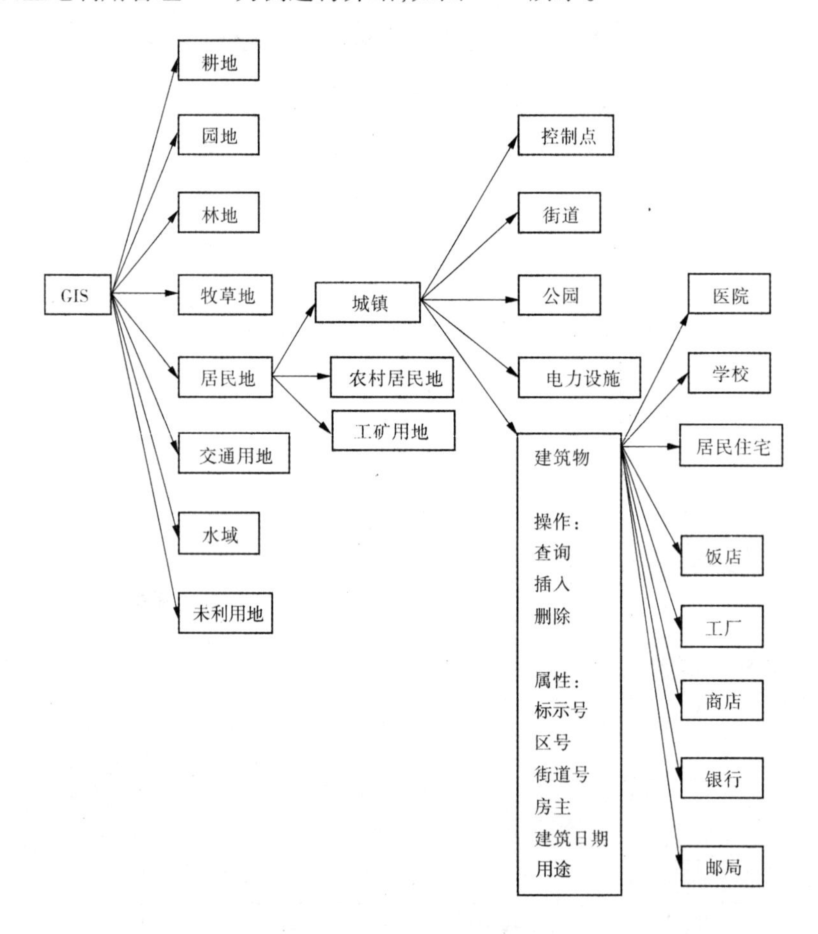

图 5-10　面向对象的属性数据模型

GIS 中的地物可根据国家分类标准或实际情况划分类型。如土地利用管理 GIS 的目标可分为耕地、园地、林地、牧草地、居民地、交通用地、水域和未利用地等几大类，地物类型的每一大类又可以进一步分类，如居民地可再分为城镇、农村居民地、工矿用地等子类。另外，根据需要还可将具有相同属性和操作的类型综合成一个超类。例如工厂、商店、饭店属于产业，它有收入和税收等属性，可把它们概括成一个更高水平的超类——产业类。由于产业类不仅与建筑物有关，还可能包含其他类型，如土地等，所以可将产业类设计成一个独立的类，通过行政管理数据库来管理。在整个系统中，可采用双重继承工具，当要查询饭店类的信息时，既要继承建筑物类的属性与操作，又要继承产业类的属性与操作。

在属性数据管理中也需用到聚集的概念和传播的工具。例如，在饭店类中，可能不直接存储职工总人数、房间总数和床位总数等信息，该类信息可能从该饭店的子对象职员数据库、房间床位数据库等中派生得到。

三、时态 GIS 数据模型

（一）时空数据组织方法

为了能够表示时空过程，近年来，作为 GIS 研究和应用的一个领域，时态 GIS 已经得到了 GIS 界的广泛关注，人们开始研究能支持时态 GIS 产品的时空数据模型。目前对于时空数据已有三种组织方法。

1. 以时间作为新的一维（时空立方体模型）

在概念上最直观的方法是：以时间作为信息空间中的新的一维。主要有两种表示方式：其一是使用三维的地理矩阵（Geographic Matrix），以位置、属性和时间分别作为矩阵的行、列和高；其二是用四叉树表示二维数据，八叉树表示立方体，则可用十六叉树表示 GIS 的空间—时间模型。可见，时空数据沿时间轴的冗余度极大，因为目标的空间位置和属性的变化总是局部的、不等规律的。

2. 连续快照模型

连续快照模型在快照数据库（Snapshot Database）中仅记录当前数据状态，数据更新后，旧数据的变化值不再保留，即“忘记”了过去的状态。连续快照模型是将一系列时间片段快照保存起来，反映整个空间特征的状态，根据需要对指定时间片段进行播放。该模型的不足之处在于，由于快照将未发生变化的时间片段的所有特征进行重复存储，会产生大量的数据冗余，当应用模型变化频繁，且数据量较大时，系统效率急剧下降。此外，连续快照模型不表达单一的时空对象，较难处理时空对象间的时态关系。

3. 基态修正模型

为了避免连续快照模型将每张未发生变化部分的快照特征进行重复记录，基态修正模型按事先设定的时间间隔采样，不存储研究区域中每个状态的全部信息，只存储某个时间的数据状态（称为基态），以及相对于基态的变化量。在基态修正模型中，每个对象只需存储一次，对象每变化一次，只有很小的数据量需要记录；同时，只有在事件发生或对象发生变化时才存入系统中，时态分辨率与事件发生的时刻完全对应。基态修正模型不存储每个对象不同时间段的所有信息，只记录一个数据基态和相对于基态的变化值，从而提高了时态分辨率，减少了数据冗余量。毫无疑问，在基态修正模型中，将检索最频繁的状态作为基态（一般的用户最关注的是“现在”时，即系统最后一次更新的数据状态）。此外，目标在空间和时空上的内在联系反映不直接，会给时空分析带来困难。

张祖勋提出了一种索引基态修正模型，即在采用基态修正模型后，再用四叉树（或八叉树）储存基态和变化量，可达到很高的压缩效益。

4. 时空复合模型

时空复合模型将空间分隔成具有相同时空过程的最大的公共时空单元，每次时空对象的变化都将在整个空间内产生一个新的对象。对象把在整个空间内的变化部分作为它的空间属性，把变化部分的历史作为它的时态属性。时空单元中的时空过程可用关系表来表达，当时空单元分裂时，用新增的元组来反映新增的时空单元，时空过程每变化一次，采用关系表中新增一列的时间段来表达，从而达到用静态的属性表表达动态的时空变化过程的目的。但在数据库中对象标示符的修改比较复杂，涉及的关系链层次很多，必须对标示符逐一进行回退修改。

(二)时态 GIS 的实现方法

现在时态 GIS 的实现主要有两种途径，一种是扩展关系模型，另一种是采用面向对象方法。

1. 扩展关系模型

由于传统的关系模型语义丰富、理论完善以及具有许多高效灵活的实现机制，因此人们开始尝试在传统的关系模型中加入时间维，扩展关系模型，用关系代数及查询语言来处理时态数据，从而直接或间接地基于关系模型支持时空数据的存储、表示和处理。基于这一思想，主要有下列方法。

1)归档保存

这是一种支持时态数据的最原始、最简单的方法，就是以规则的时间间隔备份所有存储在数据库中的数据。这种方法的不足十分明显，主要有：①发生在备份之间的事件未被记录，致使部分信息丢失；②对存档信息的搜索慢且笨拙；③许多数据重复归档，存在大量的数据冗余。

2)时间片

这种方法是将数据库中某时刻的时空信息存储在一个平面文件或二维表格中，即所谓时间片(Time - Slice)。当发生变化时，将当前状态表存储起来，并给定一个时间戳(用 Since 和 Until 来标记，表明状态的一段区间)，然后复制并更新为新状态。与归档保存相比，这一方法在效率上有所改善，但仍存在大量的数据冗余，而且当使用一个时间戳时，对有关生命期的查询会非常烦琐；当采用两个时间戳时，对特定属性变化的查询，又需检测所有时间片。

3)记录级时间戳

这种方法将时间戳作用于记录(或元组)级，而非整个关系，时间戳可采用前面提到的两种方法。实现过程是：当发生事件时，对当前记录标记时间戳，然后建立一个具有变化后新属性值的记录加入表中。新记录的加入可以有三种不同的方法。第一种方法是最简单低效的方法，即把新记录加在表尾。这将得到一个规整的时序视图，但也意味着需要进行频繁的顺序搜索来应答查询。第二种方法是将相关的记录依时序放在一起。这种方法对于关于生命期的查询非常便利。第三种方法是对每一时间片以同样的方式对表中记录排序。这种方法的问题在于当发生一事件时，某记录可能没有发生变化，但它仍需复制或以空白填充不变的记录。

所有上述这些方法存在一个共同缺陷：关系表会变得越来越长，导致应答变慢。

另外，还有一种链式元组级时态 GIS 实现方法。工作原理是：由两个关系而不是一个关系来表示时态实体。第一个关系只存储当前状态，每当事件发生时被更新。第二个关系以链式保存所有历史记录。这样在相关的记录间建立了简单的遍历存取路径，提高了效率，而且删除记录也非常容易，但需要整个记录时并不方便。一种改进的方法是分离时变属性与非时变属性，从而节省了内存开销，提高了历史数据的存取速度，减少了更新费用。

2. 面向对象(Object - Oriented,简称 OO)方法

可以说,关系模型的数据类型简单,缺少表达能力,GIS 中的许多实体和结构很难映射到关系模型中。近年来,许多研究工作已开始探索如何以更自然的方式表示复杂的地理信息,其中 OO 方法已引起时态 GIS 设计者的很大兴趣。

对复杂的时间信息,当今大部分基于关系模型的 GIS 是通过大量元组来牵强地表示,对一些无法表示的语义属性只能在外部描述。而在 OO 模型中,提供了广泛化、特例化、聚合和关联等机制,易于支持时态 GIS 中各种形式的时空数据,可以是矢量数据或栅格数据,也可以是不同数据类型的集成。数据结构和方法的封装便于不同形式数据对象间的转换。在处理时空不确定性方面,OO 技术也体现了优越性。

OO 方法已逐渐被时态 GIS 采用。Mncler 在 1993 年提出了把时空图集合看做一个时态图集对象的方法,该方法体现了高效、方便的优点。Beller 等在 1991 年也在其时态 GIS 中提出并使用了类似的方法。

在面向对象的时态 GIS 研究中,较为典型的成果有 Inith OO 模型和 DSAM/T 模型。

Inith OO 模型提供了唯一的对象标志,将对象完全封装起来,用灵活的相关语义说明内部对象的关联关系。版本化的实现是通过使用 Has - Version 关系,将当前时刻的对象状态与过去不同时刻的对象状态相关联,每个版本又使用 Predecessor/Suclessor 关系与其前后的版本相连接。这一机制方便了对象的版本集合或某个版本的存取。时态维的实现是通过在对象结构的适当层次上附加时间信息的方式,可在线性版本序列或版本树中描述时态拓扑关系。

OSAM/T 模型使用了对象时间戳方法,记录对象、对象实例的历史和对象间关联的历史,使历史数据和当前数据在物理上、逻辑上分离,历史区可采用分布式存储或静态存储。该模型的不足之处在于未能对物理时间给予支持。

第三节　空间数据库

一、空间数据库概述

空间数据库作为一种有效的工具,可以很好地满足人们对空间数据的管理和查询的需要,它作为一种应用技术从数据库技术中分化出来,其目的是为用户对空间数据的查询和操作提供便捷的服务。空间数据库是数据库技术和程序设计语言、软件工程和人工智能等技术相互融合、共同发展的结果。

(一)空间数据库的定义

空间数据库对 GIS 的意义不言而喻,但是全面、准确的空间数据库的定义,在各种文献中很少有,在综合了目前国内外学术界的基本观点的基础上,对空间数据库的定义是:空间数据库是指以特定的信息结构(如国土、规划、环境、交通等)和数据模型(如关系模型、面向对象模型等)表达、存储和管理从地理空间中获取的某类空间信息,以满足 Internet/Intranet 上的不同用户对空间信息需求的数据库。

上述定义涉及几个术语,它们是理解空间数据库的关键。

空间信息:指在信息世界中有关地理空间信息。这是对现实世界的第一次抽象,即从现

实世界到信息世界。

信息结构和数据模型：指在计算机世界中，通过抽象、建模形成不同数据种类的表示形式，通过GIS数据库所建立的数据模型（如关系模型）来进行存储、获取、表达和管理。这是对现实世界的第二次抽象，即从信息世界到计算机世界。

（二）空间数据库的特点

GIS数据的定义是多维的，如经度、纬度、海拔和时间，主要用来描述特殊区域或目标的地理或地面特征；而空间数据库是一类重要的、特殊的数据库，空间数据库需要大量的空间数据操作和查询。空间数据具有一定的特殊性，它不仅具有普通对象的属性特征，而且具有与位置有关的空间特征。空间数据库是空间数据的有组织的集合，所以空间数据除具有一般数据的特征外，还具有一些区别于一般数据的其他特征，这些特征表现在以下七个方面。

1. 空间特征

空间特征是空间数据最主要的特征，它描述了空间物体的位置、形态，甚至描述了物体的空间拓扑关系。例如，描述一条河流，一般数据侧重于河流的流域面积、流量、枯水期，而空间数据则侧重于描述河流的位置、长度、发源地等和空间位置有关的信息，复杂一点的还要描述河流与流域内其他河流间的距离、方位等空间关系。

2. 抽象特征

空间数据描述的是真实世界所具有的综合特征，非常复杂，必须经过抽象处理。对不同主题的GIS数据库，人们所关心的内容也有差别。在不同的抽象处理中，同一自然地物可能会有不同的语义。如既可以被抽象成水系要素，也可以被抽象成行政边界，如省界、县界等。

3. 空间关系特征

空间数据除空间坐标隐含了空间分布关系外，也记录了拓扑数据结构表达的多种空间关系。这种拓扑数据结构一方面方便了空间数据的查询和空间分析，另一方面也给空间数据的一致性和完整性维护增加了复杂程度。

4. 多尺度与多态性

不同观察尺度具有不同的比例尺和精度，同一地物在不同情况下会有形态差异。例如，任何城市在地理空间都占据一定范围的区域，可以被作为面状空间对象。在比例尺较小的GIS数据库中，城市是作为点状空间对象来处理的。

5. 非结构化特征

空间数据不能满足结构化要求。若将一条记录表达成一个空间对象，它的数据项可能是变化的。例如一条弧段的坐标，其多少是不可限定的，可能是两对坐标，也可能是几万对坐标。此外，一个对象可能包含另外的一个或多个对象，例如，一个多边形可能含有多条弧段。

6. 分类编码特征

一般而言，每一个空间对象都有一个编码，而这种分类编码往往同于国家标准、行业标准或地方标准，每一种地物的类型在某个GIS中的属性项个数是相同的。

7. 海量数据特征

空间数据量是巨大的，通常称海量数据。一个城市GIS的数据量可能达几十GB，如果考虑影像数据的存储，可能达几百GB乃至TB级。这样的数据量在城市管理的其他数据库中是很少见的。正因为空间数据量大，所以需要在二维空间上划分块或者图幅，在垂直方向上划分层来进行组织。

GIS 中空间数据的存储方式有两类:①空间数据的文件方式管理加属性数据的关系数据库管理;②空间数据和属性数据的全关系数据库管理。目前,基于数据库的 GIS 已经实现了图形数据和属性数据的无缝结合:所有空间、属性栅格影像数据都存储于中央数据库中,既方便了数据的维护,又确保了数据的完整性和一致性。基于关系数据库或者对象关系数据库(ORDB)的空间数据管理已经成为 GIS 发展的趋势。

(三)空间数据库的作用

与其他数据库不同,空间数据库主要有以下四点突出作用。

1. 对海量数据的管理能力

地理数据涉及地球表面信息、地质信息、大气信息等多种极其复杂的信息,描述信息的数据量十分巨大,容量通常达到 GB 级。GIS 数据库解决了数据库冗余问题,大大加快了访问速度,防止了由于数据量过大而引起的系统“瘫痪”等。

2. 空间分析功能

空间分析功能是 GIS 最独特的特点之一。它实现了对空间数据进行属性数据查询、地理空间目标查询、缓冲区分析、坐标变换、区域变换、叠置分析、趋势面分析等多种分析功能。这不仅要求软件具有空间分析功能,而且要求数据库支持空间分析,也就是说数据库要有拓扑关系。早期空间分析功能主要是在二维空间内进行的,现在三维空间分析技术正在迅速发展中。

3. 设计方式灵活,满足用户要求

GIS 数据库的应用范围非常广,对于不同的用户群,其要求和使用方式以及所需数据也非常不同。设计者可根据不同用户的要求,选用不同的专题地理信息数据库和不同的数据模型,设计出最适合用户使用的系统。

4. 支持网络功能

网络技术的发展使得信息的交流与共享变得更加便捷,这解决了海量地理信息存储不便的问题,大大扩展了空间信息的共享范围。

当然现阶段 GIS 数据库也存在一些问题,主要表现在数据共享、数据“瓶颈”、数据更新、数据安全等方面。

GIS 数据库是 GIS 最基本且重要的组成部分之一。在一个项目的工作过程中,它往往发挥着核心的作用。在 GIS 数据库技术不断完善的今天,仍存在着很多不利因素制约着 GIS 的发展,还有很多问题有待人们去思考和解决。

二、空间数据库的设计

数据库设计,就是把现实世界中一定范围内存在着的应用处理和数据抽象成一个数据库的具体结构的过程。具体讲,即对于一个给定的应用环境,提供一个确定最优数据模型与处理模式的逻辑设计,以及一个确定数据库存储结构与存取方法的物理设计,建立能反映现实世界信息和信息联系,满足用户要求,能被某个 DBMS 所接受,同时能实现系统目标并有效存取数据的数据库。

空间数据库的设计问题,其实质是将地理空间客体以一定的组织形式在数据库系统中加以表达的过程,也就是地理信息系统中空间客体数据的模型化问题。空间数据库的设计,是指在现在数据库管理系统的基础上建立空间数据库的整个过程，主要包括需求分析、结构设计、数据层设计和数据字典设计。

（一）需求分析

需求分析是整个空间数据库设计与建立的基础，主要进行以下工作：

（1）调查用户需求。了解用户特点和要求，取得设计者与用户对需求的一致看法。

（2）需求数据的收集和分析。包括信息需求（信息内容、特征、需要存储的数据）、信息加工处理要求（如响应时间）、完整性与安全性要求等。

（3）编制用户需求说明书。包括需求分析的目标和任务、具体需求说明、系统功能与性能、运行环境等，是需求分析的最终成果。

在需求分析阶段主要完成数据源的选择和对各种数据集的评价。

（1）数据源的选择。一个实用 GIS 的开发，其数据库开发的造价占整个系统造价的70%～80%，所以数据库内数据源的选择对整个系统格外重要。数据源有地图、遥感影像、GPS 数据及已有数据。

（2）对各种数据集的评价。GIS 的数据源不同，质量不同，需要评价。主要从以下三个方面进行评价：

①数据的一般评价。包括数据是否为电子版、是否为标准形式、是否可直接被 GIS 使用、是否为原始数据、是否是可替代数据、是否与其他数据一致（区域范围、比例尺、投影方式、坐标系等）。

②数据的空间特性评价。包括空间特征的表示形式是否一致（如 GPS 点、大地控制测量点等）、空间地理数据的系列性（不同地区信息的衔接、边界匹配问题等）。

③属性数据特征的评价。包括属性数据的存在性、属性数据与空间位置的匹配性、属性数据的编码系统及属性数据的现势性等。

（二）结构设计

结构设计指空间数据结构设计，结构设计的结果是得到一个合理的空间数据模型，结构设计是空间数据库设计的关键。

空间数据模型越能反映现实世界，在此基础上生成的应用系统就越能较好地满足用户对数据处理的要求。空间数据库结构设计的实质，是将地理空间实体以一定的组织形式在数据库系统中加以表达的过程，也就是地理信息系统中空间实体的模型化问题。

结构设计如图 5-11 所示。

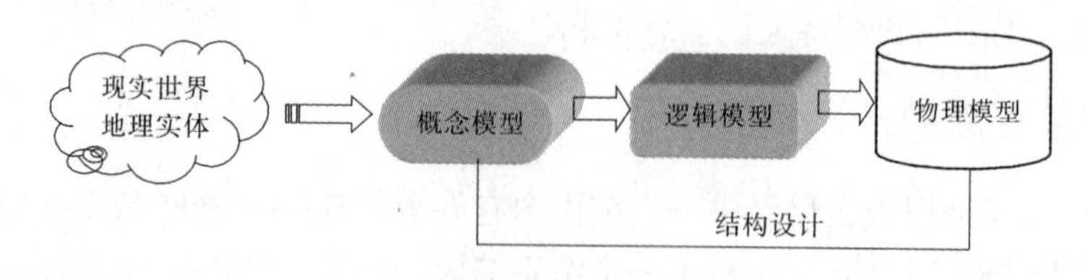

图 5-11　结构设计

1. 概念设计

概念设计即通过对错综复杂的现实世界的认识与抽象，最终形成空间数据库系统及其应用系统所需模型的过程。具体过程是，对所收集的信息和数据进行分析、整理，确定实体、属性及其联系，形成独立于计算机的反映用户观点的概念模式。概念模式与具体的DBMS无关，结构稳定，能较好地反映用户的信息需求。表示概念模型最有力的工具是E－R模型，包括实体、联系和属性三个基本成分。

概念设计如图5-12所示。

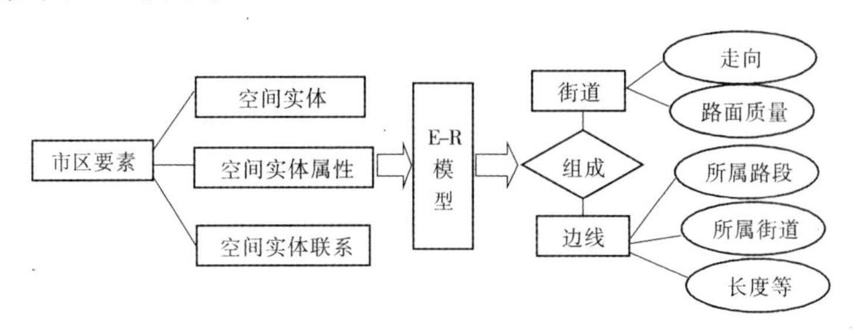

图5-12　概念设计

2. 逻辑设计

逻辑设计是将概念模型结构转换为具体数据库管理系统可处理的地理数据库的逻辑结构（或外模式），主要包括确定数据项、记录及记录间的联系、安全性、完整性、一致性约束。导出的逻辑结构是否与概念模式一致，能否满足用户要求，还要对其功能和性能进行评价，并予以优化。例如，将概念设计所获取的E－R模型转化为关系数据库模型，转换的主要过程为：

（1）确定各实体的主关键字；

（2）确定并写出实体内部属性之间的数据关系表达式，即某一数据项如何决定另外的数据项；

（3）把经过消冗处理的数据关系表达式中的实体作为相应的主关键字；

（4）根据（2）、（3）两步骤形成新的关系；

（5）完成转换后，进行分析、评价和优化。

（三）数据层设计

GIS数据按照空间数据的逻辑关系或专业属性分为各种逻辑数据层或专业数据层。数据层的设计一般是按照数据的专业内容和类型进行的。数据的专业内容和类型通常是数据分层的主要依据，同时也要考虑数据之间的关系（如两类物体共享边界等）。如地图数据，可分为地貌、水系、道路、植被、控制点、居民地等诸层分别存储不同类型的数据，由于其应用功能相同，在分析和应用时会同时用到，在设计时应反映出这样的需求，即可将这些数据作为一层。例如，多边形的湖泊、水库，线状的河流、沟渠，点状的井、泉等。通过数据层设计得出各层数据的表现形式，以及各层数据的属性内容和属性表之间的关系等。

（四）数据字典设计

数据字典用于描述数据库的整体结构、数据内容和定义等。数据字典的内容包括：

（1）数据库的总体组织结构、数据库总体设计的框架；

（2）各数据层详细内容的定义及结构、数据命名的定义；

（3）元数据（有关数据的数据，是对一个数据集的内容、质量条件及操作过程等的描述）。

三、空间数据库的建立和维护

(一)空间数据库的建立

根据空间数据库逻辑设计和物理设计的结果,就可以在计算机上创建起实际的空间数据库结构,装入空间数据,并调试运行,这个过程就是空间数据库的建立过程,它具体包括以下几个方面。

1. 建立空间数据库结构

利用 DBMS 提供的数据描述语言描述逻辑设计和物理设计的结果,得到概念模式和外模式,编写功能软件,经编译、运行后形成目标模式,建立起实际的空间数据库结构。

2. 装入数据

一般由编写的数据装入程序或 DBMS 提供的应用程序来完成数据的装入。在装入数据之前要做许多准备工作,如对数据进行整理、分类、编码及格式转换。对装入的数据要确保其准确性和一致性。最好是把数据装入和调试运行结合起来,先装入少量数据,待调试运行基本稳定,再大批量装入数据。

3. 调试运行

装入数据后,要对地理数据库的实际应用程序进行运行,执行各功能模块的操作,对地理数据库系统的功能和性能进行全面测试,包括需要完成的各功能模块的功能、系统运行的稳定性、系统的响应时间、系统的安全性与完整性等。经调试运行,若基本满足要求,则可投入实际运行。

(二)空间数据库的维护

空间数据库投入正式运行,标志着数据库设计和应用开发工作的结束与运行维护阶段的开始。空间数据库的维护主要包括以下工作。

1. 空间数据库的重组织

即在不改变空间数据库原来的逻辑结构和物理结构的前提下,改变数据的存储位置,将数据予以重新组织和存放。

2. 空间数据库的重构造

即局部改变空间数据库的逻辑结构和物理结构。数据库的重构造通过改写其概念模式(逻辑模式)的内模式(存储模式)进行。

3. 空间数据库的完整性、安全性控制

完整性控制主要由后映像日志来完成,它是一个备份程序,当发生系统或介质故障时,利用它对数据库进行恢复。安全性控制指对数据的保护,主要通过权限授予、审计跟踪,以及数据的卸出和装入来实现。

第四节　空间数据组织

GIS 中的数据大多数都是地理数据,它与通常意义上的数据相比,具有自己的特点:地理数据类型多样,各类型实体之间关系复杂,数据量很大,而且每个线状或面状地物的字节长度都不是等长的。地理数据的这些特点决定了利用目前流行的数据库系统直接管理地理空间数据存在着明显的不足,GIS 必须发展自己的数据库——空间数据库。

空间数据库是作为一种应用技术而诞生和发展起来的,其目的是使用户能够方便灵活地查询出所需的地理空间数据，同时能够进行有关地理空间数据的插入、删除、更新等操作，为此建立了如实体、关系、数据独立性、数据完整性、数据操纵、资源共享等一系列基本概念。以地理空间数据存储和操作为对象的空间数据库，把被管理的数据从一维推向了二维、三维甚至更高维。由于传统数据库系统(如关系数据库系统)的数据模拟主要针对简单对象，因而无法有效地支持以复杂对象(如图形、影像等)为主体的工程应用。空间数据库系统必须具备对地理对象(大多为具有复杂结构和内涵的复杂对象)进行模拟和推理的功能。一方面，可将空间数据库技术视为传统数据库技术的扩充；另一方面，空间数据库突破了传统数据库理论(如将规范关系推向非规范关系)，其实质性发展必然导致理论上的创新。

空间数据库是一种应用于地理空间数据处理与信息分析领域的具有工程性质的数据库，它所管理的对象主要是地理空间数据(包括空间数据和非空间数据)。传统数据库系统管理地理空间数据有以下几个方面的局限性：

(1)传统数据库系统管理的是不连续的、相关性较小的数字和字符；而地理信息数据是连续的，并且具有很大的空间相关性。

(2)传统数据库系统管理的实体类型较少，并且实体类型之间通常只有简单、固定的空间关系；而地理空间数据的实体类型繁多，实体类型之间存在着复杂的空间关系，并且还能产生新的关系(如拓扑关系)。

(3)传统数据库系统存储的数据通常为等长记录的数据；而地理空间数据通常由于不同空间目标的坐标串长度不定，具有变长记录，并且数据项也可能很大、很复杂。

(4)传统数据库系统只操纵和查询文字及数字信息；而空间数据库中需要大量的空间数据操作和查询，如相邻、连通、包含、叠加等。

目前，大多数商品化的 GIS 软件都不是采取传统的某一种单一的数据模型，也不是抛弃传统的数据模型，而是采用建立在关系数据库管理系统(RDBMS)基础上的综合模型，归纳起来，主要有以下三种模型。

一、混合结构模型

混合结构模型的基本思想是用两个子系统分别存储和检索属性数据与空间数据，其中属性数据存储在常规的 RDBMS 中，空间数据存储在空间数据存储子系统中，两个子系统之间使用一种标示符联系起来。图 5-13 为混合结构模型原理框图。在检索目标时必须同时询问两个子系统，然后将它们的回答结合起来。

由于混合结构模型的一部分建立在标准 RDBMS 之上，故存储和检索数据比较有效、可靠。但因为使用两个存储子系统，它们有各自的规则，所以查询操作难以优化，存储在 RDBMS 外面的数据有时会丢失数据项的语义。此外，数据完整性的约束条件有可能遭到破坏，例如在空间数据存储子系统中目标实体仍然存在，但在 RDBMS 中却已被删除。

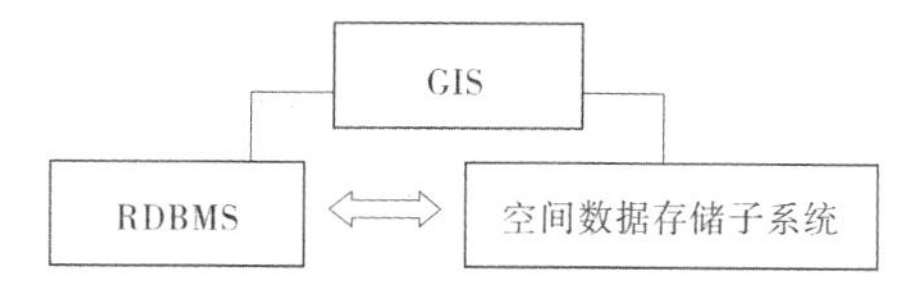

图 5-13　混合结构模型原理框图

采用这种模型的 GIS 软件有 ArcInfo、MGE、SICARD、GENEMAP 等。

二、扩展结构模型

混合结构模型的缺陷是因为两个存储子系统具有各自的职责，互相很难保证数据存储、操作的统一。扩展结构模型采用同一 DBMS 存储空间数据和属性数据,其做法是在标准的关系数据库上增加空间数据管理层,即利用该层将地理结构查询语言(GeoSQL)转化成标准的 SQL 查询,借助索引数据的辅助关系实施空间索引操作。这种模型的优点是省去了空间数据库和属性数据库之间的烦琐连接,空间数据存取速度较快,但由于是间接存取,在效率上总是低于 DBMS 中所用的直接操作过程,且查询过程复杂。图 5-14 为扩展结构模型原理框图。

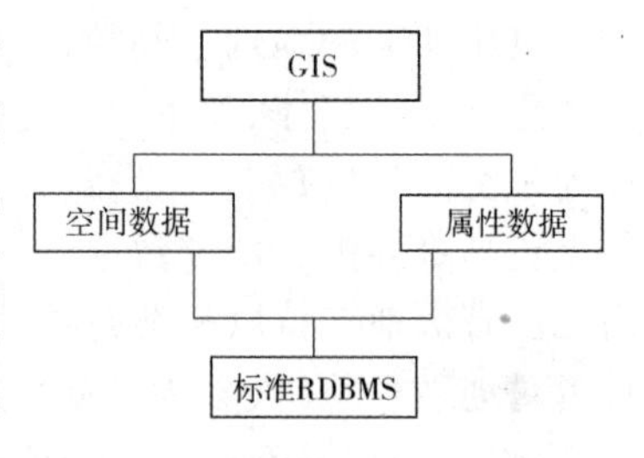

图 5-14　扩展结构模型原理框图

采用这种模型的代表性 GIS 软件有 SYSTEM 9、SMALL WORLD 等。

三、统一结构模型

这种综合模型不是基于标准的 RDBMS,而是在开放型 DBMS 基础上扩充空间数据表达功能。空间扩展完全包含在 DBMS 中,用户可以使用自己的基本抽象数据类型(ADT)来扩充 DBMS。在核心 DBMS 中进行数据类型的直接操作很方便、有效,并且用户还可以开发自己的空间存取算法。该模型的缺点是,用户必须在 DBMS 环境中使用自己的数据类型,对有些应用将相当复杂。图 5-15 为统一结构模型原理框图。

采用此类综合模型的软件如 TIGRIS、GEO + + 等。

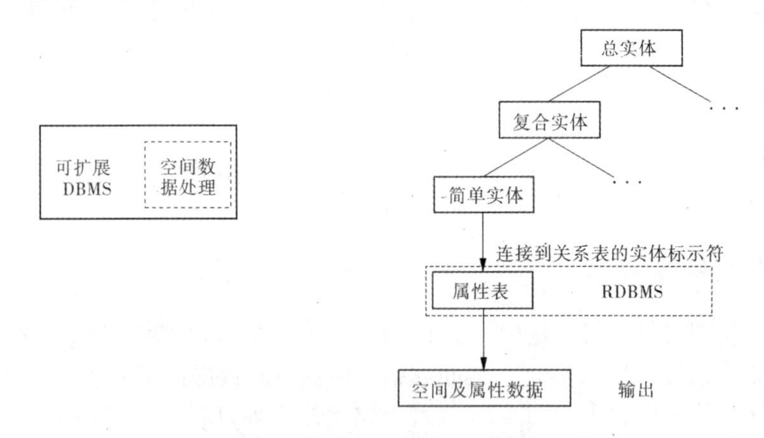

图 5-15　统一结构模型原理框图

思考题

1. 数据间的逻辑关系有几种?试举例说明。
2. 传统的数据模型有哪几种?它们的主要优缺点是什么?
3. 什么是关系模型?举例说明该模型是如何对数据进行组织和管理的。
4. 什么是面向对象模型?举例说明该模型是如何对数据进行组织和管理的。
5. 什么是空间数据库?它有什么特点?
6. 试叙述如何进行数据库的设计和建立。

第六章　空间数据查询与分析

【导读】:自有地图以来,人们就始终在自觉或不自觉地进行着各种类型的空间数据查询与分析。如在地图上量测地理要素的长度、方位、面积,乃至利用地图进行战术研究和战略决策等,都是人们利用地图进行空间分析的实例,而后者实质上已属较高层次上的空间分析。地理信息系统集成了多学科的最新技术,如关系数据库管理、高效图形算法、插值、区划和网络分析,为空间分析提供了强大的工具,使得过去复杂困难的高级空间分析任务变得简单易行。本章主要从空间数据查询、缓冲区分析、叠置分析、网络分析和DEM建立及分析五个方面对地理信息系统的空间分析功能进行系统阐述。

第一节　空间数据查询

一、空间数据查询的含义

查询和定位空间对象,并对空间对象进行量算是地理信息系统的基本功能之一,它是地理信息系统进行高层次分析的基础。在地理信息系统中,为进行高层次分析,往往需要查询和定位空间对象,并用一些简单的量测值对地理分布或现象进行描述,如长度、面积、距离、形状等。实际上,空间分析首先始于空间查询和量算,它是空间分析的定量基础。

空间数据查询属于空间数据库的范畴,一般定义为从空间数据库中找出所有满足属性约束条件和空间约束条件的地理对象。查询的过程大致可分为三类:①直接复原数据库中的数据及所含信息,来回答人们提出的一些比较简单的问题;②通过一些逻辑运算完成一定约束条件下的查询;③根据数据库中现有的数据模型,进行有机的组合构造出复合模型,模拟现实世界的一些系统和现象的结构、功能,来回答一些复杂的问题,预测一些事务的发生、发展的动态趋势。空间数据查询的一般过程如图6-1所示。

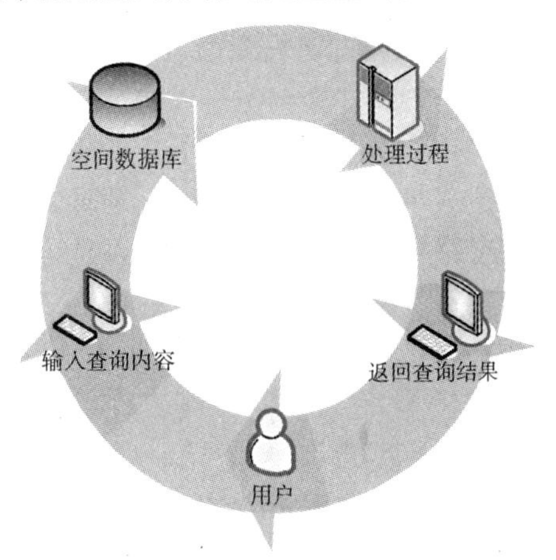

图6-1　空间数据查询的一般过程

空间数据查询的方式主要有两大类,即属性查图形和图形查属性。属性查图形,主要是用SQL语句来进行简单和复杂的条件查询。如在经济区划图上查找人均年收入大于5 000元人民币的城市,将符合条件的城市的属性与图形关联,然后在经济区划图上高亮度显示给用户。图形查属性,可以通过点、矩形、圆和多边形等图形来查询所选空间对象的属性,也可以查找空间对象的几何参数,如两点间的距离、线状地物的长度、面状地物的面积等,这些功能一般的地理信息系统软件都会提供。在实际应用中,查找地物的空间拓扑关系非常重要,现在一些地理信息系统软件也提供这些功能。

空间数据查询的内容很多,可以查询空间对象的属性、空间位置、空间分布、几何特征,以及和其他空间对象的空间关系。查询的结果可以通过多种方式显示给用户,如高亮度显示、属性列表和统计图标等。图6-2给出了空间数据查询的方式、内容和结果的关系。

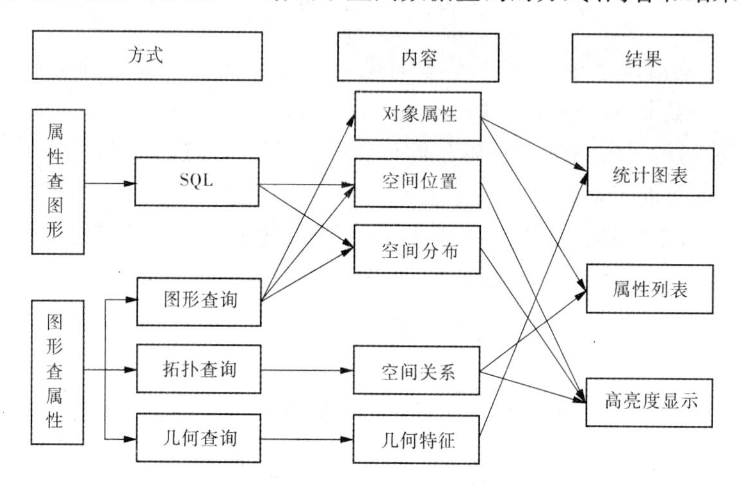

图6-2 空间数据查询的方式、内容和结果的关系

二、属性数据查询

属性数据查询是通过对属性数据的操作从地图中检索数据子集。对选中的数据子集可以目视检查或将其存储留待进一步处理。属性查询又有简单的属性查询和SQL查询。

(一)简单的属性查询

简单的属性查询不需要构造复杂的SQL命令,只要利用表达式,选择一个属性的取值,就可以找到对应的空间图形。一般的GIS软件中的属性数据查询都遵循布尔代数,并由逻辑表达式与布尔连接符组成。逻辑表达式含有运算数和逻辑运算符。运算数可以是字段、数字或字符串。逻辑运算符可以是等于、大于、小于、大于或等于、小于或等于、不等于。布尔连接符是AND、OR、XOR和NOT,它们在查询语句中用于连接两个或更多逻辑表达式。如图6-3所示,在中国地图中查询“1990年总人口大于8 000万”的省份,图中就会高亮度显示出来。

(二)SQL查询

1.标准的SQL查询

SQL是一种专门为关系数据库设计的数据处理语言。地理信息系统软件通常都支持标准的SQL查询语言。SQL的基本语法为:

Select <属性清单>

From <关系>

Where <条件>

例如,需要查询“P101”地块的销售日期(表6-1为下面查询语句的关联表),SQL命令如下:

Select sale date

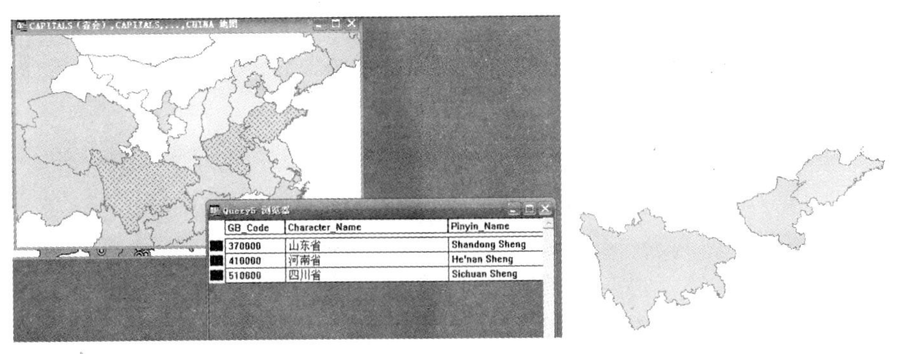

图 6-3　简单的属性查询

From　　parcel

Where　PIN　=“P101”

在执行了上面的命令后，就可以查询到“P101”地块的销售日期了。

表 6-1　查询所需要的关联表

地块标志	销售日期(年-月-日)	面积(hm^2)	代码	分区
P101	2008-02-13	3.1	1	住宅区
P102	2009-03-24	2.5	2	商用区
P103	1998-12-03	4.6	3	农用区
P104	2010-06-05	5.2	2	商用区
P105	1996-08-30	2.7	3	农用区

2. 扩展的 SQL 查询

地理信息系统的空间数据库以空间(地理)目标作为存储集，与一般数据库的最大不同点是它包含空间(或几何)概念，而标准的 SQL 是关系代数模型中的一些关系操作及组合，适合于表的查询与操作，但不支持空间概念和运算。因此，为支持空间数据库的查询，需要在 SQL 上扩充谓词集，将属性条件和空间关系的图形条件组合在一起形成扩展的 SQL 查询语言。常用的空间关系谓词有邻接“Adjacent”、包含“Contain”、穿越“Cross”、在内部“Inside”和缓冲区“Buffer”等。扩展的 SQL 查询，给用户带来了很大的方便。

一般的地理信息系统软件都设计了较好的交互式选择界面，用户无须键入完整的 SQL 语句，向系统输入了相关内容和条件后，转化为标准的关系数据库 SQL 查询语句，由数据库管理系统执行，得到满足条件的空间对象。如图 6-4 所示，查询某区域高程大于 1 358.935 m 且小于 1 425.64 m 的区域(见图 6-4(a))，图 6-4(b)为查询结果。

三、图形查询

图形查询是另一种常用的空间数据查询。一般的地理信息系统软件都提供这项功能，用户只需利用鼠标，用点选、画线、矩形、圆或其他不规则工具选中感兴趣的地物，就可以得到查询对象的属性、空间位置、空间分布以及与其他空间对象的空间关系。

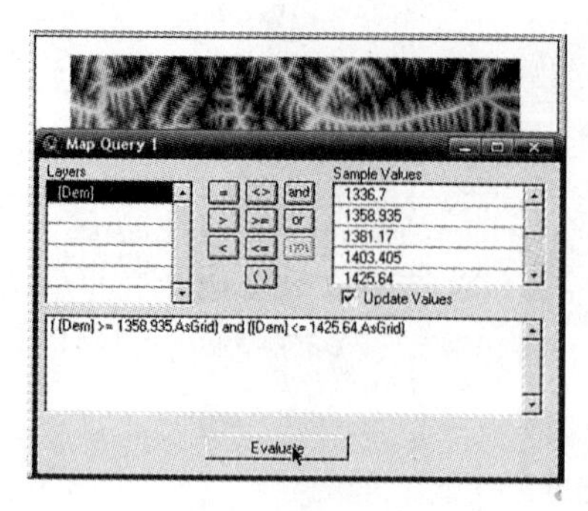

(a)输入查询条件

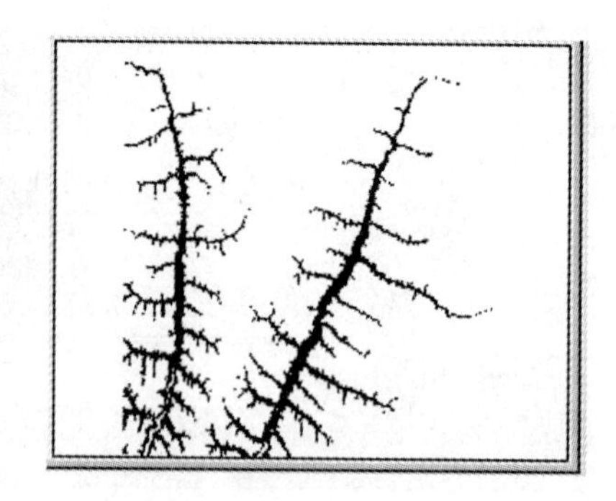

(b)查询结果

图 6-4　SQL 查询

(一)点查询

用鼠标点击图中的任意一点,可以得到该点所代表空间对象的相关属性。如图 6-5 所示,将查询文件设置为编辑状态,利用信息工具按钮,左键单击河南省,即可弹出信息工具对话框,显示该省属性信息。

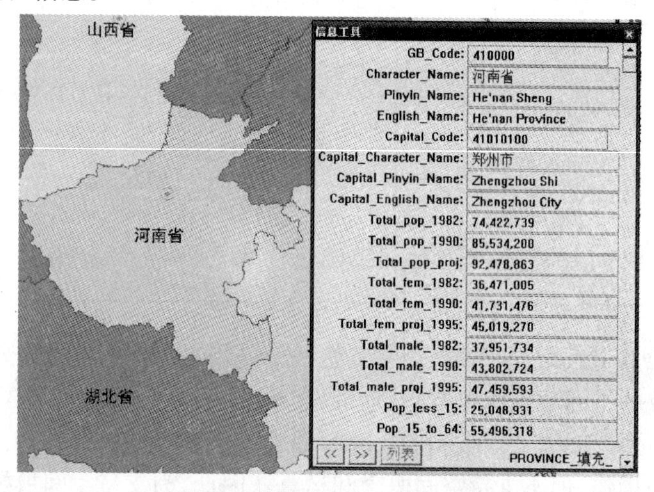

图 6-5　某省份查询——点查询

(二)矩形或圆查询

矩形查询:给定一个矩形窗口,可以得到该窗口内所有对象的属性列表。这种查询的检索过程比较复杂,往往要考虑是只检索包含在窗口内的空间对象,还是只要该窗口涉及的对象无论是包含还是穿越都要检索出来。如图 6-6 所示,用矩形框选择要查询的某省的部分城市(见图 6-6(a)),可得到矩形框所包含城市以及所穿越城市的信息(见图 6-6(b))。

圆查询:给定一个圆,检索出该圆内的空间对象,可以得到空间对象的属性,其实现方法与矩形查询类似。

(三)多边形查询

即给定一个多边形,检索出该多边形内的某一类或某一层空间对象。这一操作的工作原理与按矩形查询相似,但又比前者复杂得多。它涉及点在多边形内、线在多边形内以及多边形在多边形内的判别计算。

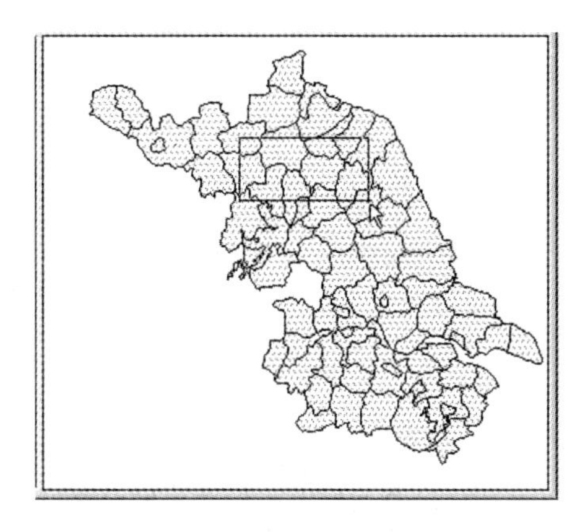

(a)用矩形框选择要查询的区域

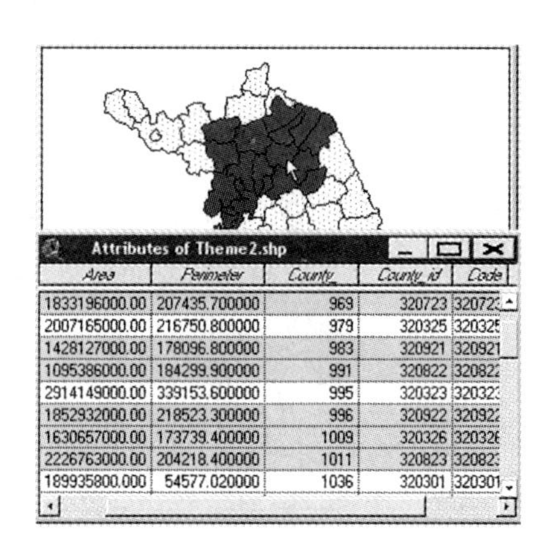

Area	Perimeter	County_	County_id	Code
1833196000.00	207435.700000	969	320723	32072
2007165000.00	216750.800000	979	320325	32032
1428127000.00	178096.800000	983	320921	320921
1095386000.00	184299.900000	991	320822	32082
2914149000.00	339153.600000	995	320323	32032
1852932000.00	218523.300000	996	320922	32092
1630657000.00	173739.400000	1009	320326	32032
2226763000.00	204218.400000	1011	320823	32082
189935800.000	54577.020000	1036	320301	320301

(b)查询结果

图 6-6　某省城市查询——矩形查询

四、空间关系查询

这种查询方法选择地图要素是基于这些要素与其他要素的空间关系。要选的地图要素可在同一地图中,也可在不同的地图中。

空间关系查询包括拓扑关系查询和缓冲区查询。在地理信息系统中,凡具有网状结构特征的地理要素,例如交通网和各种资源的空间分布等,均存在结点、弧段和多边形之间的拓扑结构。空间数据的拓扑关系,对地理信息系统的数据处理和空间分析,都具有非常重要的意义。拓扑数据比几何数据具有更大的稳定性,有利于空间要素的查询,如重建地理实体等。

(一)邻接关系查询

邻接关系查询可以是点与点的邻接关系查询,线与线的邻接关系查询,或者是面与面的邻接关系查询。邻接关系查询还可以涉及与某个结点邻接的线状地物和面状地物信息的查询,例如查找与公园邻接的闲置空地,或者与洪水泛滥区域邻接的居民区等。图 6-7 为查询与一个给定地块单元邻接的地块单元,图中深色图斑为当前查询单元,斜条纹显示的图斑为与查询单元邻接的地块单元。

(二)包含关系查询

包含关系查询可以查询某一面状地物所包含的某一类地物,或者查询包含某一类地物的面状地物。被包含的地物可以是点状地物、线状地物或面状地物,例如某一区域内商业网点的分布等。如图 6-8 所示,通过查询某点状地物的拓扑关系,得到了包含该点的面状地物的相关信息。

(三)关联关系查询

关联关系查询是空间不同元素之间拓扑关系的查询,可以查询与点状地物相关联的线状地物的相关信息,也可以查询与线状地物相关联的面状地物的相关信息。例如查询某一给定的排水网络所经过的土地的利用类型,先得到与排水网络相关联的土地图斑(见图 6-9),然后可以利用图形查询得到各个土地图斑的属性。图 6-9 中黑线为排水网络,斜条纹显示的图斑为排水网络经过的土地。

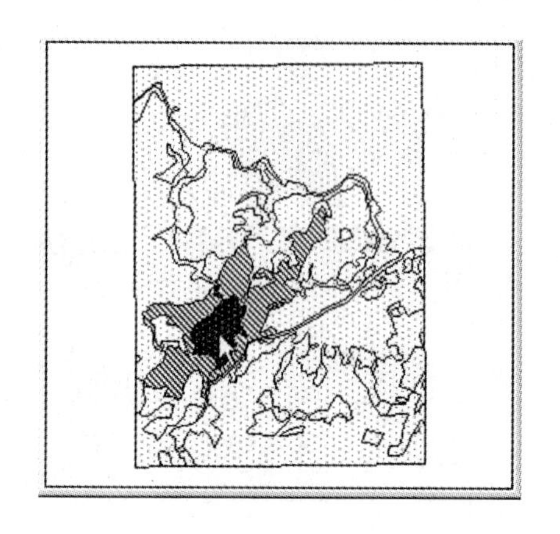

图 6-7　邻接关系查询

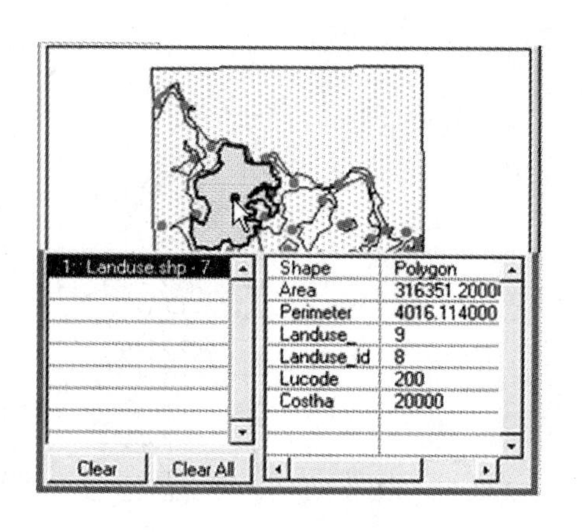

图 6-8　包含关系查询

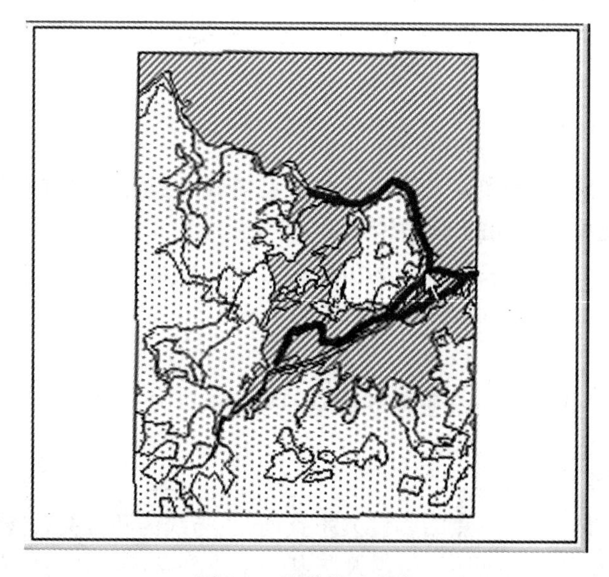

图 6-9　关联关系查询

第二节　缓冲区分析

一、缓冲区分析的定义

邻近度（Proximity）描述了地理空间中两个地物距离相近的程度，其确定是空间分析的一个重要手段。交通沿线或河流沿线的地物有其独特的重要性，公共设施（商场、邮局、银行、医院、车站、学校等）的服务半径，大型水库建设引起的搬迁，铁路、公路以及航运河道对其所穿过区域经济发展的重要性等，均是一个邻近度问题。缓冲区分析是解决邻近度问题的空间分析工具之一。

所谓缓冲区，就是地理空间目标的一种影响范围或服务范围。从数学的角度看，缓冲区分析的基本思想是给定一个空间对象或集合，确定它们的邻域，邻域的大小由邻域半径决定。

缓冲区分析是指根据分析对象的点、线、面实体,自动建立它们周围一定距离的带状区,用以识别这些实体对邻近对象的辐射范围或影响度,以便为某项分析或决策提供依据。它是地理信息系统重要的和基本的空间操作功能之一。例如,城市的噪声污染源所影响的一定空间范围、交通线两侧所划定的绿化带,即可分别描述为点的缓冲区与线的缓冲带。

二、缓冲区分析的类型

在进行缓冲区分析时,通常将研究问题抽象为以下三类因素进行分析:

(1)主体:表示分析的主要目标,一般分为点源、线源和面源三种类型。

(2)邻近对象:表示受主体影响的客体,例如行政界线变更时所涉及的居民区、森林遭砍伐时所影响的水土流失范围等。

(3)作用条件:表示主体对邻近对象施加作用的影响条件或强度。

根据主体的类型,我们把缓冲区分析划分为三种类型,分别为点缓冲区分析、线缓冲区分析和面缓冲区分析。

(一)点缓冲区分析

点缓冲区通常是以点为圆心,围绕点对象建立的半径为缓冲距的圆形区域(如图 6-10 所示)。

当有特殊需要时还可以建立点对象的三角形和矩形缓冲区(如图 6-11 所示)。点缓冲区分析方法的应用是非常广泛的,例如要调查某地区的现有的小学能否满足社区需求,需要运用点缓冲区分析方法确定各小学的服务范围,分析它们的重叠和离散程度,若重叠太大则说明小学分布可能不合理,若离散太大则需在服务空白区新建小学,如图 6-12 所示。

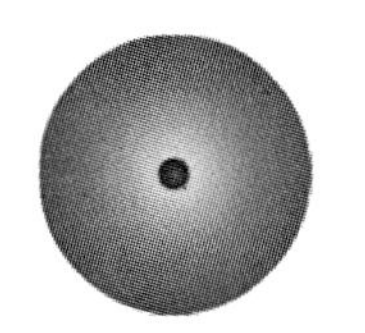
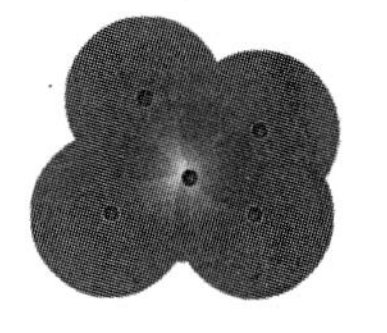

图 6-10　点缓冲区

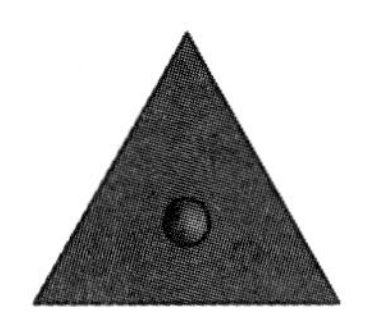
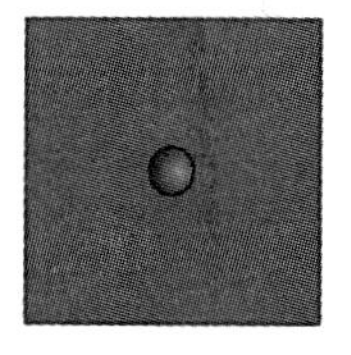

图 6-11　特殊点缓冲区

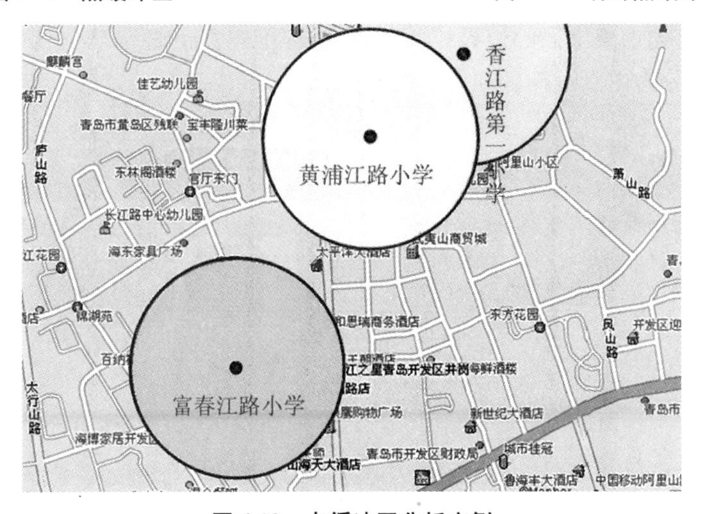

图 6-12　点缓冲区分析实例

（二）线缓冲区分析

线缓冲区通常是以线为中心轴线，距中心轴线一定距离的平行条带多边形，如图 6-13 所示。线缓冲区还有双侧不对称缓冲区和单侧缓冲区，如图 6-14 所示。

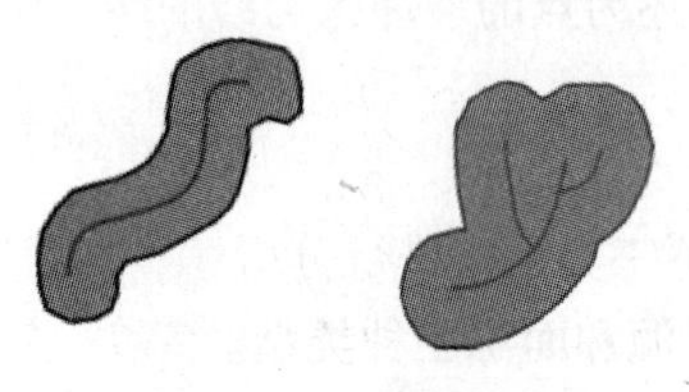

图 6-13　线缓冲区

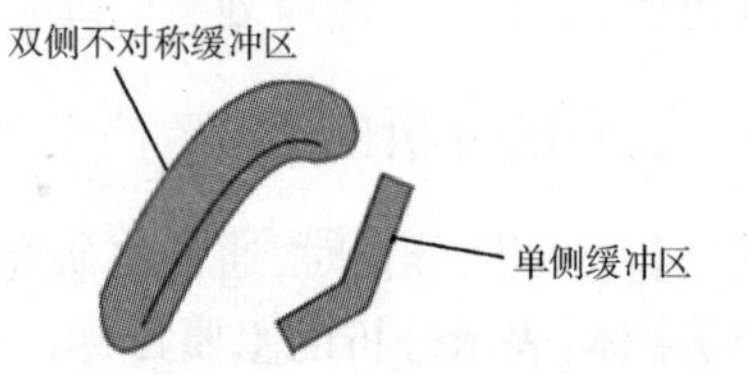

图 6-14　特殊线缓冲区

线缓冲区分析方法主要应用于线状地物如道路和河流对周围影响的分析中。例如，为了防止水土流失，河流两侧一定范围内的森林禁止砍伐，这个范围的确定需要进行线缓冲区分析，如图 6-15 所示。

图 6-15　线缓冲区分析实例

（三）面缓冲区分析

面缓冲区是沿面的边界线建立的距离为缓冲距的多边形区域，如图 6-16 所示。进行面缓冲区分析时，首先抽象出面的边界线，在边界线周围建立距离为缓冲距的多边形。

面缓冲区可分为内侧缓冲区和外侧缓冲区，如图 6-17 所示。

图 6-16　面缓冲区

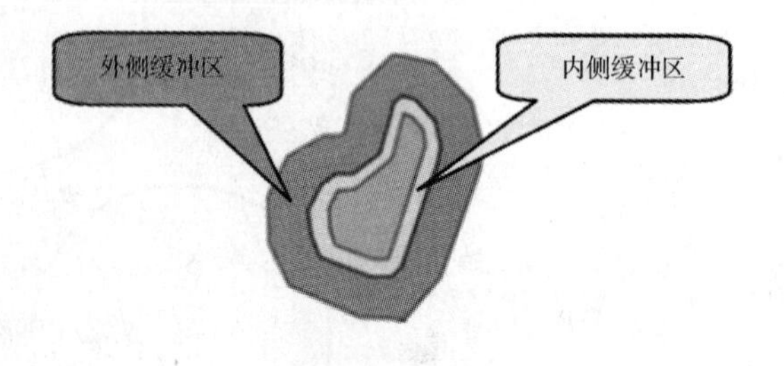

图 6-17　内侧和外侧缓冲区

在很多情况下采用面缓冲区分析方法建立其外侧缓冲区，例如我们国家的洞庭湖和鄱阳湖，特别是鄱阳湖有“候鸟天堂”之称。为了保护各种鸟类和生物，在它们周围要设置生态保护区，如图 6-18 所示。生态保护区范围的确定也需要采用面缓冲区分析方法。

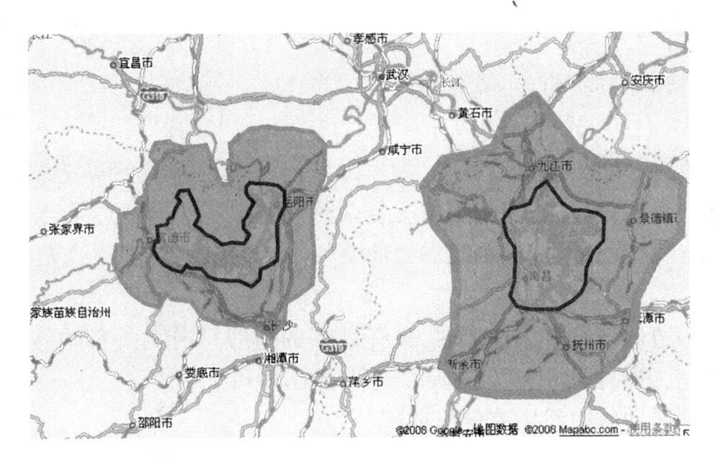

图 6-18　面缓冲区分析实例

三、缓冲区的建立原理

(一)矢量数据缓冲区的建立原理

从原理上来说,矢量数据缓冲区的建立相当简单,对点状要素直接以其为圆心,以要求的缓冲区距离大小为半径绘圆,所包含的区域即为所要求区域,对点状要素因为是在一维区域里,所以较为简单;而线状要素和面状要素则比较复杂,它们缓冲区的建立是以线状要素或面状要素的边线为参考线,来作其平行线,并考虑其端点处建立的原则,即可建立缓冲区,但是在实际中处理起来要复杂得多。下面介绍角分线法和凸角圆弧法。

1. 角分线法

首先,在轴线 AB 的起点 A 处作轴线的垂线,如图 6-19 所示,并按缓冲区半径 R 截出缓冲区左边线的起点 A_1、右边线的起点 A_2。需要说明一点,前进方向的左侧为左边线,图中轴线是从 A 到 B,所以左边线在上面、右边线在下面。同理,在轴线的终点 B 处作垂线,按半径 R 得到缓冲区左边线的终点 B_1 和右边线的终点 B_2。

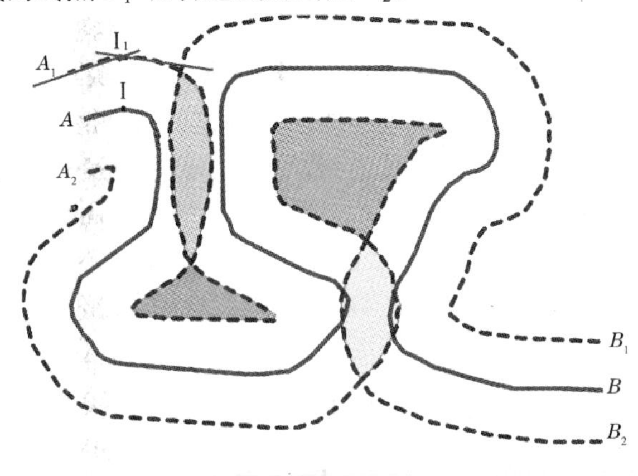

图 6-19　角分线法

其次,在轴线的其他转折点上,如 I 点处,作该点前后两邻边的距轴线的距离为 R 的平行线,两平行线的交点 I_1 就是所要生成的缓冲区的对应顶点。同理,用平行线方法得到其他各点的对应顶点。

最后，依次连接各对应顶点生成缓冲区。

2. 凸角圆弧法

凸角圆弧法改进了角分线法的缺陷，最大限度地保证了双线的等宽性。可以采用凸角圆弧法建立简单对象的缓冲区，但是当情况复杂时可能出现缓冲区边线自相交问题。

缓冲区边线自相交问题，即当轴线的弯曲空间不允许缓冲区的边线无压地通过时，就会产生若干个自相交多边形。

当存在岛屿多边形与重叠多边形时，最终计算的边线被分为外部边线和若干岛屿。对于缓冲区边线绘制，只要把外围边线和岛屿轮廓绘出即可。

岛屿多边形是缓冲区边线的有效组成部分。

重叠多边形是缓冲区边线的有效组成部分，最终不参与缓冲区的构建。

（二）栅格数据缓冲区的建立原理

栅格数据可表示为一个二值(0,1)矩阵($M \times N$)，其中“0”像元为空白位置，“1”像元为空间目标所占据的位置。经过距离变换，计算出每个“0”像元与最近的“1”像元的距离，即背景像元与空间目标的最小距离。假设给定缓冲区的宽度 $R=2$，则缓冲区边界就是距离小于等于 2 的各个背景像元的集合。

栅格方法原理简单，但精度受栅格尺寸的影响，可以通过减小栅格的尺寸而获得较高的精度。但这样内存开销就会很大，所以和矢量方法相比难以实现大数据量缓冲区分析。

第三节　叠置分析

大部分 GIS 软件以分层的方式组织地理景观，将地理景观按主题分层提取，同一地区的整个数据层集表达了该地区地理景观的内容。每个主题层，可以叫做一个数据层面。数据层面既可以用矢量结构的点、线、面图层文件格式表达，也可以用栅格结构的图层文件格式表达。

叠置分析是地理信息系统中常用的提取空间隐含信息的方法之一。叠置分析是将有关主题层组成的各个数据层面进行叠置产生一个新的数据层面，其结果综合了原来两个或多个层面要素所具有的属性。叠置分析不仅生成了新的空间关系，而且还将输入的多个数据层的属性联系起来产生新的属性关系。其中，被叠置的要素层面必须是基于相同坐标系的、基准面相同的、同一区域的数据。

一、叠置分析的含义和类型

（一）叠置分析的含义

叠置分析是指在统一空间参照系统条件下，每次将同一地区两个地理对象的图层进行叠合，以产生空间区域的多重属性特征，或建立地理对象之间的空间对应关系。

（二）叠置分析的类型

叠置分析方法源于传统的透明材料叠置，即将来自不同的数据源的图纸绘于透明纸上，在透光桌上将其叠放在一起，然后用笔勾出感兴趣的部分——提取出感兴趣的信息。叠置分析不仅包含空间关系的比较，还包含属性关系的比较。地理信息系统叠置分析可以分为以下几类:视觉信息叠置、点与多边形叠置、线与多边形叠置、多边形与多边形叠置、栅格图层叠置等。

从原理上来说,叠置分析是对新要素的属性按一定的数学模型进行计算分析,其中往往涉及逻辑交、逻辑并、逻辑差等的运算。根据操作要素的不同,叠置分析可以分成点与多边形叠置、线与多边形叠置、多边形与多边形叠置;根据操作形式的不同,叠置分析可以分为图层擦除、识别叠置、交集操作、均匀差值、图层合并和修正更新。

图 6-20 为叠置分析结构框架。

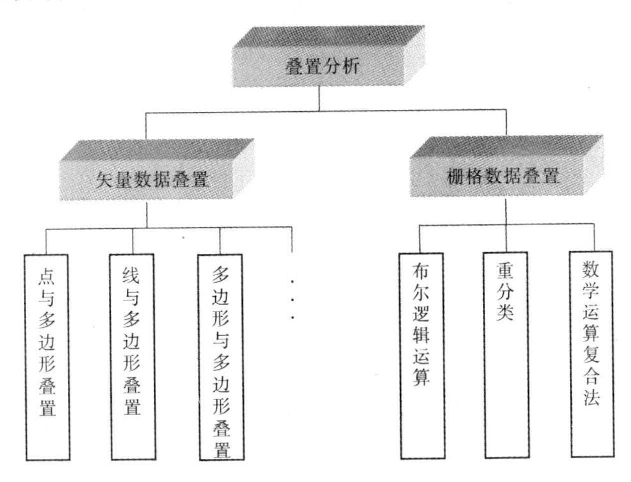

图 6-20 叠置分析结构框架

二、矢量数据的叠置分析

(一)点与多边形叠置

点与多边形叠置,是指一个点图层与一个多边形图层相叠,叠置分析的结果往往是将其中一个图层的属性信息注入到另一个图层中,然后更新得到的数据图层;基于新数据图层,通过属性直接获得点与多边形叠置所需要的信息。

从根本上来说,点与多边形叠置是首先计算多边形对点的包含关系,矢量结构的 GIS 能够通过计算每个点相对于多边形线段的位置,进行点是否在一个多边形中的空间关系判断;其次进行属性信息处理,最简单的方式是将多边形属性信息叠置到其中的点上,或将点的属性叠置到多边形上,用于标示该多边形。通过点与多边形叠置可以查询每个多边形里有多少个点,以及落入各多边形内部的点的属性信息。例如,将一个县各乡镇农作物产量图与该县的乡镇行政区划图进行叠置分析后,更新点属性表,可以计算各乡镇有多少种农作物及其产量,或者查询哪些农作物在哪些乡镇有分布等信息(见图 6-21)。

(二)线与多边形叠置

线与多边形叠置同点与多边形叠置类似,线与多边形叠置指一个线图层与一个多边形图层相叠,叠置结果通常是将一个图层的属性信息注入另一个图层中,然后更新得到的数据图层;基于新数据图层,通过属性直接获得线与多边形叠置所需要的信息。

同样,线与多边形叠置首先要比较线坐标与多边形坐标的关系,判断哪一条线落在哪一

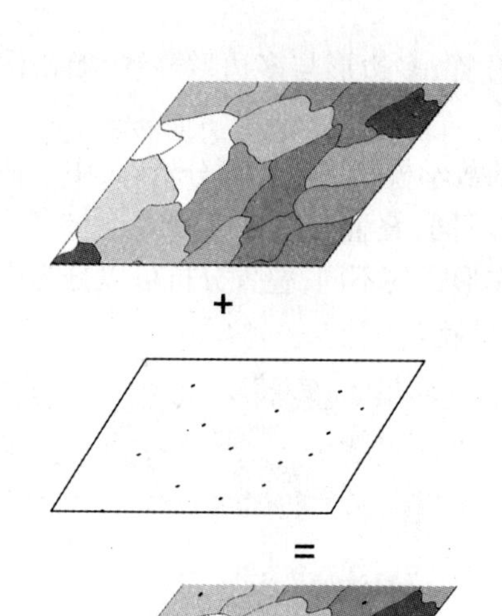

乡镇行政区划图层

ID	名称
1	大王镇
2	张家村
3	李家村
…	…

+

乡镇农作物产量图层

ID	农作物产量
1	600
2	2 000
3	1 000
…	…

=

叠置结果图层

ID	名称	农作物产量
1	大王镇	600
2	张家村	2 000
3	李家村	1 000
…	…	…

图 6-21　点与多边形叠置

个或哪些多边形内，由于一条线常常跨越多个多边形，因此必须首先计算线与多边形的交点，将原线分割为两个或两个以上落入不同多边形的新弧段。然后重建线的属性表，表中既包含每条新弧段原来所属的线的所有属性，也包含新添加的、所落入的多边形标示号，以及该多边形的某些附加属性。例如将河流网络与乡镇行政区划图进行叠置分析，这样河流网络图层中的各个河流的线属性表，将不仅包含原河流的信息，还含有该河流所在行政区的标号和其他信息，可以依此得到任意省市内的河流的分布密度和长度等(见图 6-22)。

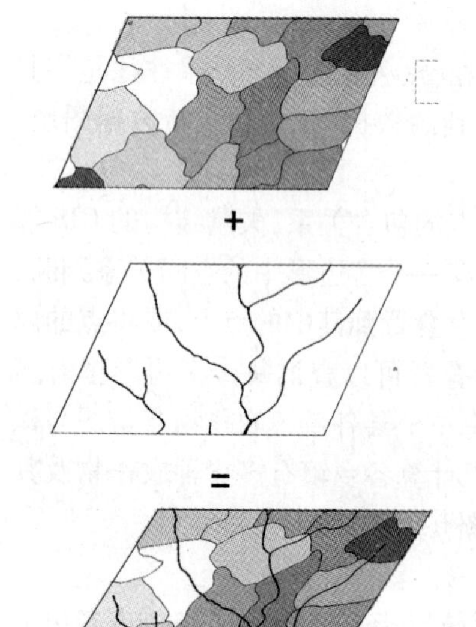

乡镇行政区划图层

ID	名称
1	大王镇
2	张家村
3	李家村
…	…

+

河流网络图层

ID	河流
1	裕河
2	昌河
3	十里沟
…	…

=

叠置结果图层

ID	名称	河流
1	大王镇	裕河
2	张家村	昌河
3	李家村	十里沟
…	…	…

图 6-22　线与多边形叠置

（三）多边形与多边形叠置

多边形与多边形叠置简称多边形叠置，是 GIS 最常用的功能之一。多边形叠置是将两个或多个多边形图层进行叠合产生一个新多边形图层的操作，其结果将原来多边形要素分割成新要素，新要素综合了原来两层或多层的属性。

1. 多边形叠置过程

多边形叠置过程可分为几何求交过程和属性分配过程两步。具体步骤如图 6-23 所示。几何求交过程首先求出所有多边形边界线的交点，再根据这些交点重新进行多边形拓扑运算，对新生成的拓扑多边形图层的每个对象赋予唯一标示码，同时生成一个与新多边形对象一一对应的属性表。由于矢量结构的精度有限，几何对象不可能完全匹配，叠置结果可能会出现一些破碎多边形，通常可以设定一模糊容限，以消除它。

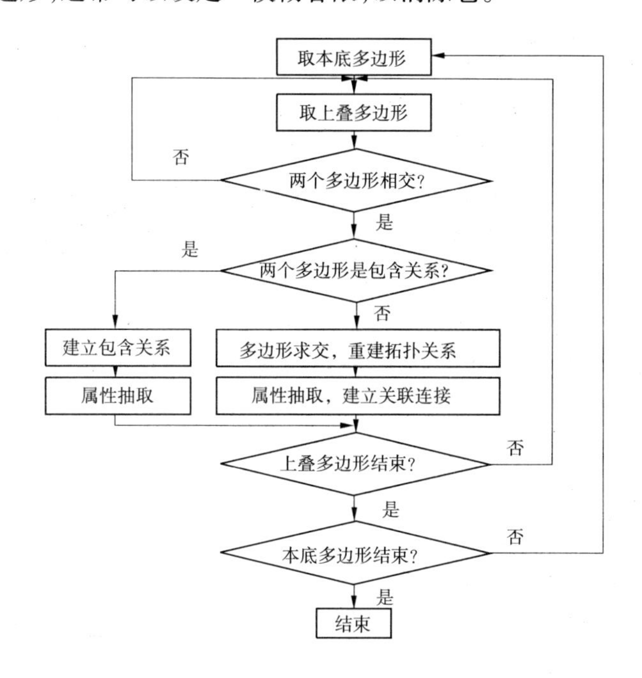

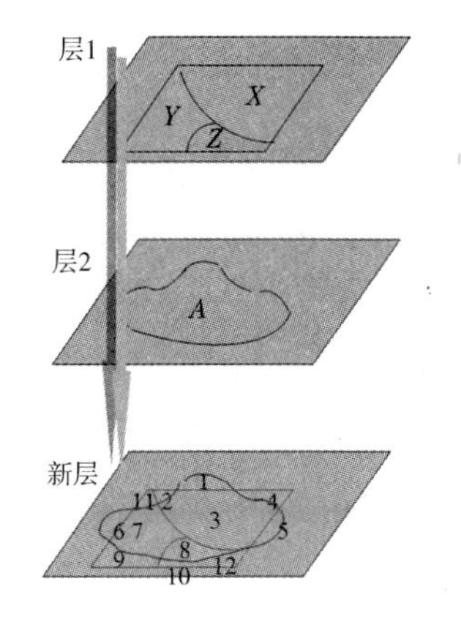

ID	属性
1	X
2	Y
3	Z

ID	属性
101	A

新多边形 ID	层 1 多边形属性	层 2 多边形属性
1	0	A
2	X	0
3	X	A
4	X	0
5	0	A
6	0	A
7	Y	A
8	Z	A
9	Y	0
10	Z	0
11	Y	0
12	Z	0

图 6-23　多边形叠置

多边形叠置结果通常把一个多边形分割成多个多边形。属性分配过程最典型的方法是将输入图层对象的属性拷贝到新对象的属性表中,或把输入图层对象的标志作为外键,直接关联到输入图层的属性表。这种属性分配方法的理论假设是多边形对象内属性为均质的,将它们分割后,属性不变。也可以结合多种统计方法为新多边形赋属性值。

多边形叠置完成后,根据新图层的属性表可以查询原图层的属性信息,新生成的图层和其他图层一样可以进行各种空间分析和查询操作。

2. *多边形叠置方式*

根据叠置结果最后欲保留空间特征的不同要求,一般的 GIS 软件都提供了三种类型的多边形叠置操作,如图 6-24 所示。

(1)并:指图层合并,是通过把两个图层的区域范围联合起来而保持来自输入地图和叠置地图的所有地图要素。

(2)交:指交集操作,是得到两个图层的交集部分,并且原图层的所有属性将同时在得到的新的图层上显示出来。

(3)擦除:输出图层为保留以其中一输入图层为控制边界之外的所有多边形。即在将更新的特征加入之前,须将控制边界之内的内容删除。

多边形叠置广泛地应用于生活、科研、生产等各个方面。例如对于土地管理信息系统的用户,他们经常需要提取某个县、某些人口统计单元或水文区域内的土地利用数据,并进行面积统计。此时就需要把土地利用图与人口统计分区等图进行叠置。又如进行土地资源分析,还需要把土地利用图与土壤分布图、DTM 模型的数据进行叠置,以得到一系列的分析结果,为土地利用规划等提供依据。

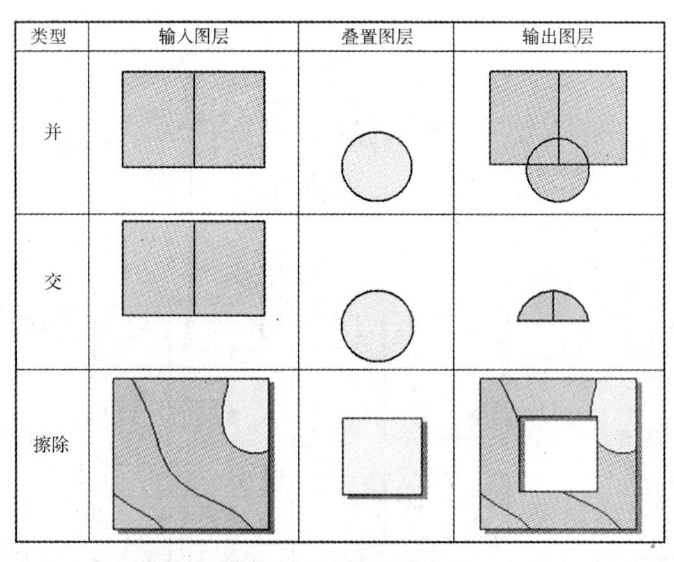

图 6-24　多边形叠置方式

三、栅格数据的叠置分析

(一)栅格数据的叠置分析含义

栅格数据由于其空间信息隐含属性信息明确的特点,可以看做是最为典型的数据层面,通过数学关系建立不同数据层面之间的联系是 GIS 提供的典型功能,空间模拟尤其需要通过各种各样的方式将不同的数据层面进行叠置运算,以揭示某种空间现象或空间过程。在栅格数据内部,叠置运算是通过像元之间的各种运算来实现的。设 $x_1, x_2, \cdots, x_n$ 分别表示第 1 层至第 n 层上同一坐标属性值,f 函数表示各层上属性与用户需求之间的关系,E 为叠置后属性输出层的属性值,则

$$E = f(x_1, x_2, \cdots, x_n) \tag{6-1}$$

叠置操作的输出结果可能是:

(1)各层属性数据的算术运算结果;

(2)各层属性数据的极值;

(3)逻辑条件组合;

(4)其他模型运算结果。

(二)栅格数据的叠置分析运算方法

同矢量数据的叠置分析相比,栅格数据的叠置分析具有更易处理、简单而有效、不存在破碎多边形的问题等优点,使得栅格数据的叠置分析在各类领域应用极为广泛。栅格数据的叠置分析运算方法分为以下几类。

1. 布尔逻辑运算

栅格数据一般可以按属性数据的布尔逻辑运算来检索,即这是一个逻辑选择的过程。设有 A、B、C 三个层面的栅格数据系统,一般可以用布尔逻辑算子以及运算结果的文氏图表示其一般的运算思路和关系。布尔逻辑算子为 AND、OR、XOR、NOT。布尔逻辑运算如图 6-25所示。

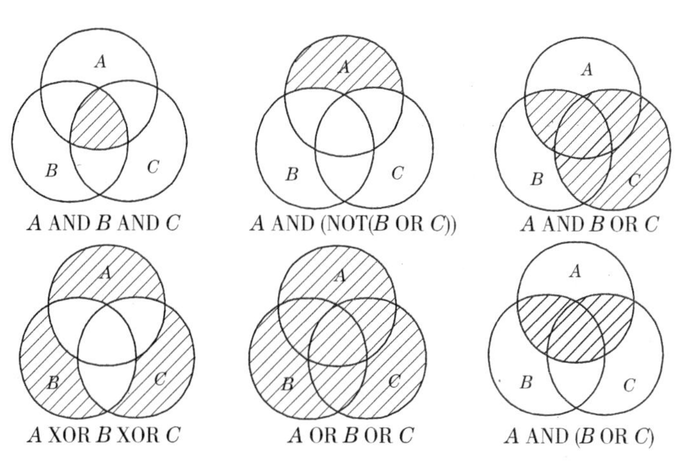

图 6-25　布尔逻辑运算

布尔逻辑运算可以组合更多的属性作为检索条件,以进行更复杂的逻辑选择运算。

2. 重分类

重分类是将属性数据的类别合并或转换成新类,即对原来数据中的多种属性类型,按照一定的原则进行重新分类,以利于分析。重分类时必须保证多个相邻接的同一类别的图形单元获得相同的名称,并将图形单元合并,从而形成新的图形单元(见图 6-26)。

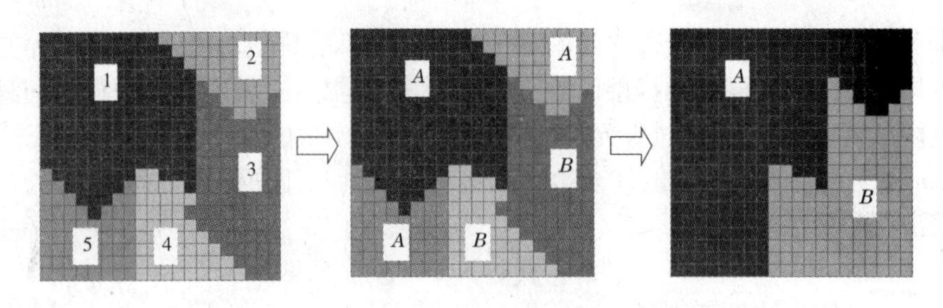

图 6-26　重分类

3. 数学运算复合法

即将不同层面的栅格数据逐网格按一定的数学法则进行运算，从而得到新的栅格数据系统的方法。主要类型有以下几种。

1) 算术运算

即将两个以上图层的对应网格值经加、减运算，而得到新的栅格数据系统的方法。这种复合分析法具有很大的应用范围（见图 6-27）。

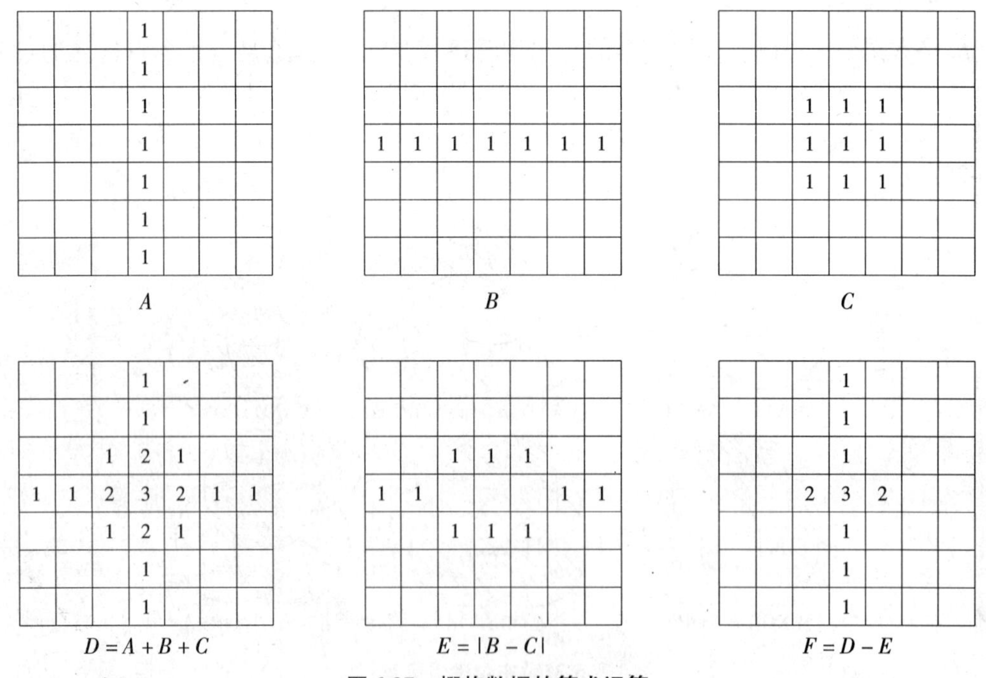

图 6-27　栅格数据的算术运算

2) 函数运算

即将两个以上层面的栅格数据系统以某种函数关系作为复合分析的依据进行逐网格运算，从而得到新的栅格数据系统的方法。

这种复合分析法被广泛地应用到地学综合分析、环境质量评价、遥感数字图像处理等领域中。

例如，利用土壤侵蚀通用方程式计算土壤侵蚀量时，就可利用多层面栅格数据的函数运算复合分析法进行自动处理。一个地区土壤侵蚀量（E）的大小是降雨量（R）、植被覆盖度

(C)、坡度(S)、坡长(L)、土壤抗蚀性(SR)等因素的函数，可写成

$$E = f(R, C, S, L, SR, \cdots) \tag{6-2}$$

土壤侵蚀多因子函数运算示意图如图6-28所示。

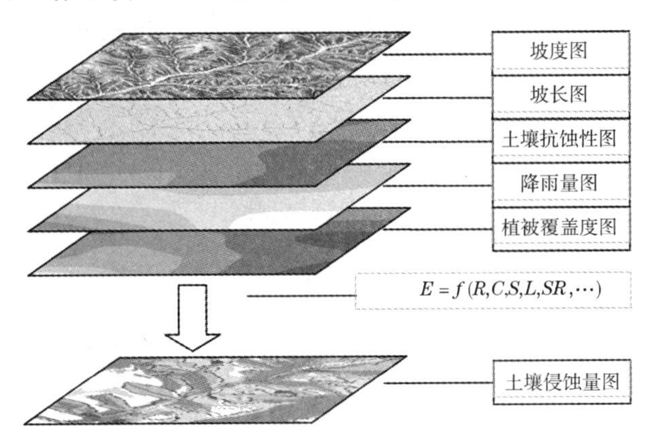

图6-28　土壤侵蚀多因子函数运算示意图

类似这种分析方法在地学综合分析中具有十分广泛的应用前景。只要得到表达事物关系的各图层间的函数关系式，便可运用以上方法完成各种人工难以完成的极其复杂的分析运算。例如，进行土地评价所涉及的多因素分析中可能包括土壤类型、土壤深度、排水性能、土壤结构以及地貌等各个数据层的信息，如果直接对这些数据层上的属性值进行数学运算，得到的结果可能是毫无意义的，必须将其变成另一基本元素（如用数值量化的土地适用性）后才能进行这种多因素分析的数学运算，其结果对土地评价有着重要的指导意义。

第四节　网络分析

一组互相以一定的空间关系连接的线状数据构成的系统称为网络数据系统，如公路、铁路、河流、电力线、电话线、城市给排水管线数据系统等。如图6-29、图6-30所示，分别为高速公路网和水系网。对地理网络（如交通网络）、城市基础设施网络（如电力线、电话线、给排水管线等）进行地理分析和模型化，是地理信息系统中网络分析功能的主要目的。网络分析的根本目的是研究、筹划一项网络工程如何安排，使其运行效果最好，如一定资源的最佳分配，从一地到另一地的运输费用最低等。它的基本思想则在于人类活动总是趋于按一定目标选择达到最佳效果的空间位置。这类问题在社会经济活动中不胜枚举，因此在地理信息系统中此类问题的研究具有重要意义。

一、空间网络的类型和构成

（一）空间网络的类型

在地理空间中，由于面向网络的地理目标具有不同的形态，因此构成的

不同的类型。根据空间网络的拓扑分类，一般可分为平面网络和非

所示。

平面网络中的道路型和树型网络是空间网络中最主要的

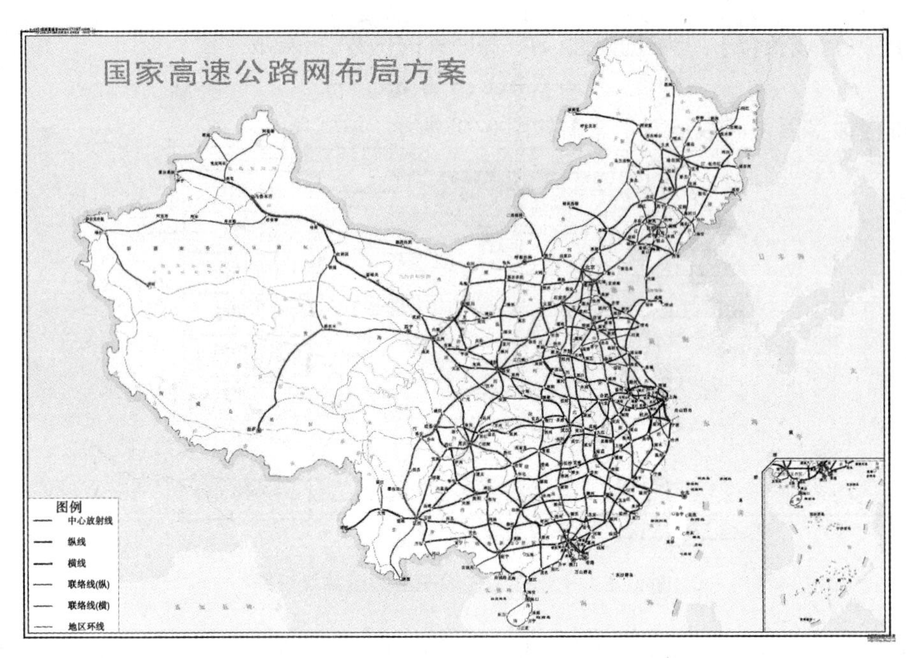

图 6-29　高速公路网

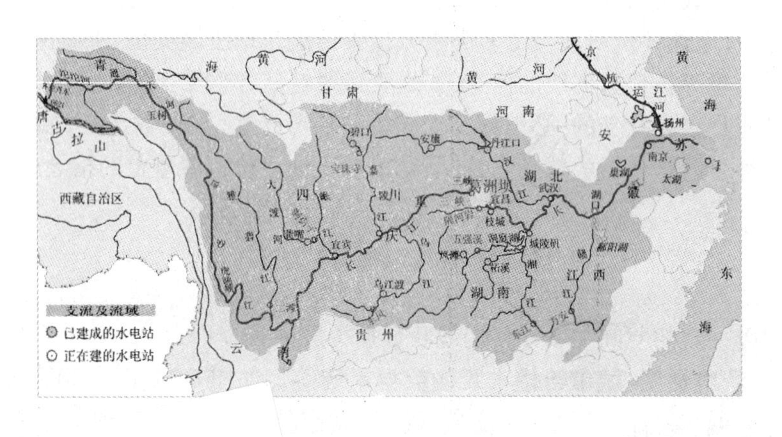

图 6-30　水系网

典型的例子是河道的组成，从河源、支流、干流直到河
是指网络中具有封闭的环状结构，它和道路型、树型
能。细胞型网络也称为栅栏状网络，由于它存在阻
中网络的拓扑分析方法去研究行政区划系统和土地
市管线网，包括给排水管线、电力线等。空间网络除
正外，还具有 GIS 空间数据的几何定位特征和地理

见图 6-32）。

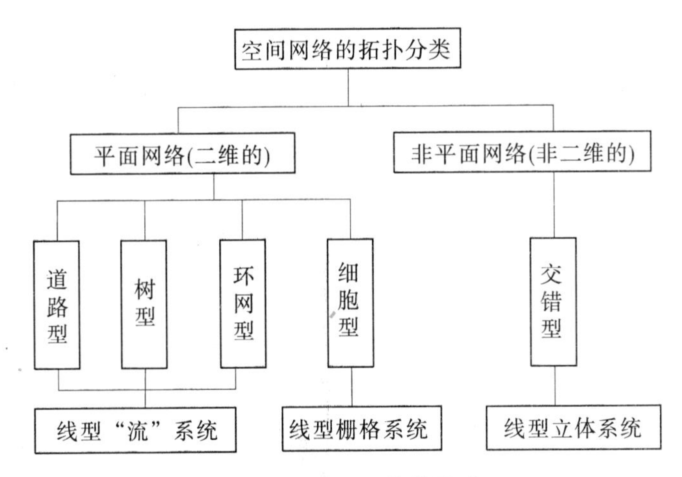

图 6-31　空间网络的类型

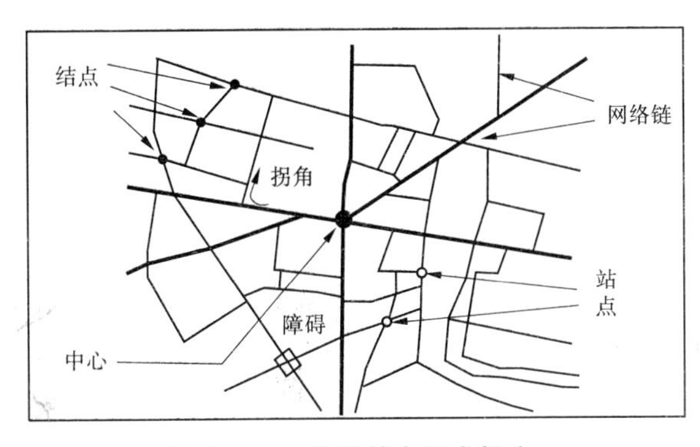

图 6-32　网络的基本组成部分

1)链

即网络中流动的管线,如街道、河流、水管等,其状态属性包括阻力和需求。

2)结点

即网络中链上的结点,如港口、车站、电站等,其状态属性包括阻力和需求等。结点中又有下面几种特殊的类型。

(1)障碍:禁止网络中链上流动的点。

(2)拐角:出现在网络中链上所有的分割结点上状态属性的阻力,如拐弯的时间和限制(如在08:00到18:00不允许左拐)。

(3)中心:接受或分配资源的位置,如水库、商业中心、电站等,其状态属性包括资源容量,如总的资源量;阻力限额,如中心与链之间的最大距离或时间限制。

(4)站点:在路径选择中资源增减的站点,如库房、汽车站等,其状态属性有要被运输的资源需求,如产品数量。

除基本组成部分外,有时还要增加一些特殊结构,如邻接点链表,用来辅助进行路径分析。

2. 网络基本组成部分的属性

每种网络要素都有许多相联系的属性,如道路宽度、名称等。在网络分析中有非常重要的三个属性。

1）碍强度

即资源在网络中运移时所受阻力的大小，如花费的时间、费用等。它用于描述链、拐角、中心、站点所具有的属性。

2）资源需求量

即网络中与弧段和停靠点相联系资源的数量。如在供水网络中每条沟渠所载的水量，在城市网络中沿每条街道所住的学生数，在停靠站点装卸货物的件数等。

3）资源容量

即为了满足各弧段的需求，网络中心能够容纳或提供的资源总数量。如学校能注册的学生总数，停车场能停放机动车辆的空间，水库的总容量等。

二、空间网络分析功能

（一）路径分析

1. 路径分析的内容

1）静态求最佳路径

由用户确定权值关系后，即给定每条弧段的属性，当需求最佳路径时，读出路径的相关属性，求最佳路径。

2）动态分段技术

给定一条路径（由多段联系组成），要求标注出这条路径上的公里点，或要求定位某一公路上的某一点，或标注出某条路上从某一公里点到另一公里点的路段。

3）N 条最佳路径分析

确定起点、终点，求代价较小的几条路径，因为在实践中往往仅求出最佳路径并不能满足要求，可能因为某种因素不走最佳路径，而走近似最佳路径。

4）最短路径

确定起点、终点和所要经过的中间点、中间连线，求最短路径。

5）动态最佳路径分析

在实际网络分析中权值是随着权值关系式变化的，而且可能会临时出现一些障碍点，所以往往需要动态地计算最佳路径。

2. 计算最短路径的 Dijkstra 算法

由于大量的优化问题等价于找一个网络图的最短路径问题，因此人们对于最短路径分析非常关注，为了进行网络最短路径分析，需要将网络转换成有向图。无论是计算最短路径还是最佳路径，其算法都是一致的，不同之处在于有向图中每条弧的权值设置。如果要计算最短路径，则将权值设置为两个结点的实际距离；而要计算最佳路径，则可以将权值设置为从起点到终点的时间或费用。Dijkstra（狄克斯特拉）算法可以用于计算有向图中任意一个结点到其他结点的最短路径，它是 Dijkstra 在 1959 年提出的，被公认为是最好的算法之一。

为了求出最短路径，需先计算网络任意两点间的距离，并形成 $n \times n$ 阶距离矩阵或权矩阵。

$$W = [W_{ij}]$$

式中，W_{ij}为网络中的边 e_{ij}的距离。

在矩阵 W 中，当 i、j 间有边相连接时，$W_{ij} > 0$；当 $i = j$ 时，$W_{ij} = \infty$；当 i、j 间无边相连接时，$W_{ij} < 0$。

图 6-33 表示了一个带权有向图及其邻接矩阵。

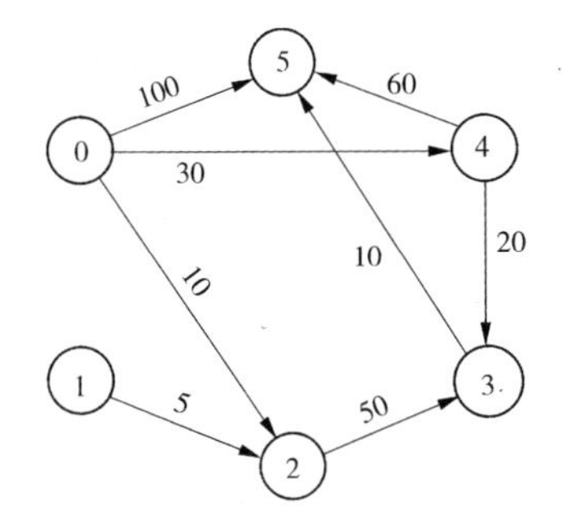

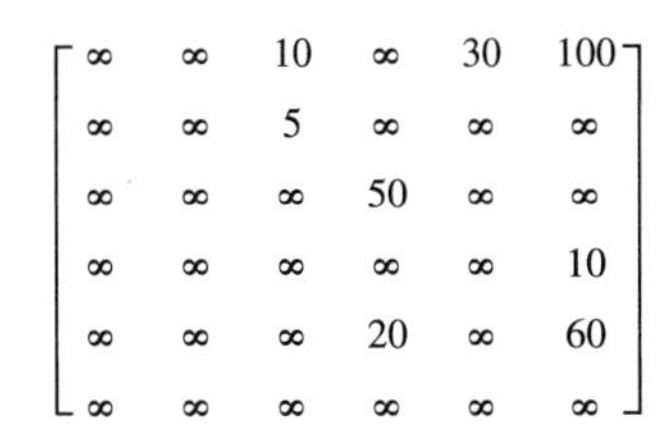

图 6-33　带权有向图及其邻接矩阵

Dijkstra 算法的基本思想是把图的顶点分为已标号的点集和未标号的点集两大类，若起点到某顶点的最短路径已经求出，则将其归入已标号的点集，其余归入未标号的点集，随着程序的进行，未标号的点集中的元素逐个转入已标号的点集，直到目标顶点转入后结束。该算法是一种对结点不断进行标号的算法。每次标定一个结点，标号的值即为从给定起点到该点的最短路径长度。在标定一个结点的同时，还对所有未标号的点给出了暂定标号，即当时能够确定的相对最小值。设定 V_1 表示待定最短路径的起点，V_n 表示终点，则最短路径搜索的步骤如下：

（1）给起点 V_1 标号$[0,\ V_1]$；

（2）把顶点集 V 分成已标号点集（V_A）和未标号点集（V_B）；

（3）逐步给每个结点 V_j 标号$[d_j, V_i]$，其中 d_j 为起点 V_s 到 V_j 的最短距离，V_i 为该最短路线上的前一结点；

（4）考虑所有这样的弧$[V_i,\ V_j]$，其中 $V_i \in V_A$，$V_j \in V_B$，挑选其中与起点 V_1 距离最短（$\min\{d_i + c_{ij}\}$）的 V_j，对 V_j 进行标号；

（5）重复（2）、（3）、（4）步，直至给终点 V_n 标号$[d_n,\ V_i]$，则 d_n 即为 $V_1 \rightarrow V_n$ 的最短距离，反向追踪可求出最短路径。

表 6-2 是图 6-33 根据 Dijkstra 算法计算的结果。

表 6-2　用 Dijkstra 算法计算的结果

终点	从 V_0 到其他各个结点的最短路径			
V_1	∞	∞	∞	∞
V_2	10 (V_0, V_2)	∞	∞	∞
V_3	∞	60 (V_0, V_2, V_3)	50 (V_0, V_4, V_3)	∞
V_4	30 (V_0, V_4)	∞	∞	∞
V_5	100 (V_0, V_5)	70 (V_0, V_2, V_3, V_5)	90 (V_0, V_4, V_5)	60 (V_0, V_4, V_3, V_5)
V_j	V_2	V_3	V_4	V_5

在实际应用中，采用 Dijkstra 算法计算两点之间的最短路径和求从一点到其他所有点的最短路径所需要的时间是一样的，算法时间复杂度为 $O(n^2)$。

（二）资源分配

资源分配网络模型由中心点（分配中心）及其状态属性和网络组成。资源分配有两种方式，一种是由分配中心向四周输出，另一种是由四周向中心集中。这种分配功能可以解决资源的有效流动和合理分配问题。它在地理网络中的应用与区位论中的中心地理论类似。在资源分配网络模型中，研究区可以是机能区，根据网络流的阻力等来研究中心的吸引区，为网络中的每一连接寻找最近的中心，以实现最佳的服务。它还可以用来指定可能的区域。

资源分配的应用包括消防站点分布和救援区划分、学校选址、垃圾收集站点分布，以及停水停电对区域的社会、经济影响估计等。

1. 负荷设计

负荷设计可用于估计排水系统在暴雨期间是否溢流、输电系统是否超载等。

2. 时间和距离估算

时间和距离估算除用于交通时间和交通距离分析外，还可模拟水、电等资源或能量在网络上的距离损耗。

（三）地址匹配

地址匹配实质是对地理位置的查询，它涉及地址的编码。地址匹配与其他网络分析功能结合起来，可以满足实际工作中非常复杂的分析要求。所需输入的数据，包括地址表和含地址范围的街道网络及待查询地址的属性值。

第五节　DEM 建立及分析

一、DEM 概述

（一）DEM 的含义

数字地形模型（DTM）是利用一个任意坐标系中大量已知的 X,Y,Z 坐标点，对连续地面的一个简单的统计表示，是带有空间位置特征和地形属性特征的数字描述。地形属性特征包括高程、坡度、坡向、土地利用等地面特征。数字地形模型最初是为了高速公路的自动设计提出来的（Miller，1956）。此后，它被用于各种线路（铁路、公路、输电线）选线的设计以及各种工程的面积、体积、坡度计算，任意两点间的通视判断及任意断面图绘制。在测绘中它被用于绘制等高线、坡度坡向图、立体透视图，制作正射影像图以及地图的修测。它是地理信息系统的基础数据，可用于土地利用现状的分析、合理规划及洪水险情预报等，在军事上可用于导航及导弹制导、作战电子沙盘等。

数字地形模型中地形属性为高程时称为数字高程模型（DEM）。数字高程模型通过有限的地形高程数据实现对地形曲面的数字化模拟，它是对二维地理空间上具有连续变化特征地理现象的模型化表达和过程模拟。DEM 通常用地表规则网格单元构成的高程矩阵表示，广义的 DEM 还包括等高线、三角网等所有表达地面高程的数字表示。在地理信息系统中，DEM 是建立 DTM 的基础数据，其他的地形要素可由 DEM 直接或间接导出，称为派生数据，如坡度、坡向。

(二) DEM 的研究内容

DEM 的研究内容包括数据获取方法、DEM 的构建、地学分析与应用等，如图 6-34 所示。

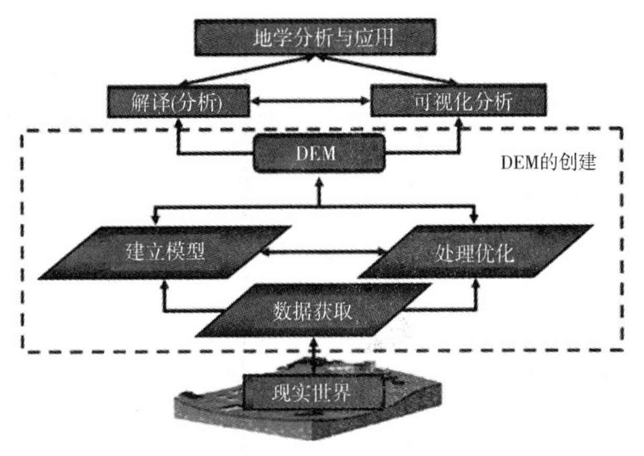

图 6-34　DEM 的研究内容

二、DEM 的表示

(一) DEM 的表示方法

一个地区的地表高程的变化可以采用多种方法表示，DEM 的表示方法主要分为数学方法和图形方法，如图 6-35 所示。

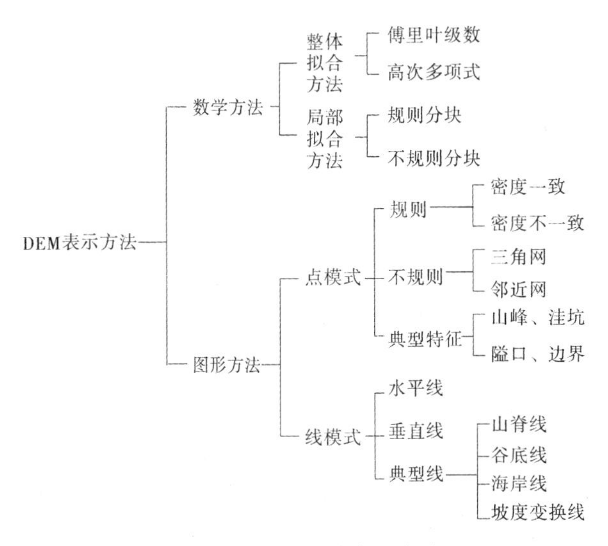

图 6-35　DEM 的表示方法

1. 数学方法

用数学方法来表达，可以采用整体拟合方法，即根据区域所有的高程点数据，用傅里叶级数和高次多项式拟合统一的地面高程曲面；也可用局部拟合方法，将复杂地表分成规则区域（如正方形）或面积大致相等的不规则区域进行分块搜索，根据有限个点进行拟合形成高程曲面。

2. 图形方法

1）点模式

用离散采样数据点表达 DEM。点可以按规则格网采样，也可以是不规则采样；点的密度可以是一致的或不一致的；也可以有选择性地采样，采集山峰、洼坑等典型特征点。

2）线模式

等高线是表示地形最常见的形式。其他的地形特征线也是重要信息源，如山脊线、谷底线等。

（二）DEM 的表示模型

1. 规则格网模型

通常是正方形规则网格，也可以是矩形、三角形等规则网格。规则网格将区域空间切分为规则的格网单元，每个格网单元对应一个数值，数学上可以表示为一个矩阵，在计算机实现中则是一个二维数组。每个格网单元或数组的一个元素对应一个高程值，格网 DEM 如图 6-36 所示。

91	78	63	50	53	63	44	55	43	25
94	81	64	51	57	62	50	60	50	35
100	84	66	55	64	66	54	65	57	42
103	84	66	56	72	71	58	74	65	47
96	82	66	63	80	78	60	84	72	49
91	79	66	66	80	80	62	86	77	56
86	78	68	69	74	75	70	93	82	57
80	75	73	72	68	75	86	100	81	56
74	67	69	74	62	66	83	88	73	53
70	56	62	74	57	58	71	74	63	45

图 6-36　格网 DEM

对于每个格网的数值有两种不同的解释。第一种是格网栅格观点，认为该格网单元的数值是其中所有点的高程值，即格网单元对应的地面面积内高程是均一的，这种数字高程模型是一个不连续的函数。第二种是点栅格观点，认为该网格单元的数值是网格中心点的高程或该网格单元的平均高程值，这样就需要用一种插值方法来计算每个点的高程。计算任何不是网格中心的数据点的高程值，使用周围 4 个中心点的高程值，采用距离加权平均方法进行计算，当然也可使用样条函数和克里金插值方法。

规则格网的高程矩阵，可以很容易地用计算机进行处理，特别是栅格数据结构的地理信息系统。它还可以很容易地计算等高线、坡度、坡向、山坡阴影范围和自动提取流域地形，使得它成为 DEM 最广泛使用的格式，目前许多国家的 DEM 数据都是以规则格网的数据矩阵形式提供的。格网 DEM 的缺点是不能准确表示地形的结构和细部，为避免这些问题，可附加地形特征数据，如地形特征点、山脊线、谷底线、断裂线，以描述地形结构。

格网 DEM 的另一个缺点是数据量过大，给数据管理带来不便，通常要进行压缩存储。DEM 数据的无损压缩可以采用普通的栅格数据压缩方式，如游程编码、块码等。但是由于 DEM 数据反映了地形的连续起伏变化，通常比较“破碎”，普通压缩方式难以达到很好的效果,因此对于网格 DEM 数据,可以采用哈夫曼编码进行无损压缩。有时,在丢失细节信息的前提下,可以对网格 DEM 进行有损压缩,通常的有损压缩大都是基于离散余弦变换(Discrete Cosine Transformation,简称 DCT)或小波变换(Wavelet Transformation)的。由于小波变换具有较好的保持细节的特性,近年来将小波变换应用于 DEM 数据处理的研究较多。

2. 等高线模型

用等高线模型表示高程,高程值的集合是已知的,每一条等高线对应一个已知的高程值,这样一系列等高线集合和它们的高程值一起就构成了一种地面高程模型。如图 6-37 所示为等高线。

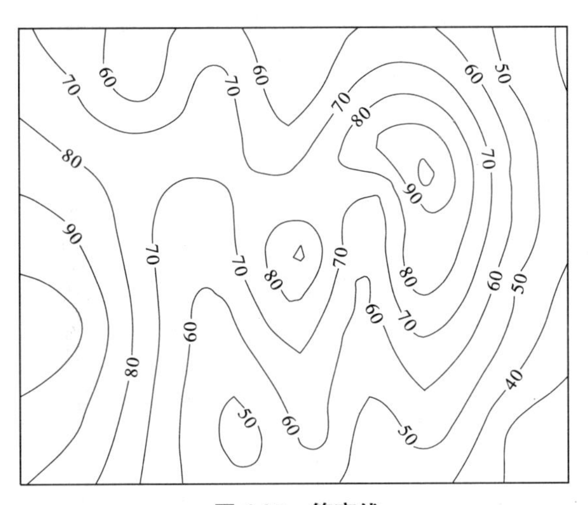

图 6-37　等高线

等高线通常被存成一个有序的坐标点对序列,可以认为是一条带有高程值属性的简单多边形或多边形弧段。由于等高线模型只表达了区域的部分高程值,往往需要一种插值方法来计算落在等高线外的其他点的高程,又因为这些点落在两条等高线包围的区域内,所以通常只使用外包的两条等高线的高程进行插值。

等高线通常可以用二维的链表来存储。还有一种方法是用图来表示等高线的拓扑关系,将等高线之间的区域表示成图的结点,用边表示等高线本身。此方法满足等高线闭合或与边界闭合、等高线互不相交两条拓扑约束。这类图可以改造成一种无圈的自由树。图 6-38为一个等高线图和它相应的自由树。其他还有多种基于图论的表示方法。

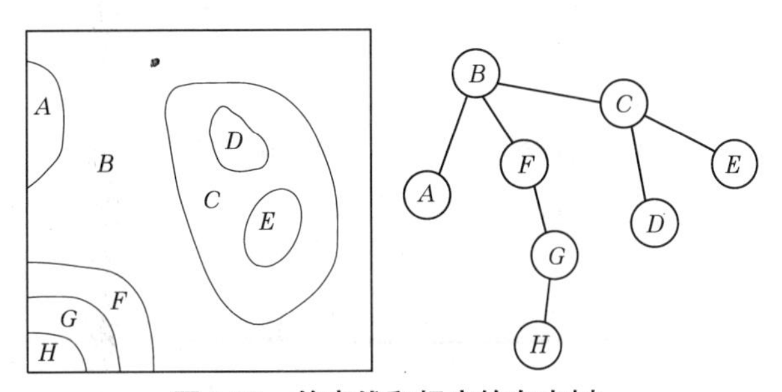

图 6-38　等高线和相应的自由树

3. 不规则三角网模型

尽管规则格网 DEM 在计算和应用方面有许多优点,但也存在许多难以克服的缺陷:

(1)在地形平坦的地方,存在大量的数据冗余;

(2)在不改变格网大小的情况下,难以表达复杂地形的突变现象;

(3)对某些计算,如通视问题,过分强调网格的轴方向。

不规则三角网(Triangulated Irregular Network, 简称 TIN)是另外一种表示数字高程模型的方法,它既能减少规则格网方法带来的数据冗余,同时在计算效率方面又优于纯粹基于等高线的方法。

TIN 模型根据区域有限个点集将区域划分为相连的三角面网络,区域中任意点落在三角面的顶点、边上或三角形内。如果点不在顶点上,该点的高程值通常通过线性插值的方法得到(在边上用边的两个顶点的高程,在三角形内则用三个顶点的高程)。所以,TIN 模型是一个三维空间的分段线性模型,在整个区域内连续但不可微。

TIN 的数据存储方式比格网 DEM 复杂,它不仅要存储每个点的高程,还要存储其平面坐标、结点连接的拓扑关系、三角形及邻接三角形等关系。TIN 模型在概念上类似于多边形网络的矢量拓扑结构,只是 TIN 模型不需要定义“岛”和“洞”的拓扑关系。

有许多种表达 TIN 拓扑结构的存储方式,一个简单的记录方式是:对于每一个三角形、边和结点都对应一个记录,三角形的记录包括三个指向它三个边的记录的指针;边的记录有四个指针字段,包括两个指向相邻三角形记录的指针和它的两个顶点的记录的指针;也可以直接对每个三角形记录其顶点和相邻三角形(见图 6-39)。每个结点包括三个坐标值的字段,分别存储 X,Y,Z 坐标。这种拓扑网络结构的特点是对于一个给定三角形查询其三个顶点高程和相邻三角形所用的时间是定长的,在沿直线计算地形剖面线时具有较高的效率。当然可以在此结构的基础上增加其他变化,以提高某些特殊运算的效率,例如在顶点的记录里增加指向其关联的边的指针。

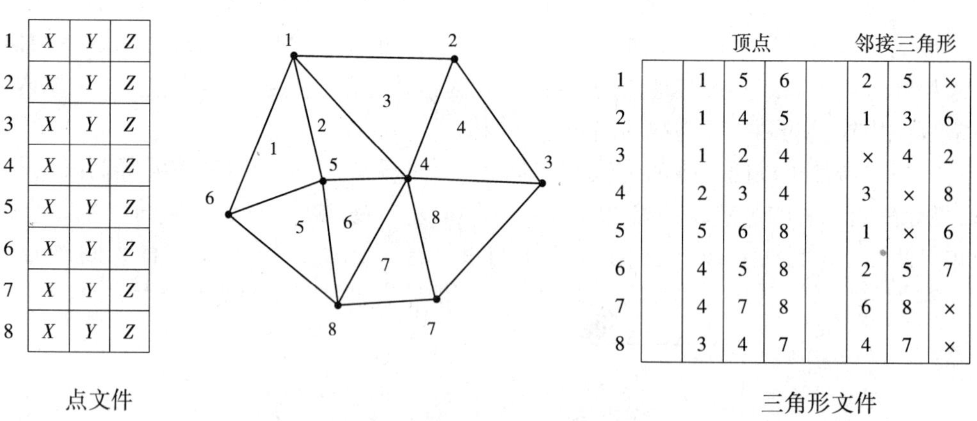

1	X	Y	Z
2	X	Y	Z
3	X	Y	Z
4	X	Y	Z
5	X	Y	Z
6	X	Y	Z
7	X	Y	Z
8	X	Y	Z

		顶点				邻接三角形		
1		1	5	6		2	5	×
2		1	4	5		1	3	6
3		1	2	4		×	4	2
4		2	3	4		3	×	8
5		5	6	8		1	×	6
6		4	5	8		2	5	7
7		4	7	8		6	8	×
8		3	4	7		4	7	×

图 6-39　TIN 的一种存储方式

不规则三角网数字高程由连续的三角面组成,三角面的形状和大小取决于不规则分布的测点,或结点的位置和密度。不规则三角网与高程矩阵方法的不同之处是随地形起伏变化的复杂性而改变采样点的密度和决定采样点的位置,因而它既能够避免地形平坦时的数据冗余,又能按地形特征点如山脊线、山谷线、地形变化线等表示数字高程特征。

4. 层次地形模型

层次地形模型(Layer of Details,简称 LOD)是一种表达多种不同精度水平的数字高程模型。大多数层次地形模型是基于不规则三角网模型的,通常不规则三角网的数据点越多精度越高，数据点越少精度越低，但数据点多则要求更多的计算资源。所以，如果在精度满足要求的情况下，最好使用尽可能少的数据点。层次地形模型允许根据不同的任务要求选择不同精度的地形模型。层次地形模型的思想很理想，但在实际运用中必须注意以下几个重要的问题：

(1)层次地形模型的存储问题，很显然，与直接存储不同，按层次存储数据必然导致数据冗余。

(2)自动搜索的效率问题，例如搜索一个点可能先在最粗的层次上搜索，再在更细的层次上搜索，直到找到该点。

(3)三角网形状的优化问题，例如可以使用 Delaunay 三角剖分。

(4)模型能允许根据地形的复杂程度采用不同详细层次的混合模型，例如，对于飞行模拟，近处时必须显示比远处更为详细的地形特征。

(5)在表达地貌特征方面应该一致，例如，如果在某个层次地形模型上有一个明显的山峰，在更细层次地形模型上也应该有这个山峰。

这些问题目前还没有一个公认的最好的解决方案，仍需进一步深入研究。

三、DEM 的建立

DEM 建立的核心内容是数据采集和模型的构建。为了建立 DEM，必须量测一些点的三维坐标，这就是 DEM 数据采集。

(一)DEM 数据采集方法

1. 直接地面测量

直接利用 GPS、全站仪等在野外实测，量测计算目标点的 x, y, z 三维坐标。这种方法适用于建立小范围大比例尺(比例尺大于 1:5 000)区域的 DEM，对高程的精度要求较高。

2. 现有地图数字化

即利用数字化仪对已有地图上的信息(如等高线)进行数字化的方法，目前常用的数字化仪有手扶跟踪数字化仪和扫描数字化仪。以国家近期的大比例尺的地图为数据源，采用数字化的方法，采集已有地图上的有关信息(如等高线、高程值)，从中量取中等密度地面点集的数据，并采集附加地形特征数据。该方法适用于各种尺度 DEM 的建立，但其所表示的几何精度和内容详尽程度有很大差别。

3. 数字摄影测量方法

这是 DEM 数据采集最常用的方法之一。由航空或航天遥感立体像对，用摄影测量的方法沿等高线、断面线、地性线等进行采样或者直接进行规则格网采样，量取密集点的数据(平面坐标 X, Y 和高程 Z)。该方法适用于高精度大范围的 DEM 的建立。

4. 空间传感器

利用全球定位系统 GPS，结合雷达和激光测高仪等进行数据采集。LIDAR(Light Detection And Ranging)也叫机载激光雷达，是一种安装在飞机上的机载激光探测和测距系统，是一种新型的快速测量系统，可以全天候、全天时、高速获取、高精度直接联测地面物体各个点的三维坐标。

(二)模型的创建

1. 构造空间结构

空间结构的构造过程即为 DEM 的格网化过程(形成格网)。空间结构一般是规则的

(如规则格网),或不规则的(如不规则三角网)。

1)规则格网

根据采集的离散点数据,采取正方形、三角形、矩形等相应的格网,格网的核心问题是分辨率,即格网的大小。

2)不规则三角网

不规则三角网是根据区域有限个点集将区域分为相连的三角面网络。下面讲述不规则三角网模式的数字高程模型空间结构构建过程。

首先,取任意一点 P_1,在其余各点中寻找与此点距离最近的点 P_2,连接 P_1P_2 构成第一边,按距离最近原则在其余所有点中寻找第三点到此边中点距离最短的点构成第二个三角形。接着,对每一个已生成的三角形的新增加的两边,按距离最近原则向外进行扩展,并进行是否重复的检测,即任意一边最多只能是两个三角形的公共边;最后,把所有的点全部连入三角网中,构成互不相交、互不重叠的不规则三角网。

此外,还可以采用角度判断法建立 TIN,当已知三角形的两个顶点后,利用余弦定理计算备选第三顶点的三角形内角的大小,选择最大者对应的点为该三角形的第三顶点。对每一个已生成的三角形的新增加的两边,按角度最大的原则向外进行扩展,直到把所有的点全部连入三角网中,构成不规则三角网。

注意:为了获得最佳三角形,应尽可能保证每个三角形是锐角三角形或三边的长度近似相等,避免出现过大的钝角和过小的锐角。

2. 确定属性域函数

数字高程模型的属性域函数为高程。

3. 确定内插函数,求取任意点的高程值

建立 DEM 的最核心问题,即根据采样点的值内插计算格网点上的高程值。内插是指根据分布在内插点周围的已知参考点的高程值求出未知点的高程值,它是 DEM 的最核心问题,贯穿于 DEM 的生产、质量控制、精度评定、分析应用的各个环节。

随着 DEM 的发展和完善,已经提出了多种高程内插方法。根据不同的分类标准,有不同的内插分类方法。例如按数据分布规律分类,有基于规则分布数据的内插方法、基于不规则分布数据的内插方法和适合于等高线数据的内插方法等;按内插点的分布范围分类,分为整体内插、局部内插和逐点内插等方法;从内插曲面与参考点的关系方面分类,又分为曲面通过所有采样点的纯二维内插方法和曲面不通过参考点的曲面拟合内插方法;从内插函数的性质来讲,有多项式内插、样条内插、有限元内插和最小二乘配置内插等方法;从对地形曲面理解的角度分类,有克里金内插、多层曲面叠加内插、加权平均值内插、分形内插和傅里叶级数内插等方法。表 6-3 对各种 DEM 内插分类方法进行了简要的总结和归纳。

1)整体内插

整体内插是指在整个区域用一个数学函数来表达地形曲面。整体内插函数通常是高次多项式,要求地形采样点的个数大于或等于多项式的系数数目。整体内插方法有整个区域上函数的唯一性、能得到全局光滑连续的 DEM、充分反映宏观地形特征等优点。但由于整体内插函数往往是高次多项式,它也有保凸性较差、不容易得到稳定的数值解、多项式系数的物理意义不明显、解算速度慢且对计算机容量要求较高、不能提供内插区域的局部地形特征等缺点。在 DEM 内插中,整体内插方法一般与局部内插方法配合使用,例如在使用局部内插方法前，利用整体内插方法去掉不符合总体趋势的宏观地物特征。另外，也可用整体内插方法来进行地形采样数据中的粗差检测。

表 6-3　DEM 内插分类方法

<table>
<tr><td rowspan="18">DEM 内插</td><td rowspan="3">数据分布</td><td colspan="2">规则分布内插</td></tr>
<tr><td colspan="2">不规则分布内插</td></tr>
<tr><td colspan="2">等高线数据内插</td></tr>
<tr><td rowspan="3">内插范围</td><td colspan="2">整体内插</td></tr>
<tr><td colspan="2">局部内插</td></tr>
<tr><td colspan="2">逐点内插</td></tr>
<tr><td rowspan="2">内插曲面与
参考点关系</td><td colspan="2">纯二维内插</td></tr>
<tr><td colspan="2">曲面拟合内插</td></tr>
<tr><td rowspan="6">内插函数性质</td><td rowspan="3">多项式内插</td><td>线性内插</td></tr>
<tr><td>双线性内插</td></tr>
<tr><td>高次多项式内插</td></tr>
<tr><td colspan="2">样条内插</td></tr>
<tr><td colspan="2">有限元内插</td></tr>
<tr><td colspan="2">最小二乘配置内插</td></tr>
<tr><td rowspan="5">地形曲面理解</td><td colspan="2">克里金内插</td></tr>
<tr><td colspan="2">多层曲面叠加内插</td></tr>
<tr><td colspan="2">加权平均值内插</td></tr>
<tr><td colspan="2">分形内插</td></tr>
<tr><td></td><td colspan="2">傅里叶级数内插</td></tr>
</table>

2）局部内插

局部内插是将地形区域按一定的方法进行分块，对每一分块，根据其地形曲面特征单独进行曲面拟合和高程内插。一般按地形结构线或规则区域进行分块，分块的大小取决于地形的复杂程度、地形采样点的密度和分布。为保证相邻分块之间的曲面平滑连接，相邻分块之间要有一定宽度的重叠，或者对内插曲面补充一定的连续性条件。这种方法简化了地形的曲面形态，使得每一分块可用不同的曲面表达，同时得到光滑连续的空间曲面。不同的分块单元可以使用不同的内插函数。常用的内插函数有线性内插、双线性内插、高次多项式内插、样条内插、多层曲面叠加内插等函数。

3）逐点内插

逐点内插是以内插点为中心，确定一个邻域范围，用落在邻域范围内的采样点计算内插点的高程值。逐点内插本质上是局部内插，但与局部内插不同的是，局部内插中的分块范围一经确定，在整个内插过程中其大小、形状和位置是不变的，凡是落在该块中的内插点，都用该块中的内插函数进行计算，而逐点内插法的邻域大小、形状、位置乃至采样点个数随内插点的位置而变动，一套数据只用来进行一个内插点的计算。

使用逐点内插方法要注意两个问题：一是选择合适的内插函数，内插函数决定着 DEM 精度、DEM 连续性、内插点邻域的最小采样点个数和内插计算效率；二是确定内插点邻域，内插点的邻域大小和形状、邻域内参加内插计算的数据点的个数、采样点的权重、采样点的分布、附加信息等不仅会影响到 DEM 的内插精度，也影响到内插速度。逐点内插方法计算简单，内插效率较高，应用比较灵活，是目前较为常用的一类 DEM 内插方法。

在建立 DEM 时，要根据情况选择合适的、运算效率高的方法。而众多内插方法并不是独立的，而往往是相互结合使用。

4. DEM 的建立

DEM 的建立过程是一个模型建立过程。从模型论角度讲，就是将源域（地形）表现为另一个域（目标域或 DEM）中的一种结构，建模的目的是对复杂的客体进行简化和抽象，并把对客体（源域，在 DEM 中为地形起伏）的研究转移到对模型的研究上来。

在模型建立之初，首先要为模型构造一个合适的空间结构。空间结构是为把特定区域内的空间目标镶嵌在一起而对区域进行的划分，划分出的各个空间范围称为位置区域或空间域。

建立在空间结构基础上的模型由 n 个空间域的有限集合组成。由于空间数据包含位置特征和属性特征，而属性特征是定义在位置特征上的，因此每一个空间域就是由空间结构到属性域的计算函数或域函数。模型的可计算性要求有两点：一是空间域的数量、属性域和空间结构是有限的，二是域函数是可计算的。构筑模型的一般内容和过程为：

（1）采用合适的空间模型构造空间结构；

（2）采用合适的属性域函数；

（3）在空间结构中进行采样，构造空间域函数；

（4）利用空间域函数进行分析。

当空间结构为欧几里德平面，属性域是实数集合时，模型为一自然表面。将欧几里德平面充当水平的 XY 平面，在属性域给出 Z 坐标（或高程），模型即为数字高程模型。

对于数字高程模型而言，空间结构的构造过程即为 DEM 的格网化过程（形成格网），属性值为高程，构造空间域函数即为内插函数的确定，利用空间域函数进行分析就是求取格网点的函数值。

5. 格网 DEM 的建立

DEM 是在二维空间上对三维地形表面的描述。构建 DEM 的整体思路是首先在二维平面上对研究区域进行格网划分（格网大小取决于 DEM 的应用目的），形成覆盖整个区域的格网空间结构，然后利用分布在格网点周围的地形采样点内插计算格网点的高程值，最后按一定的格式输出，形成该地区的格网 DEM。格网 DEM 的建立流程见图 6-40。

四、DEM 分析

（一）基于 DEM 的信息提取

1. 坡度、坡向

坡度定义为水平面与局部地表之间的正切值。它包含两个成分：斜度，即高度变化的最大值比率（常称为坡度）；坡向，即变化比率最大值的方向。地貌分析还可能用到二阶差分凸率或凹率。比较通用的度量方法是：斜度用百分比度量，坡向按从正北方向起算的角度测

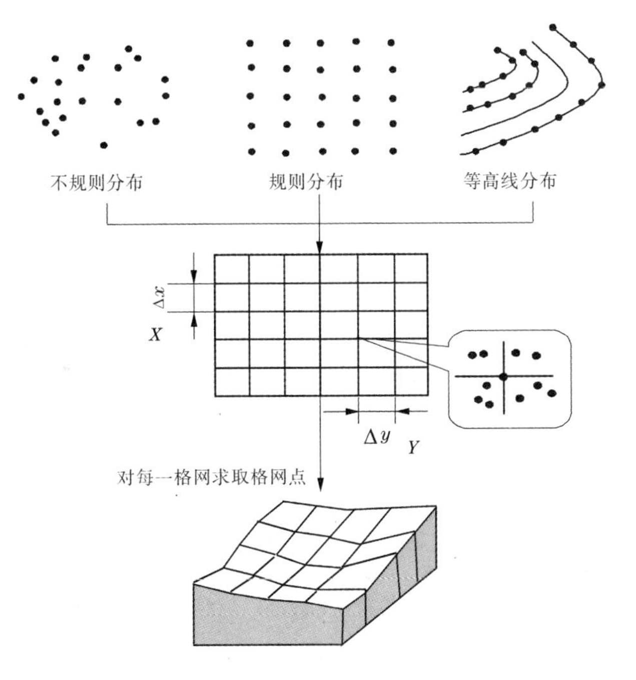

图 6-40　格网 DEM 的建立流程

量，凸率按单位距离内斜度的度数测量。

坡度和坡向的计算通常使用 3×3 窗口，窗口在 DEM 高程矩阵中连续移动后，完成整幅图的计算。坡度的计算如下：

$$\tan\beta = \left[\left(\frac{\sigma_z}{\sigma_x}\right)^2 + \left(\frac{\sigma_z}{\sigma_y}\right)^2\right]^{\frac{1}{2}} \tag{6-3}$$

坡向计算如下：

$$\tan A = \frac{-\dfrac{\sigma_z}{\sigma_y}}{\dfrac{\sigma_z}{\sigma_x}} \quad (-\pi < A < \pi) \tag{6-4}$$

为了提高计算速度和精度，GIS 通常使用二阶差分法计算坡度和坡向，最简单的有限二阶差分法是按下式计算点 i,j 在 x 方向上的斜度：

$$\left(\frac{\sigma_z}{\sigma_x}\right)_{ij} = \frac{z_{i+1,j} - z_{i-1,j}}{2\sigma_x} \tag{6-5}$$

式中，σ_x 是格网间距（沿对角线时 σ_x 应乘以$\sqrt{2}$）。

这种方法计算八个方向的斜度，运算速度也快得多。但地面高程的局部误差将引起严重的坡度计算误差，可以用数字分析方法来得到更好的结果，用数字分析方法计算东西方向的坡度公式如下：

$$\left(\frac{\sigma_z}{\sigma_x}\right)_{ij} = \frac{[(z_{i+1,j+1} + 2z_{i+1,j} + z_{i+1,j-1}) - (z_{i-1,j+1} + 2z_{i-1,j} + z_{i-1,j-1})]}{8\sigma_x} \tag{6-6}$$

同理，可以写出其他方向的坡度计算公式。

2. 剖面积、体积

1)剖面积

根据工程设计的线路,可计算其与 DEM 各格网边的交点 $P_i(X_i, Y_i, Z_i)$,则线路剖面积为:

$$S = \sum_{i=1}^{n-1}\left(\frac{Z_i + Z_{i+1}}{2} \cdot D_{i,i+1}\right) \tag{6-7}$$

其中,n 为交点数;$D_{i,i+1}$为 P_i 与 P_{i+1}之间的距离。同理,可计算任意横断面及其面积。

2)体积

DEM 体积由四棱柱(无特征的格网)与三棱柱体积进行累加得到,四棱柱上表面用抛物双曲面拟合,三棱柱上表面用斜平面拟合,下表面均为水平面或参考平面,计算公式分别为:

$$\left.\begin{aligned} V_3 &= \frac{Z_1 + Z_2 + Z_3}{3} \cdot S_3 \\ V_4 &= \frac{Z_1 + Z_2 + Z_3 + Z_4}{4} \cdot S_4 \end{aligned}\right\} \tag{6-8}$$

其中,S_3 与 S_4 分别是三棱柱与四棱柱的底面积。

根据两个 DEM 可计算工程中的挖方、填方及土壤流失量。

(二)基于 DEM 的可视化

1. 剖面分析

研究地形剖面,常常可以以线代面,研究区域的地貌形态、轮廓形状、地势变化、地质构造、斜坡特征、地表切割强度等。如果在地形剖面上叠加上其他地理变量,例如坡度、土壤、植被、土地利用现状等,可以提供土地利用规划、工程选线和选址等的决策依据。

剖面图的绘制应在格网 DEM 或三角网 DEM 上进行。已知两点的坐标 $A(x_1, y_1)$,$B(x_2, y_2)$,则可求出两点连线与格网或三角网的交点,以及各交点之间的距离。然后按选定的垂直比例尺和水平比例尺,按距离和高程绘出剖面图。图 6-41 为剖面图绘制示意图。

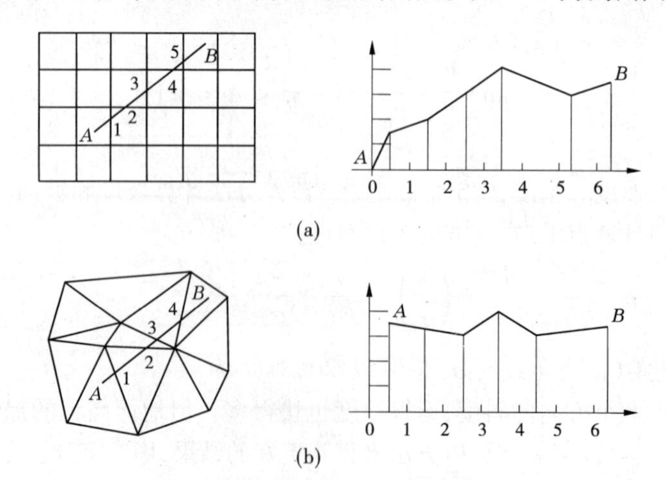

图 6-41 剖面图绘制示意图

在格网或三角网上交点的高程通常可采用简单的线性内插算出,且剖面图不一定必须沿直线绘制,也可沿一条曲线绘制,其绘制方法仍然是相同的。

2. 通视分析

通视分析是指以某一点为观察点,研究某一区域的通视情况。通视问题可以分为五类:①已知一个或一组观察点,找出某一地形的可见区域;②欲观察到某一区域的全部地形表面,计算最少观察点数量;③在观察点数量一定的前提下,计算能获得的最大观察区域;④以最小代价建造观察塔,要求全部区域可见;⑤在给定建造代价的前提下,求最大可见区。

通视分析的核心是通视图的绘制。绘制通视图的基本方法是:以 0 为观察点,对格网 DEM 或三角网 DEM 上的每个点判断通视与否,通视赋值为 1,不通视赋值为 0。由此可形成属性值为 0 和 1 的格网或三角网。然后以 0.5 为值追踪等值线,即得到以 0 为观察点的通视图。因此,判断格网或三角网上的某一点是否通视成为关键。

另一种利用 DEM 绘制通视图的方法是:以观察点 0 为轴,以一定的方位角间隔算出 0°~360°的所有方位线上的通视情况。对于每条方位线,通视的地方绘线,不通视的地方断开,或相反。这样可得出射线状的通视图。判断通视与否的方法与前述类似。

根据问题输出维数的不同,通视可分为点的通视、线的通视和面的通视。点的通视是指计算视点与待判定点之间的可见性问题;线的通视是指已知视点,计算视点的视野问题;面的通视是指已知视点,计算视点可视的地形表面区域集合的问题。基于格网与基于三角网的 DEM 计算通视的方法差异很大。

1)点对点通视

格网 DEM 的通视问题,为了简化问题,可以将格网点作为计算单位。这样点对点的通视问题就简化为离散空间直线与某一地形剖面线的相交问题,如图 6-42 所示,图上灰色区域为不可见区域。

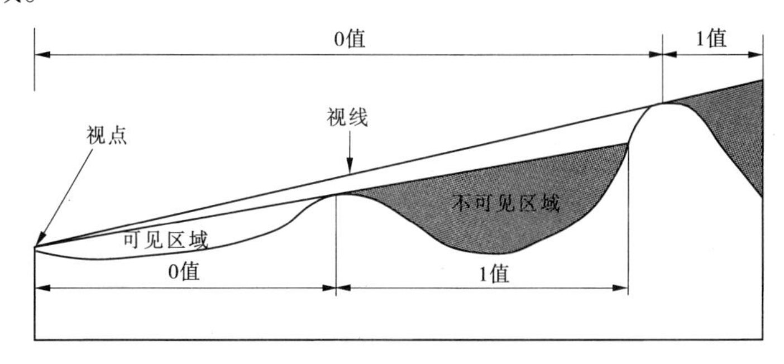

图 6-42　通视分析

2)点对线通视

点对线的通视,实际上就是求点的视野。应该注意的是,在视野线之外的任何一个地形表面上的点都是不可见的,但在视野线内的点有可能可见,也可能不可见。

3)点对面通视

点对面的通视算法是点对点算法的扩展。与点对线通视问题相同,P 点沿数据边缘顺时针移动。逐点检查视点至 P 点的直线上的点是否通视。一个改进的算法思想是,视点到 P 点的视线遮挡点,最有可能是地形剖面线上高程最大的点。因此,可以将剖面线上的点按高程值进行排序,按降序依次检查排序后每个点是否通视,只要有一个点不满足通视条件,其余点不再检查。点对面的通视实质仍是点对点的通视,只是增加了排序过程。

思考题

1. 什么是空间数据的查询?
2. 查询种类有哪些? 实现方式如何?
3. 什么是叠置分析? 矢量数据的叠置有什么作用?
4. 栅格数据的叠置与矢量数据的叠置有什么不同?
5. 什么是缓冲区分析? 请举例说明它的用途。
6. 常用的网络分析有什么? 请举几个例子说明其对 GIS 应用的价值。
7. DEM 如何建立? 它有什么用途?

第七章　地理信息系统产品输出

【导读】:地理空间数据在 GIS 中经过分析处理后,所得到的分析和处理结果必须以某种可以感知的形式表现出来,以供 GIS 用户使用。GIS 产品输出是指将 GIS 分析或查询检索结果表示为某种用户需要的、可理解的形式的过程。输出产品的表现形式可以是各种地图、图表、图像、数据报表或文字说明及多媒体形式等,其中地图图形输出是地理信息系统的主要表现形式。

第一节　地理信息系统产品输出类型

地理信息系统产品是指由系统处理、分析,可以直接供研究、规划和决策人员使用的产品,其形式有地图、图像、统计图表以及各种格式的数字产品等。地理信息系统产品是系统中数据的表现形式,反映了地理实体的空间特征和属性特征。

一、地图

地图是空间实体的符号化模型,是地理信息系统产品的主要表现形式(见图 7-1)。地图有纸质地图和电子地图(数字化地图)之分。在 GIS 中所说的地图主要是电子地图。

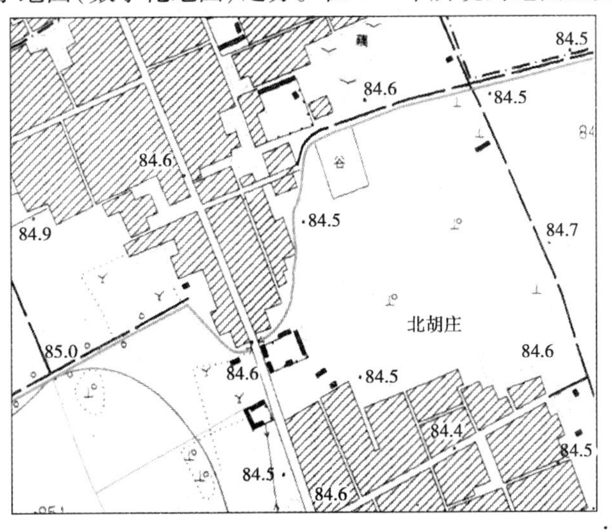

图 7-1　普通地图

根据地理实体的空间形态,常用的地图种类有点位符号图、线状符号图、面状符号图、等值线图、三维立体图、晕渲图等。点位符号图在点状实体或面状实体的中心以制图符号表示实体质量特征;线状符号图采用线状符号表示线状实体的特征;面状符号图在面状区域内用填充模式表示区域的类别及数量差异;等值线图将曲面上等值的点以线划连接起来表示曲面的形态;三维立体图采用透视变换产生透视投影,使读者对地物产生深度感并表示三维曲面的起伏；晕渲图以地物对光线的反射产生的明暗度使读者对二维表面产生起伏感，从而达到表示立体形态的目的（见图 7-2）。

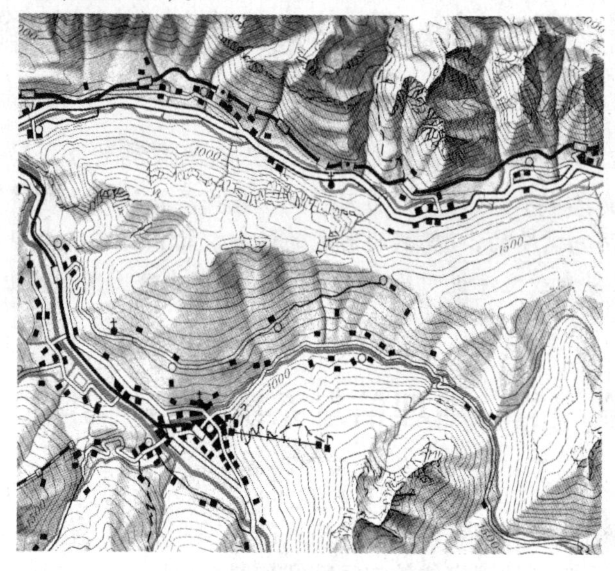

图 7-2　晕渲图

二、图像

图像也是空间实体的一种模型，它不采用符号化的方法，而是采用人的直观视觉变量（如灰度、颜色、模式）表示各空间位置实体的质量特征。它一般将空间范围划分为规则的单元（如正方形），然后再根据几何规则确定的图像平面的相应位置，用直观视觉变量表示该单元的特征。图 7-3、图 7-4 为由喷墨打印机输出的部分正射影像地图和三维模拟建筑图。

图 7-3　正射影像地图

图 7-4　三维模拟建筑图

三、统计图表

非空间信息可采用统计图表表示。统计图表将实体的特征和实体间与空间无关的相互关系用图形表示，将与空间无关的信息传递给使用者，使得使用者对这些信息有全面、直观的了解。统计图表常用的形式有柱状图、饼状图、扇形图、直方图、等值线图、折线图和散点图等。统计表格将数据直接表示在表格中，使读者可直接看到具体数据值。如图 7-5 所示为全国降水量预报等值线图，从图中可以清晰地看出预报的降水情况。如图 7-6 所示为某地人口分布散点图，从图中可以很清晰地看出该地的人口分布情况。

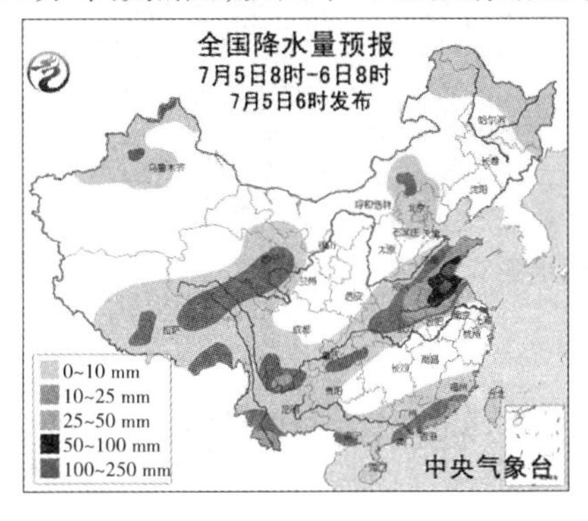

图 7-5　全国降水量预报等值线图

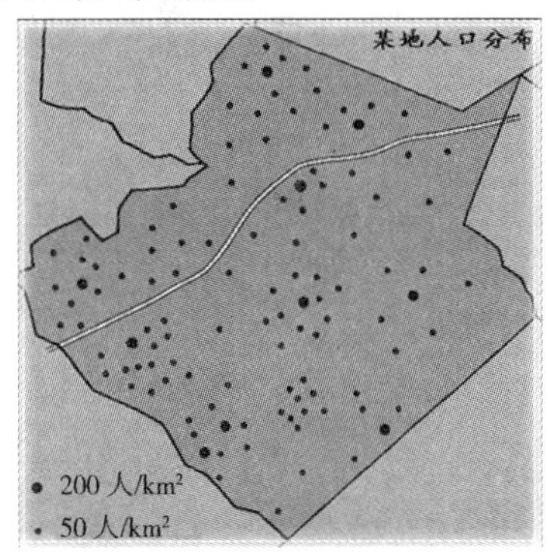

图 7-6　某地人口分布散点图

随着数字图像处理系统、地理信息系统、制图系统以及各种分析模拟系统和决策支持系统的广泛应用，数字产品成为广泛采用的一种产品形式，对其提供的信息作进一步的分析和输出，使得多种系统的功能得到综合。数字产品的制作与输出是将系统内的数据转换成一种较为直观的数据形式。图 7-7 为某县粮食产量饼状图，用不同颜色的扇形表示不同种类的粮食产量。图 7-8 是山东省各市耕地人口密度颜色渐变色图，从图上可以直观地看出各市耕地人口密度情况。

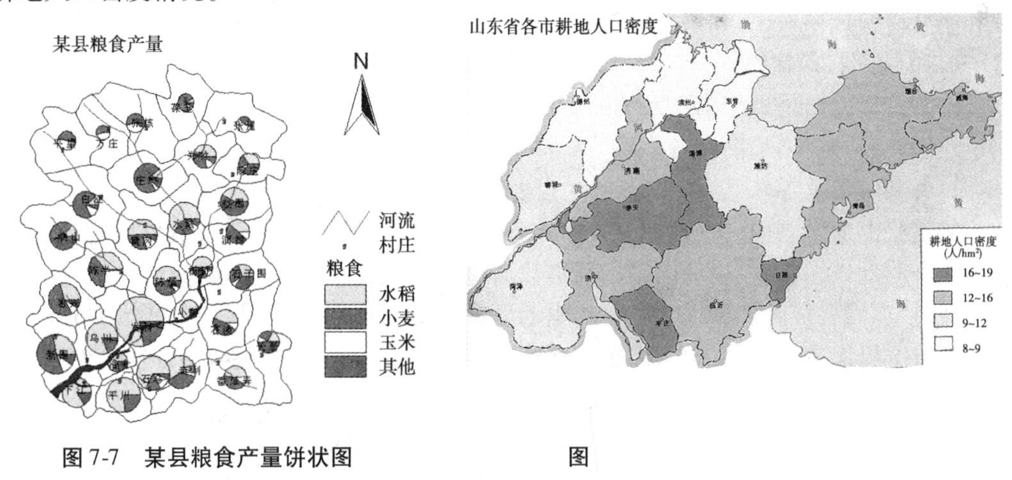

图 7-7　某县粮食产量饼状图

图

四、三维模型和虚拟环境

三维模型主要是指 GIS 分析结果的虚拟数字产品，
字城市、三维仿真地图等。虚拟环境是基于三维虚拟现
景。图 7-9 为数字杭州地图。

图 7-9　数字杭州地图

第二节　地理信息系统图形输出系统设计

一、地理信息输出方式

GIS 产品的输出系统除必需的硬件设备外,还必须有相应的软件支持。一般来说,地理信息系统分析和处理的过程或结果可以通过两种方式输出:屏幕显示和绘图打印输出。

(一)屏幕显示

屏幕显示是通过显示设备将地理信息系统的分析和处理结果等信息以字符、数字和图形的形式在荧光屏上直观地显示出来,同时用户可以利用键盘、鼠标、光笔等装置对图形进行实时处理。这种方式较适合系统与用户交互式的快速显示,主要用于日常的空间信息管理和小型科研成果输出,如果需要保存显示结果,可以用屏幕摄影方式做硬拷贝。

(二)绘图打印输出

绘图打印输出是地理信息系统的主要输出方式,绘图设备根据输出形式不同可以分为矢量绘图设备和栅格绘图设备。

1. 矢量绘图设备

矢量绘图通常采用矢量数据方式输入,根据坐标数据和属性数据将其符号化,然后通过绘图指令驱动绘图设备;也可以采用栅格数据作为输入,将绘图范围划分为单元,在每一单元中通过点、线构成颜色、模式表示,其驱动设备的指令依然是点、线。矢量绘图指令在矢量绘图设备上可以直接实现,也可以在栅格绘图设备上通过插补将点、线指令转化为需要输出的点阵单元,其质量取决于绘图单元的大小。在图形视觉变量的形式中,符号形状可以通过数学表达式、连接离散点、信息块等方法形成;颜色采用笔的颜色表示;图案通过填充方法按设定的排列方向进行填充。

常用的矢量绘图设备主要是矢量绘图仪。绘图仪种类较多,有彩色和黑白之分,在性能有高、中、低档之分。不同功能的绘图仪主要用途不同,有绘图用绘图仪(如平板绘图7-10))、刻膜用绘图仪(见图 7-11)和感光用绘图仪。

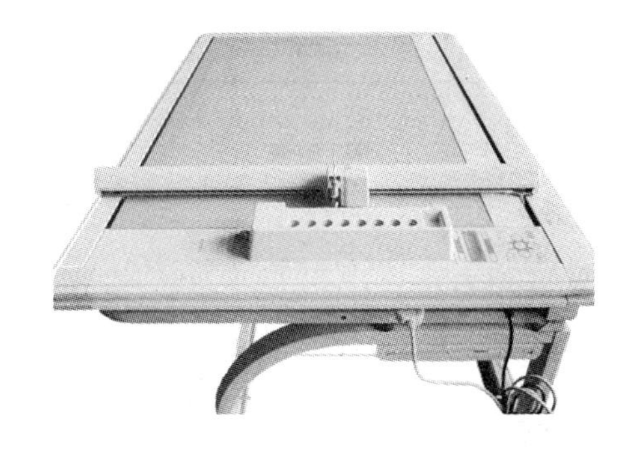

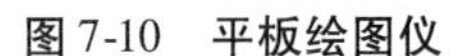

图 7-10　平板绘图仪

图 7-11　刻膜用绘图仪

2. 栅格绘图设备

栅格绘图设备主要是打印机，一般是直接由栅格方式进行的，可使用以下几种打印机：

(1)点阵打印机(针式打印机)：点阵打印是利用打印机打印头内的点阵撞针去撞击色带，而使色带上的油墨在打印介质上生成打印效果。它的点精度达 0.141 mm，可打印比例准确的彩色地图，且设备便宜，成本低，速度与矢量绘图相近，但渲染图比矢量绘图均匀，便于小型地理信息系统采用，目前主要问题是解析度低，且打印幅面有限，大的输出图需进行图幅拼接(见图 7-12)。

(2)喷墨打印机(喷墨绘图仪)：是高档的点阵输出设备，输出质量高、速度快，随着技术的不断完善与价格的降低，目前已经取代矢量绘图仪的地位，成为 GIS 产品主要的输出设备(见图 7-13)。

(3)激光打印机：是一种既可用于打印又可用于绘图的设备，是利用碳粉附着在纸上而成像的一种打印机。由于打印机内部使用碳粉，属于固体，而激光光束又有不受环境影响的特性，所以激光打印机可以长年保持印刷效果清晰细致，印在任何纸张上都可得到好的效果。激光打印机绘制的图像品质高、绘制速度快，有很好的发展前景。

图 7-12　针式打印机

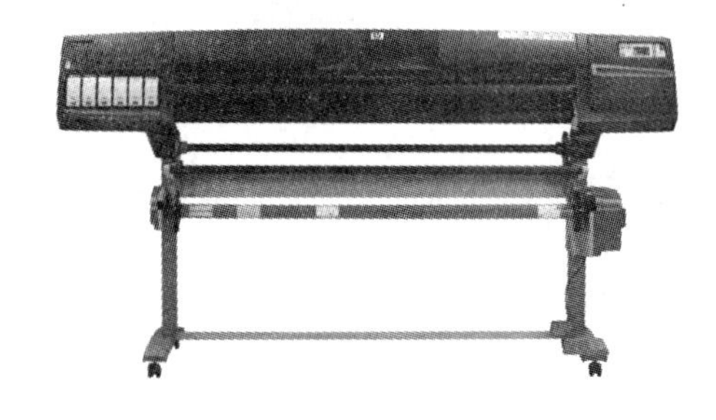

图 7-13　喷墨绘图仪

总的来说，地理信息系统图形输出设备主要有绘图仪、打印机、显示器、胶片记录机等。表 7-1 对各种设备的优缺点进行了比较分析，用户可根据需要选择合适的输出设备。

表 7-1　主要图形输出设备一览表

设备	图形输出方式	精度	特点
矢量绘图仪	矢量线划	高	适合绘制一般的线划地图,还可以进行刻图等特殊方式的绘图
喷墨打印机	栅格点阵	高	可制作彩色地图与影像地图等各类精致地图制品
高分辨彩显	屏幕像元点阵	一般	实时显示 GIS 的各类图形、图像产品
行式打印机	字符点阵	差	以不同复杂度的打印字符输出各类地图,精度差,变形大
胶片记录机	光栅	较高	可将屏幕图形复制至胶片上,用于制作幻灯片或正胶片

二、地理信息系统图形输出系统

地理信息系统图形输出系统是由硬件设备和软件系统组成的,用于显示 GIS 数据处理与分析结果。硬件设备主要靠设备生产厂家提供。因此,要提高地理信息系统输出产品的质量,就必须做好地理信息系统软件图形输出设计。GIS 软件系统都具有图形输入和输出功能,主要包括图形输入输出、外部转换、符号设计三部分,图形输出软件还应具有友好的界面窗口,采用菜单、窗口等技术使操作方便,便于用户使用。

(一)基本理论

1. 图形坐标系

1)世界坐标系与大地坐标系

世界坐标系,也称为用户坐标系,图形入库时一般采用该坐标系,它通常是由用户自己选定的,与机器设备无关。大地坐标系(Geodetic Coordinates)是地理坐标系的一种,坐标系起算点一般为由国家或地区选定的大地原点,用大地纬度(B)和大地精度(L)来表示地面点在参考椭球面上投影位置的坐标。中国于 20 世纪 50 年代和 80 年代分别建立了 1954 北京坐标系和 1980 西安坐标系,测制了各种比例尺地形图。1954 北京坐标系采用的是克拉索夫斯基椭球体为参考椭球体,以北京某地为坐标原点。1980 西安坐标系采用 1975 年国际大地测量与地球物理学联合会第十六届大会推荐的参考椭球参数,选定陕西省泾阳县永乐镇设立新的大地原点。2008 年 7 月 1 日起,中国全面启用 2000 国家大地坐标系,2000 国家大地坐标系是全球地心坐标系在我国的具体体现,其原点为包括海洋和大气的整个地球的质心。

2)输出设备的物理坐标系与逻辑坐标系

用户在设计、描述图形对象时,使用的是对象所在的世界坐标系(用户坐标系),而在图形输出时要使用与物理坐标参数有关的设备坐标系(Device Coordinates,简称 DC)。每种图形设备都有自己的坐标系,它是物理设备的输入输出(I/O)空间,例如绘图仪使用绘图坐标系,其坐标原点在板面的左下角;图形显示器使用的是荧屏坐标系,其坐标原点大都在屏幕左上角。为了方便图形的输出,在世界坐标系和设备坐标系之间定义了一个与设备无关的规范化设备坐标系(Normalized Device Coordinates,简称 NDC),这种坐标系的取值范围可以是[0,1],也可以是 0 ~65535 的整数。为区别输出设备的物理坐标系,这种坐标系称为逻辑坐标系。

2. 颜色模型和颜色空间

颜色模型是指某个三维颜色空间中的一个可见光子集，它包含某个颜色域的所有颜色。颜色模型有多种，主要有 RGB、HSI、CHL、LAB、CMY HSV 等。它们在不同的行业各有应用。例如彩色显示器使用的 RGB 模型。这里主要介绍常用的 RGB 模型、CMY 模型和 HSI 模型。

(1) RGB 表示三基色定理。红(R)、绿(G)、蓝(B)三色通过叠加形成一种混合色。RGB 色彩模式是工业界的一种颜色标准，是通过对红(R)、绿(G)、蓝(B)三个颜色通道的变化以及它们相互之间的叠加来得到各式各样的颜色的，RGB 即是代表红、绿、蓝三个通道的颜色，这个标准几乎包括了人类视力所能感知的所有颜色，是目前运用最广的颜色系统之一。

RGB 颜色称为加成色，通过将 R、G 和 B 添加在一起(即所有光线反射回眼睛)可产生白色。加成色用于照明光、电视和计算机显示器。例如，显示器通过红色、绿色和蓝色荧光粉发射光线产生颜色。绝大多数可视光谱都可表示为红、绿、蓝三色光在不同比例和强度上的混合。每种颜色的数值越高，色彩越明亮。R、G、B 都为 0 时是黑色，都为 255 时是白色，这些颜色若发生重叠，则产生青、品红和黄。

如图 7-14 所示为 RGB 三维彩色模型。添加颜色 R、G、B，使混合色与样本色的匹配过程可以用数学公式表示为

$$C = rR + gG + bB \tag{7-1}$$

式中，C 为样本色；r、g、b 为 C 的匹配系数，r、g、b 满足：

$$0 \leqslant r \leqslant 1,\ 0 \leqslant g \leqslant 1,\ 0 \leqslant b \leqslant 1$$

RGB 是计算机设计中最直接的色彩表示方法。计算机中的 24 位真彩色图像，就是采用 RGB 模型来精确记录色彩的。所以，在计算机中利用 RGB 数值可以精确取得某种颜色。

(2) CMY 是青(Cyan)、品红(Magenta)和黄(Yellow)三种颜色的简写。CMY 色彩模式是指采用青(Cyan)、品红(Magenta)、黄(Yellow)三种基本颜色按一定比例合成颜色的方法，是一种依靠反光显色的色彩模式。它显示的色彩不是直接来自于光线的色彩，而是光线被物体吸收掉一部分之后反射回来的剩余光线所产生的色彩，用这种方法产生的颜色称为相减色，即从白光中消除或减去某种颜色。因此，当光线都被吸收时显示为黑色，当光线完全被反射时显示为白色。如图 7-15 所示为 CMY 三维彩色模型。由于彩色墨水和颜料的化学特性，用三种基本色得到的黑色不是纯黑色，因此在印刷中，常常加一种真正的黑色(Black Ink)，这种模型称为 CMYK 模型，广泛应用于印刷业。CMY 色彩模式中每种颜色分量的取值范围为 0 ~ 100，常用于纸张彩色打印方面。

(3) HSI 色彩空间是从人的视觉系统出发，用色调(Hue)、饱和度(Saturation)和亮度(Intensity)来描述色彩。HSI 色彩空间可以用一个圆锥空间模型来描述。这种描述 HIS 色彩空间的圆锥模型相当复杂，却能把色调、饱和度和亮度的变化情形表现得很清楚。通常把色调和饱和度统称为色度，用来表示颜色的类别与深浅程度。由于人的视觉对亮度的敏感程度远强于对颜色浓淡的敏感程度，为了便于色彩处理和识别，人的视觉系统经常采用 HSI 色彩空间，它比 RGB 色彩空间更符合人的视觉特性。HSI 色彩空间和 RGB 色彩空间只是同一物理量的不同表示法，因而它们之间存在着转换关系。色调：反映颜色的分类，如纯红、品红。亮度：反映颜色黑的程度，如白色的亮度比黑色的亮度高。饱和度：反映颜色的纯度，

如纯红要比品红的饱和度高。用 HIS 表示的颜色,最后还是转成 RGB 表示,用于彩色显示器或遥感影像显示。

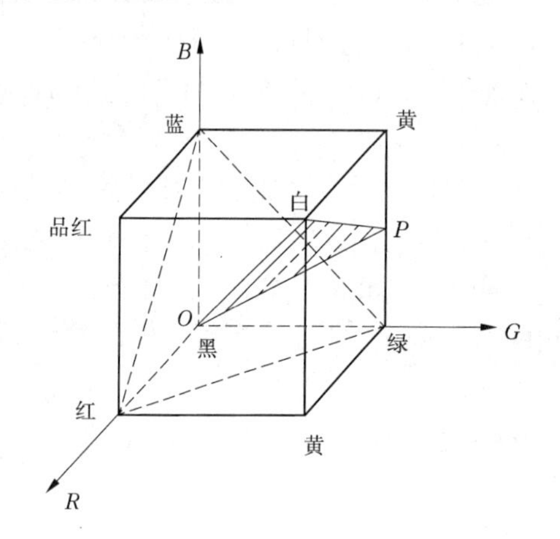

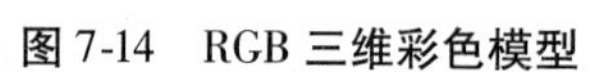
图 7-14 RGB 三维彩色模型

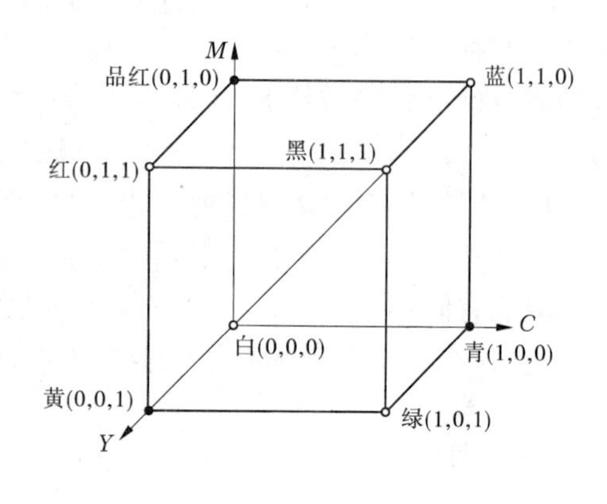

图 7-15 CMY 三维彩色模型

(二)地图的输出组织形式

1. 图层

地图通常是以图层进行组织的,每一图层包含地图不同的部分。图层就好像是一个透明的玻璃,而图层内容就画在这些玻璃上,如果玻璃上什么都没有,这就是个完全透明的空图层,当各玻璃上都有图像时,自上而下俯视所有图层,从而构成一幅完整的地图。例如,第一个图层包含地区的界限,第二个图层有表示河流湖泊的水系,第三个图层包含地物或地名注记文本。将这三个图层叠加在一起就是一幅完整的水系地图。

不同的软件对图层的定义和用法不尽相同,例如在 ArcMap 中用 Coverage 表示图层,通过图层的形式来显示加载到 ArcMap 中的数据。在 ArcMap 中,大多数的操作都是针对图层的操作,不会影响数据,只有在开启编辑的状态下,才能通过图层对数据进行操作(比如添加、删除要素,编辑要素属性表,修改要素空间位置等)。图层是一个配置文件,它引用数据,并记录数据的显示方案等信息。若干个图层可组织在一个数据框中,若干个数据框和地图元素就共同构成了一个地图文档。

影像信息也可以作为图层进行组织,经过配准的遥感影像可以与同一幅地图的矢量图层进行叠合。

2. 地图的符号系统

地图符号是表示地图内容的基本手段,它由形状不同、大小不一、色彩有别的图形和文字组成。符号的作用在于能保证它所表示的客观事物空间位置具有较高的几何精度,从而提供了可量测性。

按符号所代表客观事物的分布状况分类,可将符号分为点状符号、线状符号和面状符号,如图 7-16 所示。

1)点状符号

点状符号是一种表达不能依比例尺表示的小面积事物(如加油站、电话亭等)和点状事物(如测量控制点等)所采用的符号。点状符号的形状和颜色表示事物的性质,点状符号的大小通常反映事物的等级或数量特征,但是符号的大小和形状与地图比例尺无关,它只具有定位意义。

2)线状符号

线状符号是一种表达呈线状或带状延伸分布事物的符号,如道路,其长度能按比例尺表示,而宽度一般不能按比例尺表示,需要进行适当的夸大。因而,线状符号的形状和颜色表示事物的质量特征,其宽度往往反映事物的等级或数值。这类符号能表示事物的分布位置、延伸形态和长度,但不能表示其宽度。

3)面状符号

面状符号是一种能按地图比例尺表示出事物分布范围的符号。面状符号用轮廓线(实线、虚线或点线)表示事物的分布范围,其形状与事物的平面图形相似,轮廓线内加绘颜色或说明符号,以表示它的性质和数量,并可以从图上量测其长度、宽度和面积。

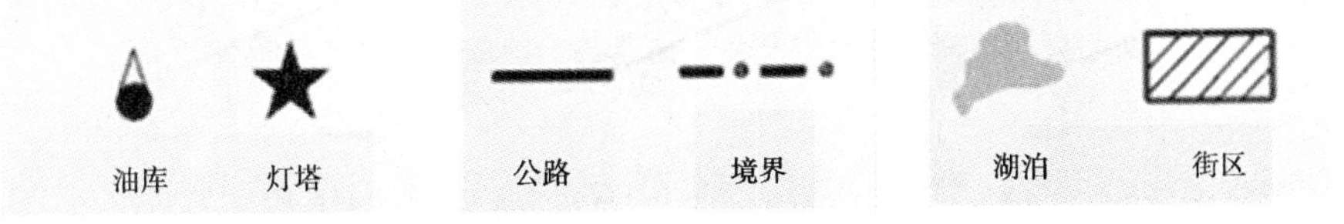

图7-16 按符号所代表客观事物的分布状况分类

按照符号的定位情况分类,可以将符号分为定位符号和说明符号。

定位符号是指在图上有确定位置,一般不能任意移动的符号,如河流、居民地及边界等,地图上的符号大部分都属于这一类;说明符号是指为了说明事物的质量和数量特征而附加的一类符号,它通常是依附于定位符号而存在的,如说明森林树种的符号等,它在图上配置于地类边界范围内,但没有定位意义。

地形图上所使用的符号均以地形图图式为依据,地形图图式是地形图上表示各种地物与地貌要素的符号、注记和颜色的规则及标准,是测绘和出版地形图必须遵守的基本依据之一,是由国家统一颁布执行的标准。

专题地图的表示方法有线状符号法、范围法等十几种。专题地图的符号系统也很复杂。例如,在地质灾害系统中使用各式符号表示灾害种类,如图7-17所示为部分灾害专题符号。

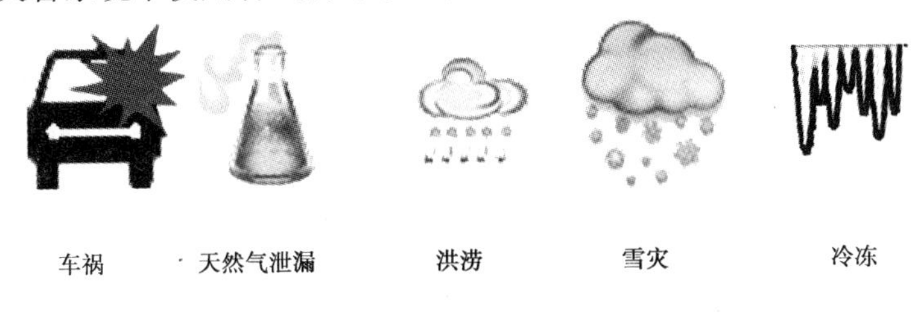

图7-17 部分灾害专题符号

(三)地理信息系统产品输出系统

地理信息系统产品输出系统的组成和输出产品类型如图7-18所示。地理信息系统产品输出系统包括硬件输出设备和软件系统。

硬件输出设备包括各式绘图仪、显示器、打印机、胶片记录仪等,不仅能够实现对各种类型地图的输出、各种统计报表和决策方案的打印输出,也能对三维数字模型、三维地图以及三维虚拟现实与仿真系统模拟演示和对摄影胶片进行硬拷贝。

软件系统主要包括产品类专用软件和设备驱动软件等,如三维虚拟现实软件系统、地图制图显示模块。

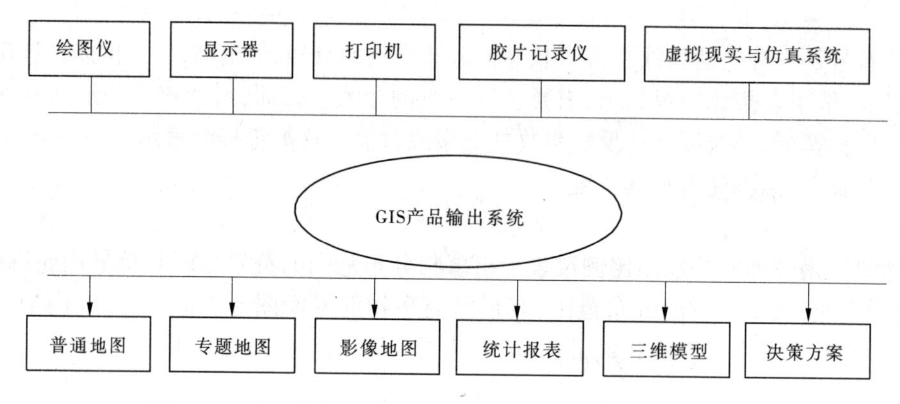

图 7-18　地理信息系统产品输出系统的组成和输出产品类型

第三节　地理信息系统显示与可视化

地理信息系统显示与可视化就是指把 GIS 数据处理与分析的成果通过某种形式直观形象地表达出来,使用户能够方便地使用的重要技术。它是 GIS 技术与现代计算机图形、图像处理显示技术及数字建模技术相结合共同发展的结果。

一、可视化的概念

可视化是指在人脑中形成对某物(某人)的图像,是一个心理处理过程,目的是促进对事物的观察及建立概念等。

科学计算可视化是指将科学计算中产生的大量非直观的、抽象的或者不可见的试验或计算数值,利用计算机工具、图形和图像处理技术等,以图形和图像信息的形式,直观、形象地表达出来,并进行交互处理的理论、方法和技术。

空间信息可视化是指运用地图学、计算机图形学和图像处理技术,将输入、处理、查询、分析以及预测的地学信息数据及结果采用符号、图形、图像,结合图表、文字、表格、视频等可视化形式显示并进行交互处理的理论、方法和技术。空间信息可视化是科学计算可视化在地学领域的特定发展。

从学科角度来讲,可视化是以地理信息科学、计算机科学、地图学、认知科学、信息传输学与地理信息系统为基础,并通过计算机技术、数字技术、多媒体技术动态、直观、形象地表现、解释、传输地理空间信息及揭示其规律,是关于信息表达和传输的理论、方法与技术的一门学科。

二、可视化的技术方法

真三维 GIS 及其可视化,自 20 世纪 80 年代以来成为 GIS 的研究热点,并逐步向虚拟 GIS 方向发展,广泛应用到数字地球、数字河流、数字城市、数字小区等领域。但是由于数字地球需要的海量数据具有多源、多尺度、多分辨率的特点,因此需要设计出更加合理的数据结构和算法。为提高 GIS 三维漫游和交互操作的速度及三维建模的质量,对数据库管理技术、空间索引技术、并行计算技术、计算机的性能等都提出了较高的要求。

在目前所处的网络时代,地图可视化的主要技术实现方法有多媒体技术、虚拟现实技术和互联网技术。下面简单介绍这几种技术。

(一)多媒体技术

多媒体技术(Multimedia Technology)是利用计算机对文本、图形、图像、声音、动画、视频等多种信息综合处理、建立逻辑关系和人机交互作用的技术。多媒体技术在地图上的应用产生了超地图(Hyper－maps)。超地图(Hyper－maps)是基于网络的与地学相关的多媒体,用户可以通过主题和空间对多媒体数据进行检索和使用,它提出了在互联网上如何组织空间数据并与其他超数据(如文本、图像、声音、动画等)相联系的问题。超地图对于地图的广泛传输与使用,具有重要的意义。

(二)虚拟现实技术

虚拟现实(Virtual Reality,简称 VR),是指通过头盔、数据手套、三维鼠标、数据衣(Data-Suit)、立体声耳机等特定装备(见图 7-19),人能完全沉浸在计算机产生的三维虚拟环境里;从而获得与真实世界等同的感受以及在现实世界中难以经历的体验,并且人可以操作和控制三维虚拟环境,达到特殊的目的。

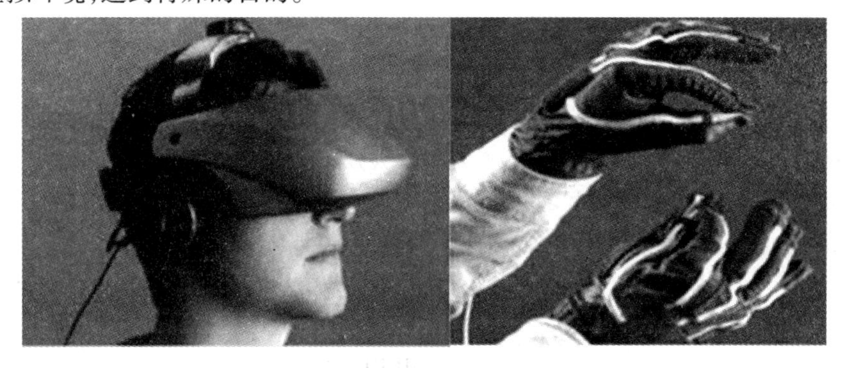

图 7-19　虚拟现实技术设备

虚拟现实技术的四个重要特征分别是多感知性(视觉、听觉、触觉、运动等)、沉浸感(Immersion)、交互性(Interaction)、自主感(Autonomy)。交互性指对 VR 内物体的互操作程度和从中得到反馈的程度。用户与虚拟环境相互作用、相互影响,当人的手抓住物体时,则人的手有握住物体的感觉并可感知物体的重量,而物体应能随着手的移动而移动。自主感是指在虚拟环境中物体依据物理定律动作的程度,如物体受重力作用的下落等。

虚拟现实技术分为虚拟实景(境)技术(如虚拟游览故宫博物馆)与虚拟虚景(境)技术(如虚拟现实环境生成、虚拟设计的波音 777 飞机等)两大类。目前一个重要的发展方向是把虚拟现实技术与多维海量空间数据库管理系统结合起来,直接对多维、多源、多尺度的海量空间数据进行虚拟显示,建立虚拟现实系统,该系统具有真三维景观,可进行实时交互设计与操作,并且能够实现 GIS 空间分析和查询。

虚拟现实系统还可用以保护文物、重现古建筑。把珍贵的文物用虚拟现实技术展现出来供人参观,有利于保护真实的古文物,例如山东曲阜的孔子博物院利用虚拟现实技术把大成殿制成模型,观众通过计算机便可浏览到大成殿几十根镂空雕刻的盘龙大石柱,还可以绕到大成殿后面游览。用虚拟现实技术建立起来的水库和江河湖泊仿真系统,能使人对水库和江河湖泊一览无遗。例如建立起三峡水库模型后,便可在水库建成之前,直观地看到建成后的壮观景象,了解蓄水后将最先淹没哪些村庄和农田、哪些文物将被淹没,这样能主动及时解决问题。如果建立了某地区防汛仿真系统,就可以模拟水位到达警戒线时哪些堤段会出现险情,万一发生决口将淹没哪些地区。这对制订应急预案有很大的帮助。

(三)互联网技术

互联网技术是从20世纪90年代中期快速发展起来的新技术,即把互联网上分散的资源融为有机整体,实现资源的全面共享和有机协作,使人们能够透明地使用资源的整体能力并按需获取信息。资源包括高性能计算机、存储资源、数据资源、信息资源、知识资源、专家资源、大型数据库、网络、传感器等。当前的互联网只限于信息共享,网络则被认为是互联网发展的第三阶段。可以构造地区性网络、企事业内部网络、局域网络,甚至家庭网络和个人网络。Internet是一套通过网络来完成有用的通信任务的应用程序,其最广为流行的应用主要包括电子邮件、WWW、文件传输、远程登录、新闻组、信息查询等。

Internet技术应用于GIS开发产生了WebGIS。WebGIS是利用Web技术来扩展和完善地理信息系统的一项技术,其核心是在GIS中嵌入HTTP标准的应用体系,实现Internet环境下的空间信息管理和发布。它是基于网络的客户机/服务器系统,利用互联网来进行客户端和服务器之间的信息交换。WebGIS客户端采用Web浏览器,如IE、FireFox。WebGIS是一个分布式系统,用户和服务器可以分布在不同的地点和不同的计算机平台上。WebGIS的主要作用是进行空间数据发布、空间查询与检索、空间模型服务、Web资源的组织等。

GIS通过Web功能得以扩展,真正成为一种大众使用的工具。通过互联网对地理空间数据进行发布和应用,以实现空间数据的共享和互操作,如GIS信息的在线查询和业务处理等。从Web的任意一个结点,Internet用户可以浏览WebGIS站点中的空间数据,制作专题图,以及进行各种空间检索和空间分析,从而使GIS进入千家万户。

三、可视化的一般原则

(一)符号运用

空间对象以其位置和属性为特征。当用图形和图像表达空间对象时,一般用符号位置来表示该要素的空间位置,用该符号与视觉变量组合来显示该要素的属性数据。例如,道路在地图上一般用线状符号表达,通过线宽来区分不同的道路级别,如粗实线表示高等级公路,而细实线表示低等级公路。

地图符号系统中的视觉变量包括形状、大小、纹理、图案、色相、色值和彩度。形状表征了地图上要素类别。大小和纹理(符号斑纹的间距)表征了地图上数据之间的数量差别,例如,一幅地图可用大小不同的圆圈来代表不同规模等级的城市。色相、色值和彩度,以及图案则更适合于表征标称或定性数据,例如,在同一幅地图上可用不同的面状图案代表不同的土地利用类型。

运用符号表达空间对象时,需要注意符号的定位、易读性、视觉差异性及绝对数据与派生数据在制图中的符号配置。

(二)注记运用

注记在每幅地图中都是必不可少的用来标记制图要素的组成部分。字体与点状、线状、面状符号一样,也有多种类型,可把字体当做一种地图符号,制图者需要运用不同的字体类型制作出悦目、和谐的地图。对制图要素的基本要求是清晰、可读、协调和符合习惯,然而制图要素的重叠、位置上的冲突等都使得这些要求难以满足,一般需要进行多次交互式的、基于思维的反复调整才能最终确定。

不同类型的字体在字样、字形、大小和颜色方面变化多样。字样是指字体的设计特征,而字形指的是字母形状方面的不同,字形包括在笔画粗细(粗体、常规或细体)、宽度(窄体或宽体)、直体与斜体(或者罗马字体与斜体)、大写与小写等方面的不同变化。

1. 字体变化

字体变化可以像视觉变量一样在地图符号中起作用。字样、字体颜色、罗马字体或斜体等方面的差异更适合于表现定性数据,而字体大小、笔画粗细和大小写等方面的差异则更适合于表现定量数据。例如,在一幅显示城市不同规模的地图上,一般是用大号、粗体和大写字体表示最大的城市,而用小号、细体和小写字体表示最小的城市。

2. 字体类型

在选择字体类型的时候要考虑可读性、协调性和习惯性。注记的可读性必须与协调性相平衡。注记的功能就是传达地图内容。因此,注记必须清晰可读,但又不能吸引过多的注意力。已经形成的习惯有:水系要素用斜体,行政单元名称用粗体,并且名称按规模大小有字体大小的区分,太多的字体类型会使得图面显示不协调。

3. 文字摆放

地图上文字的摆放与字体的选择同样重要。一般遵循以下规则:文字摆放的位置应能显示其所标示空间要素的位置和范围。点状要素的名称应放在点状符号的右上方;线状要素的名称应呈条块状且与该要素走向平行;面状要素的名称应放在能指明其面积范围的地方。

(三)图面配置

图面配置是指对图面内容的安排。在一幅完整的地图上,图面内容包括图廓、图名、图例、比例尺、指北针、制图时间、坐标系统、主图、副图、统计图表与文字说明、符号、注记、颜色、背景等,内容丰富而繁杂。在有限的制图区域上如何合理地安排制图内容,并不是一件轻松的事。一般情况下,图面配置应该主题突出、图面平衡、层次清晰、易于阅读,注意图形—背景搭配,以求美观和逻辑的协调统一,而又不失人性化。

1. 主题突出

制图的目的是通过可视化手段来向人们传递空间信息,因此在整个图面上应该突出所要传递的内容,即制图主体。制图主体的放置应遵循人们的心理感受和习惯,必须有清晰的焦点,为吸引读者的注意力,焦点要素应放置于地图光学中心的附近,即图面几何中心偏上一点,同时在线划、纹理、细节、颜色的对比上要与其他要素有所区别。

2. 图面平衡

图面是以整体形式出现的,而图面内容又是由若干要素组成的。设计中的图面平衡,就是要按照一定的方法来确定各种要素的地位,使各个要素显示得更为合理。

3. 图形—背景搭配

图形—背景搭配并不是简单地决定应该有多少对象和多少背景,而是要将读者的注意力集中在图面的主体上。例如,如果在图面的内部填充的是和背景一样的颜色,则读者就会分不清陆地和水体。

（四）制图内容的一般安排

地图的总体设计，一定要视制图区域形状、图面尺寸、图例和文字说明、图名等多方面内容和因素具体灵活运用，使整个图面生动，以提供更多的信息。制图内容主要有主图、图名、图例及统计图表与文字说明等。各部分都应遵循一定原则，安排合适的样式和位置。

1. 主图

主图是地图图幅的主体，应占有突出位置及较大的图面空间。在主图的图面配置中，要突出主区与邻区是图形与背景的关系，增强主区的视觉对比度。主图的方向一般按惯例定为上北下南。当制图区域的形状、地图比例尺与制图区域的大小难以协调时，可将主图的一部分移到图廓内较为适宜的区域，这就称为移图。移图也是主图的一部分，移图的比例尺可以与主图比例尺相同，但经常也会比主图的比例尺小。当主图中专题要素密度过高，难以正常显示专题信息的重要区域时，可适当采取扩大图的形式。扩大图的表示方法应与主图一致，一般不必标注方向及比例尺。

2. 图名

图名主要是提供地图的区域和主题的信息。图名三要素是区域、主题、时间。图名必须简练、确切。如果是表示统计内容的地图，图名还必须提供清晰的时间概念。图名一般可放在图廓外的北上方，或图廓内以横排或竖排的形式放在左上、右上的位置。专题地图的图名要求简明。图幅的主题一般安放在图幅上方中央，字体要与图幅大小相称，以等线体或美术体为主。

3. 图例

图例符号是专题内容的表现形式，图例中符号的内容、尺寸和色彩应与图内一致，一般放在图的下方。图例应尽可能集中在一起。为避免图例内容与图面内容的混淆，被图例压盖的主图应当镂空。当图例符号的数量很大，集中安置会影响主图的表示及整体效果时，可将图例分成几部分，并按读图习惯，从左到右有序排列。对图例内容样式的适当调节，对图面配置的合理与平衡起重要作用。

4. 统计图表与文字说明

统计图表与文字说明是对主题的概括和补充。由于它的形式（包括外形、大小、色彩）多样，能充实地图主题、活跃版面，因此有利于增强视觉平衡效果。统计图表与文字说明在图面组成中只占次要地位，数量不可过多，所占幅面不宜太大。对单幅地图更应如此。专题地图的文字说明和统计数字要求简单扼要，一般安排在图例中或图中空隙处。其他有关的附注也应包括在文字说明中。

四、可视化的表现形式

可视化是地理信息处理的窗口与处理结果的直观表达形式，是决策的直观依据。只有把地理信息处理结果从空间数据库中的海量数据转换为直观的图形信息，GIS 才能为规划、管理与决策提供有力的支撑。

地理信息系统可视化的表现形式有多种类型，如等值线图、分层设色显示图、晕渲图、剖面图、专题地图、立体透视图、三维景观、三维虚拟仿真 GIS、三维动态漫游等。其中一些表现形式我们在前面已经有所介绍和了解，下面主要对等值线图、专题地图、三维虚拟仿真

GIS、三维动态漫游作简单介绍。

(一)等值线图

等值线图是指用等值线的形式表示布满全区域的面状现象。等值线是表达专题要素数值的等值点的连线,如等高线、等温线、等降水线、等气压线、等磁线等。如图7-20所示为一种等值线图。适于用等值线图表达的是像地形起伏、气温、降水、地表径流等布满整个制图区域的均匀渐变的自然现象。

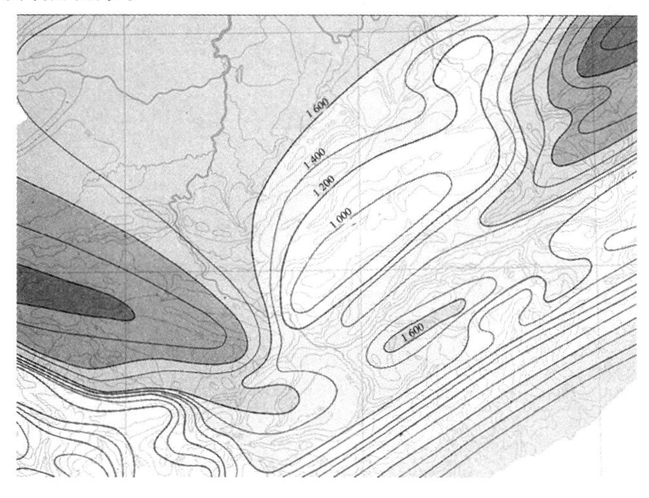

图7-20 等值线图

(二)专题地图

专题地图是在地理底图上,按照地图主题的要求,以突出面完善地表示与主题相关的一种或几种要素,得到的内容专题化、形式各异、用途专门化的地图。

1. 按照表现方式来分类

(1)定位符号法:用点状符号反映点状分布要素的位置、类别、数量或等级。图7-21左图为使用定位符号法表示某市企业分布。

(2)定位图表法:在要素分布的点位上绘制统计图表,表示其数量特征及结构。常用的图表有两种,一种是方向数量图表,另一种是时间数量图表。图7-21右图为用定位图表法表示不同村庄作物构成。

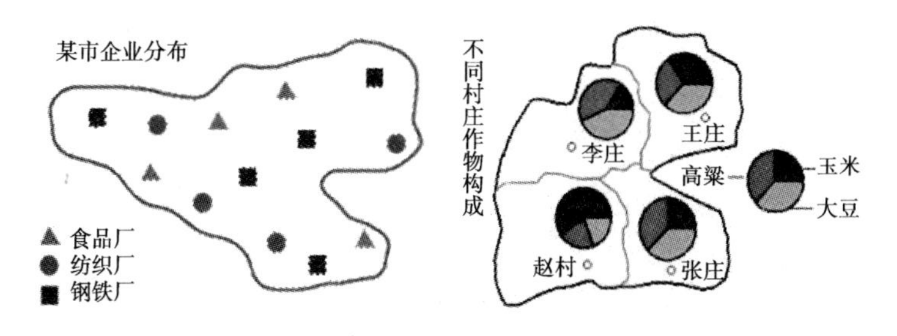

图7-21 使用定位符号法与定位图表法的专题地图

(3)线状符号法:用线状符号表示呈线状、带状分布要素的位置、类别或等级。如河流、海岸线、交通线、地质构造线、山脊线等。图7-22为使用线状符号法表示某地区地质构造线。

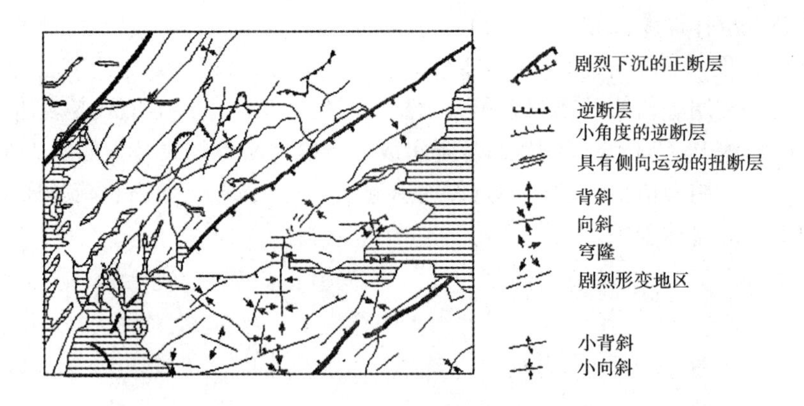

图 7-22　使用线状符号法的地质构造线

(4)动态符号法:在线状符号上加绘箭头符号,表示运动方向。还可以用线条的宽窄表示数量的差异,也可以用连续的动线符号表示面状分布现象的动态。

(5)面状分布要素表示法:用面状符号表示成片分布的地理事物。

此外,在专题地图上还常使用柱状图表、剖面图表、玫瑰图表、塔形图表、三角形图表等多种统计图表,作为地图的补充。上述各种方法经常是配合应用的。

2. 按照内容要素的性质来分类

(1)自然地图:包括地质图、地球物理图、地震图、地势图、地貌图、气候气象图、水文图、海洋图、环境图、植被图、土壤图和综合自然地理图等。

(2)社会政治经济地图:包括行政区划图、交通图、人口图、经济地图、文化建设图、历史地图、旅游地图等。图 7-23 为黄山旅游图。

(3)其他专题地图:指不能归属于上述类型,而适用于某种特殊用途的地图,如航海图、航空图、城市地图等,或者是用途广泛、包括自然和人文要素的综合地图。

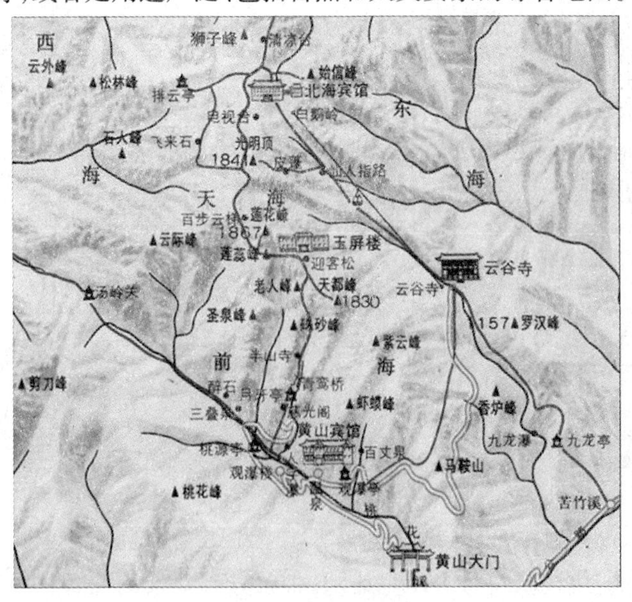

图 7-23　黄山旅游图

（三）三维虚拟仿真 GIS

三维虚拟仿真 GIS 是用最先进的计算机虚拟现实技术、仿真技术、GIS 技术和数据库技术，实现现场及其周边的三维再现，建立人机实时交互操作的空间信息系统。将现场的重要信息汇总并转换成 3D 模型的形式直观地呈现在决策指挥部门的面前，指挥人员能够通过该系统及时准确地掌握整个现场的发展态势，决胜千里之外。例如在地震灾害中发挥重要作用的地震灾害 3D 信息系统。系统主要构成部分有内部网络（Intranet）、数据仓库管理中心、单机数据库、单机车载地震三维浏览平台等。地震灾害 3D 信息系统通过内部网络实现对数据仓库各类数据的调用和存储，为用户提供地震三维数据，使用户快速获取相关信息等。同时，地震灾害 3D 信息系统还可以通过访问本机存储的单机数据库（从数据仓库中导出）实现单机车载地震三维浏览平台的建立，为用户提供流动的工作环境。

GIS 与虚拟环境技术相结合将使 GIS 更加完美。GIS 用户在计算机上就能观察到真三维的客观世界，在虚拟环境中将能更有效地管理、分析空间实体数据。目前虚拟 GIS 的研究主要集中在虚拟城市上。

（四）三维动态漫游

三维景观的显示属于静态可视化范畴，在实际工作中，对于一个较大的区域或者一条较长的路线，有时既需要把握局部地形的详细特征，又需要观察较大的范围，以获取地形的全貌。一个较好的解决方案就是使用计算机动画技术，使观察者能够畅游于地形环境中，从而从整体和局部两个方面了解地形环境。

为了形成动画，就要事先生成一组连续的图形序列，并将图像存储于计算机中。将事先生成的一系列图像存储在一个隔离缓冲区中，通过翻页建立动画；图形阵列动画即位组块传送，每幅画面只是全屏幕图像的一个矩形块，显示每幅画面只操作一小部分屏幕，较节省内存，可获得较好的运行性能。

对于地形场景而言，不但有 DEM 数据，还有纹理数据，以及各种地物模型数据，数据量都比较庞大。而目前计算机的存储容量有限，因此为了获得理想的视觉效果和计算机处理速度，使用一定的技术对地形场景的各种模型进行管理和调度就显得非常重要。这类技术主要有单元分割法、细节层次法（LOD）、脱线预计算以及内存管理技术等，通过这些技术可实现对模型的有效管理，从而保证视觉效果的连续性。

思考题

1. 地理信息系统产品输出类型有哪些？试举例说明。
2. 地理信息系统的输出系统主要包括哪些内容？
3. 地理信息系统主要图形输出设备有哪些？各有什么特点？
4. 简述图层在地图输出中的应用。
5. 地理信息可视化的表现形式有哪些？
6. 试说出地理信息可视化的主要技术方法。
7. 地理信息可视化一般应遵循哪些原则？
8. 地理信息输出方式有哪几种？

第二部分 地理信息系统应用

第八章 MAPGIS 软件系统

【导读】:由于 GIS 应用受到广泛的重视,各种 GIS 软件平台纷纷涌现,据不完全统计,目前有近 500 种 GIS 软件平台。MAPGIS 是武汉中地信息工程有限公司研制的具有自主版权的大型基础地理信息系统软件平台。它是一个集当代最先进的图形、图像、地质、地理、遥感、测绘、人工智能、计算机科学于一体的大型智能软件系统,是集数字制图、数据库管理及空间分析于一体的空间信息系统,是进行现代化管理与决策的先进工具。本章首先介绍了 MAPGIS 的体系结构、主要功能及相关的基本概念,其次介绍了 MAPGIS 参数设置和界面操作的方法,最后从文件、图层、工程等方面介绍了 MAPGIS 文件管理的方法。

第一节 MAPGIS 概述

MAPGIS 已广泛应用于城市规划、测绘、土地管理、电信、交通、环境、公安、国防、教育、地质勘察、资源管理、房地产、旅游等领域。MAPGIS 在全国拥有数千用户,遍及包括香港、台湾在内的全国各地众多行业和部门,现已进入日本、朝鲜等海外市场。MAPGIS 已成为我国许多部委向全国重点推广的高科技产品,成为我国各领域进行数字化建设的首选软件。

一、MAPGIS 体系结构

MAPGIS 是具有国际先进水平的完整的地理信息系统,它分为数据输入、图形编辑、数据库管理、空间分析、数据输出以及实用服务六大子系统,如图 8-1 所示。根据地学信息来源多种多样、数据类型多、信息量庞大的特点,该系统采用矢量数据和栅格数据混合的结构,在力求使矢量数据和栅格数据形成一整体的同时,考虑栅格数据既可以和矢量数据相对独立存在,又可以作为矢量数据的属性,以满足不同问题对矢量数据、栅格数据的不同需要。

二、MAPGIS 的主要功能

(一)数据输入

在建立数据库时,我们需要将各种类型的空间数据转换为数字数据,数据输入是 GIS 的关键之一。MAPGIS 提供的数据输入方式有数字化输入、扫描矢量化输入、GPS 输入和其他数据源输入。

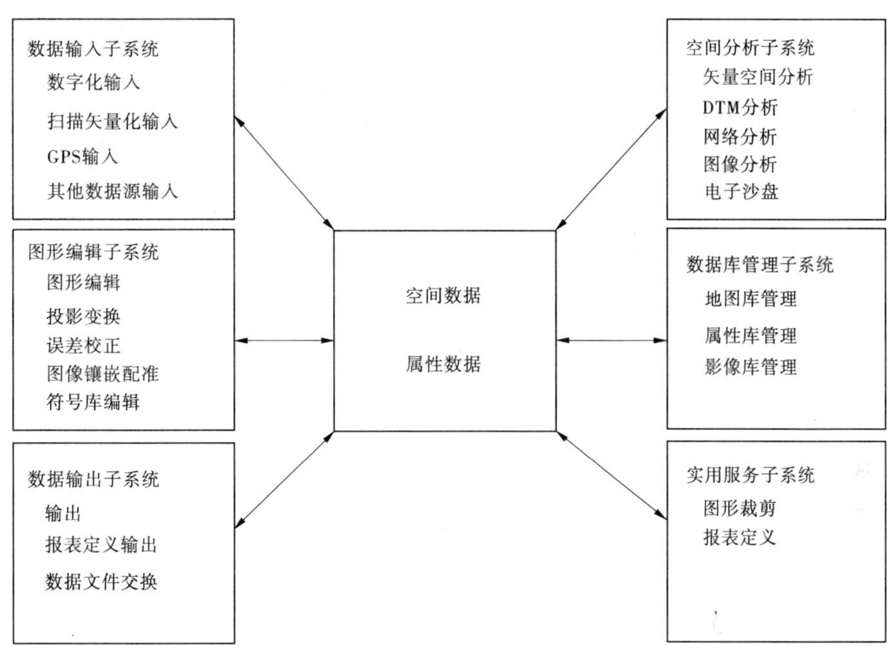

图 8-1　MAPGIS 体系结构

1. 数字化输入

数字化输入也就是实现数字化过程,即实现空间信息从模拟式到数字式的转换,一般数字化输入常用的仪器为数字化仪。

2. 扫描矢量化输入

扫描矢量化输入通过扫描仪输入图像,然后通过矢量追踪确定实体的空间位置。对于高质量的原资料,扫描是一种省时、高效的数据输入方式。

3. GPS 输入

GPS 是确定地球表面精确位置的新工具,它根据一系列卫星的接收信号,快速地计算地球表面特征的位置。由于 GPS 测定的三维空间位置以数字坐标表示,因此不需作任何转换,可直接输入数据库。

4. 其他数据源输入

高版本 MAPGIS 可接收低版本 MAPGIS 的数据,例如可实现 5. X 到 6. X 版本数据的转换,供高版本 MAPGIS 使用。MAPGIS 还可以接收 AutoCAD、ArcInfo、MapInfo 等软件的公开格式文件。同时,系统提供了外业测量数据直接成图功能,从而实现了数据采集、录入、成图一体化,大大提高了数据精度和作业流程。

(二)图形编辑

输入计算机的数据及分析、统计等生成的数据在入库、输出的过程中常常要进行图形编辑、投影变换、误差校正、图像镶嵌配准、符号库编辑等工作。MAPGIS 通过图形编辑子系统的不同系统来完成该类工作。

1. 图形编辑

该系统用来编辑修改矢量结构的点、线、面的空间位置及其图形属性,增加或删除点、线、面边界,并适时自动校正拓扑关系。图形编辑系统是对图形数据库中的图形进行编辑修改、检索、造区等,从而使输入的图形更准确、更丰富、更美观。

2. 投影变换

地图投影的基本问题是如何将地球表面(椭球面或圆球面)表示在地图平面上。这种表示方法有多种,而不同的投影方法可满足不同图件的需要,因此在进行图形数据处理中很可能要从一个地图投影坐标系变换到另一个投影坐标系。该系统就是为实现这一功能服务的,共提供了20种不同投影间的相互变换及经纬网、图框生成功能。通过图框生成功能可自动生成不同比例尺的标准图框。

3. 误差校正

在图件数字化输入过程中,通常的输入法有扫描矢量化、数字化仪跟踪数字化、标准数据输入法等。通常由于图纸变形等因素,输入后的图形与实际图形在位置上会出现偏差,个别图元经编辑、修改后可满足精度要求,但有些图元由于发生偏移,经编辑很难达到实际要求的精度,说明图形经扫描输入或数字化输入后,存在着变形或畸变。出现变形的图形,必须经过数据校正,消除输入图形的变形,才能满足实际要求,该系统就是为这一目的服务的。通过该系统即可实现图形的校正,达到实际需求。

4. 图像镶嵌配准

图像镶嵌配准系统是一个32位专业图像处理软件,该系统以MSI图像为处理对象。系统提供了强大的控制点编辑环境,以完成MSI图像的几何控制点的编辑处理;当图像具有足够的控制点时,MSI图像的显示引擎就能实时完成MSI图像的几何变换、重采样和灰度变换,从而完成图像之间的配准、图像与图形的配准、图像的镶嵌,以及图像几何校正、几何变换、灰度变换等功能。

5. 符号库编辑

符号库编辑系统是为图形编辑服务的。它将图形中的文字、图形符号、注记、填充花纹及各种线型等抽取出来,单独处理;经过编辑、修改,生成子图库、线型库、填充图案库和矢量字库,自动存放到系统数据库中,供用户编辑图形时使用。

(三)数据库管理

MAPGIS数据库管理分为地图库管理、属性库管理和影像库管理三个系统。

1. 地图库管理

地图库管理系统是地理信息系统的重要组成部分。在数据获取过程中,它用于存储和管理地图信息;在数据处理过程中,它既可以是资料的提供者,也可以是处理结果的归宿;在检索和输出过程中,它是形成绘图文件或各类地理数据的数据源。地图库中的数据经拓扑处理,可形成拓扑数据库,用于各种空间分析。MAPGIS的地图库管理系统可同时管理数千幅地理底图,数据容量可达数十千兆,主要用于创建、维护地图库,在图幅进库前建立拓扑结构,对输入的地图数据进行正确性检查,根据用户的要求及图幅的质量,实现图幅配准、图幅校正和图幅接边。

2. 属性库管理

GIS软件应用领域非常广,各领域的专业属性差异甚大,以致不能用一已知属性集描述所有的应用专业属性。因此,建立动态属性库是非常必要的。动态就是指根据用户的要求能随时扩充和精简属性库的字段(属性项),修改字段的名称及类型。有了具备动态属性库及动态检索功能的GIS软件,就可以利用同一软件管理不同的专业属性,也就可以生成不同应用领域的 GIS 软件。如管网系统，可定义成自来水管网系统、煤气管网系统等。

该系统能根据用户的需要，方便地建立一动态属性库，从而成为一个有力的数据库管理工具。

3. 影像库管理

该系统支持海量影像库的管理、显示、浏览及打印，支持栅格数据与矢量数据的叠加显示，支持影像库的有损压缩和无损压缩。

（四）空间分析

地理信息系统与机助制图的重要区别就是它具备对中间数据和非空间数据进行分析与查询的功能，空间分析子系统包括矢量空间分析、DTM 分析、网络分析、图像分析、电子沙盘五个系统。

1. 矢量空间分析

矢量空间分析系统是 MAPGIS 的一个十分重要的部分，它通过空间叠加分析方法、属性分析方法、数据查询检索来实现 GIS 对地理数据的分析和查询。

2. DTM 分析

该系统主要有离散数据网格化、数据加密、绘制等值线图、绘制彩色立体图、剖面分析、面积体积量算、专业分析等功能。

3. 网络分析

MAPGIS 网络分析系统提供方便的管理各类网络（如自来水管网、煤气管网、交通网、通信网等）的手段，用户可以利用此系统迅速直观地构造整个网络，建立与网络元素相关的属性数据库，可以随时对网络元素及其属性进行编辑和更新。系统提供了丰富有力的网络查询检索及分析功能，用户可用鼠标点击查询，也可输入任意条件进行检索，还可以查看和输出横断面图、纵断面图和三维立体图。系统还提供网络应用中具有普遍意义的关阀搜索、最短路径、最佳路径、资源分配、最佳围堵方案等功能，从而可以有效支持紧急情况处理和辅助决策。

4. 图像分析

图像分析系统是一个新一代的 32 位专业图像（栅格数据）处理分析软件。图像分析系统能处理栅格化的二维空间分布数据，包括各种遥感数据、航测数据、航空雷达数据，各种摄影图像数据，数字化和网格化的地质图、地形图，各种地球物理、地球化学数据和其他专业图像数据。

5. 电子沙盘

电子沙盘系统是一个 32 位专业软件。系统提供了强大的三维交互地形可视化环境，利用 DEM 数据与专业图像数据，可生成近实时的二维和三维透视景观，通过交互地调整飞行方向、观察方向、飞行观察位置、飞行高度等参数，就可生成近实时的飞行鸟瞰景观。系统提供了强大的交互工具，可实时地调节各三维透视参数和三维飞行参数。此外，系统也允许预先精确地编辑飞行路径，然后沿飞行路径进行三维场景飞行浏览。

电子沙盘系统的主要用途包括地形踏勘、野外作业设计、野外作业彩排、环境监测、可视化环境评估、地质构造识别、工程设计、野外选址（电力线路设计及选址、公路铁路设计及选址）、DEM 数据质量评估等。

(五)数据输出

将 GIS 的各种成果变成产品满足各种用途的需要,或与其他系统进行交换,是 GIS 中不可缺少的功能。GIS 的输出产品是指经系统处理分析,可以直接提供给用户使用的各种地图、图表、图像、数据报表或文字报告。MAPGIS 可通过输出、报表定义输出和数据文件交换等系统来实现文本、图形、图像、报表等的输出。

1. 输出

MAPGIS 输出系统可将编排好的图形显示到屏幕上或在指定的设备上输出。它具有版面编排、矢量或栅格数据处理、不同设备的输出、光栅数据生成、光栅输出驱动、印前出版处理等功能。

2. 报表定义输出

报表定义输出系统是一个强有力的多用途报表应用程序。应用该系统可以方便地构造各种类型的表格与报表,在表格内随意地编排各种文字信息,并根据需要打印出来。它可以实现动态数据连接,接收由其他应用程序输出的属性数据,并将这些数据以规定的报表格式打印出来。

3. 数据文件转换

数据文件交换系统为 MAPGIS 系统与 CAD、CAM 等软件系统间架设了一道桥梁,实现了不同系统间所用数据文件的交换,从而达到数据共享的目的。输入输出交换接口提供 AutoCAD 的 DXF 文件、ArcInfo 的公开格式文件、标准格式、EOO 格式、DLG 文件与本系统内部矢量文件结构相互转换的能力。

(六)实用服务

如图形裁剪和报表定义等,在此不作具体介绍。

三、MAPGIS 基本术语

图层:用户按照一定的需要或标准把某些相关的物体组合在一起,我们称之为图层。如地图中水系构成一个图层,铁路构成一个图层等。我们可以把一个图层理解为一张透明薄膜,一个图层上的物体在同一张薄膜上。一张图就是由若干层薄膜叠置而成的,图形分层有利于提高检索和显示速度。

点元:是点图元的简称,有时也简称点。所谓点元,是指由一个控制点决定其位置的有确定形状的图形单元。它包括字、字符串、子图、圆、弧、直线段等几种类型。

弧段:是一系列有规则的、顺序的点的集合,用它们可以构成区域的轮廓线。它与曲线是两个不同的概念,前者属于面元,后者属于线元。

区/区域:是由同一方向或首尾相连的弧段组成的封闭图形。

拓扑:是指位相关系,即将点、线及区域等图元的空间关系加以结构化的一种数学方法。下面介绍区域的定义、区域的相邻性及弧段的接序性。区域由构成其轮廓的弧段所组成,将所有的弧段都加以编码后,可将区域看做由弧段代码组成。区域的相邻性是区域与区域间是否相邻,可由它们是否具有共同的边界弧段决定。弧段的接序性是指对于具有方向性的弧段,可定义它们的起始结点和终止结点,便于在网络图层中查询路径或回路。拓扑性质是变形后保持不变的属性。

透明输出:与其相对的为覆盖输出。如果将区与区、线与区或点图元与区等叠加,用透明输出时，最上面的图元颜色发生了改变，在最终输出时最上面图元颜色为它们的混合色。最终输出如印刷品等。

数字化：是指把图形、文字等模拟信息转换成为计算机能够识别、处理、存储的数字信息的过程。

矢量：是具有一定方向和长度的量。一个矢量在二维空间里可表示为(D_x,D_y)，其中 D_x 表示沿 x 方向移动的距离，D_y 表示沿 y 方向移动的距离。

矢量化：是指把栅格数据转换成矢量数据的过程。

光栅化：是指把矢量数据转换成栅格数据的过程，也叫栅格化。

结点：是某弧段的端点，或者是数条弧段间的交叉点。

结点平差（顶点匹配）：本来是同一个结点，由于数字化误差，几条弧段在交叉处即结点处没有闭合或吻合，留有空隙，为此将它们在交叉处的端点按照一定的匹配半径捏合起来，成为一个真正的结点，该过程称为结点平差。

裁剪：是指将图形中的某一部分或全部按照给定多边形所圈定的边界范围提取出来进行单独处理的过程。这个给定的多边形通常称为裁剪框。在裁剪实用处理程序中，裁剪方式有内裁剪和外裁剪，其中内裁剪是指裁剪后保留裁剪框内的部分，外裁剪是指裁剪后保留裁剪框外的部分。

属性：是一个实体的特征，属性数据是描述真实实体特征的数据集。显示地物属性的表通常称为属性表，属性表常用来组织属性数据。

TIN：是由一组不规则的具有 X、Y 坐标和 Z 值的空间点建立起来的不相交的相邻三角形，包括结点、线和三角面，用来描述表面的小面区。TIN 的数据结构包括了点和它们最相邻点的拓扑关系，所以 TIN 不仅能高效率地产生各种各样的表面模型，而且也是十分有效的地形表示方法。TIN 的模型化能力包括计算坡度、坡向、体积、表面长，决定河网和山脊线，生成泰森多边形等。

数字高程模型（DEM）：全称为 Digital Elevation Model，是数字形式的地形定量模型。

数字地形模型（DTM）：全称为 Digital Terrain Model，是数字形式的地表面，即区域地形的数字表示，它由一系列地面点的 X、Y 位置及与其相联系的高程 Z 所组成。这种数字形式的地形模型是为适应计算机处理而产生的，又为各种地形特征及专题属性的定量分析和不同类型专题图的自动绘制提供了基本数据。在专题地图上，第三维 Z 不一定代表高程，也可代表专题地图的量测值，如重力值、Au 含量等。

地图投影（Map Projection）：是按照一定的数学法则，将地球椭球面经纬网相应投影到平面上的方法。

四、MAPGIS 常用文件类型

WT：点文件。

WL：线文件。

WP：区文件。

MPJ：工程文件。

MPB：拼版文件。

CLN：工程图例文件。

DET:高程数据明码文件(ASCII码)。
TIN:三角剖分文件(二进制)。
GRD:规则网数据文件(二进制)。
WAT:明码格式点文件。
WAL:明码格式线文件。
WAP:明码格式区文件。
CLP:裁剪工程文件。
PNT:误差校正控制点文件。
RBM:内部栅格数据文件。
TIF:扫描光栅文件。
NV?:分色光栅文件。
DIC:层名字典文件。
DXF:AutoCAD 文件。
VCT:矢量字库文件。
LIB:系统库文件。

第二节 MAPGIS 界面操作

一、问题和数据分析

(一)问题提出

利用 MAPGIS 软件进行各种空间数据的编辑、处理、分析及应用,均需进行可视化界面的操作。首先要进行 MAPGIS 系统参数设置。这里以编辑子系统为例,重点介绍各窗口操作方法,文件的编辑、处理方法,编辑子系统的菜单项和工具栏的操作方法。

(二)数据准备

现提供一个工程文件(工程文件.MPJ),包含多个点、线、区图层,利用 MAPGIS 软件对其进行不同的操作。数据存放在 D:\Data\gisdata8.2 文件夹内。

二、参数设置

在 Windows 的桌面上,双击 MAPGIS 的启动图标进入系统,点击界面上的“参数设置”。进入 MAPGIS 环境设置界面,如图 8-2 所示。

工作目录:用户数据的存储目录。

矢量字库目录:字库存储目录。

系统库目录:子图、线型、图案库存储目录。

系统临时目录:临时文件存储目录。

三、界面操作

(1)双击文件夹内的“工程文件.MPJ”文件,系统将启动 MPSGIS 编辑子系统并调入相应文件,界面如图 8-3 所示。

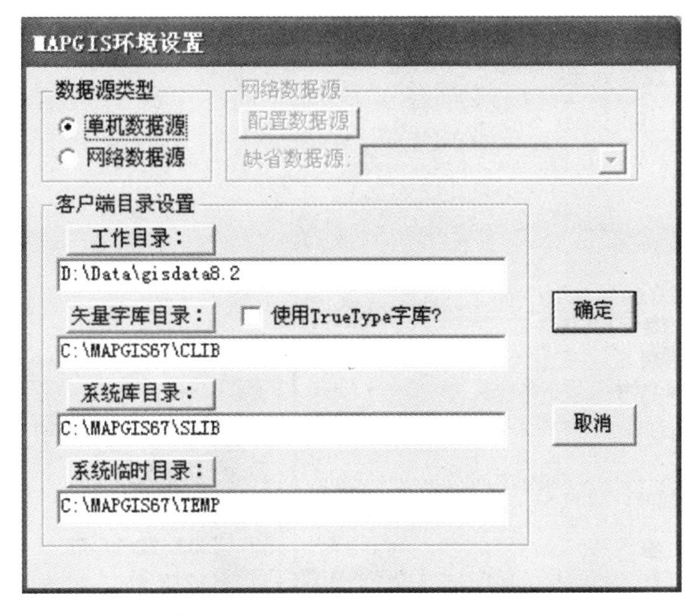

图 8-2　MAPGIS 环境设置界面

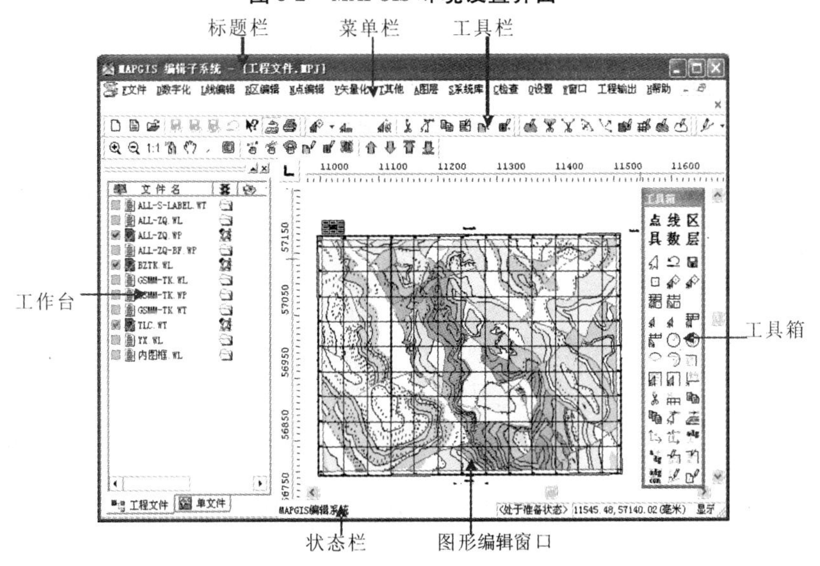

图 8-3　MAPGIS 编辑子系统界面

(2)在工作台窗口单击鼠标右键,弹出如图 8-4 所示的菜单,注意观察其结构和组成,以及其中的命令。

(3)在界面中的右边窗口(图形编辑窗口)中点击鼠标右键,在弹出的快捷菜单中选择"更新窗口",此时会发生什么现象?若同样在此窗口点击鼠标右键,在弹出的快捷菜单中选择"复位窗口",此时会发生什么现象?等图形全部调入后,点击鼠标右键选择"放大窗口"、"缩小窗口"等命令,尝试放大或缩小图形。除这些窗口命令外,系统还有哪些窗口命令?它们分别起什么作用?请尝试操作,注意观察图形会有什么变化。

(4)在图形编辑窗口中单击鼠标右键打开工具箱,尝试使用工具箱中的工具。

(5)在 MAPGIS 编辑子系统界面左边窗口(工作台)中观察文件状态,有打开、关闭、编辑三种状态，如图 8-5 所示。在右边的图形编辑窗口中点击鼠标右键，在弹出的快捷菜单中选择“更新窗口”，观察效果。

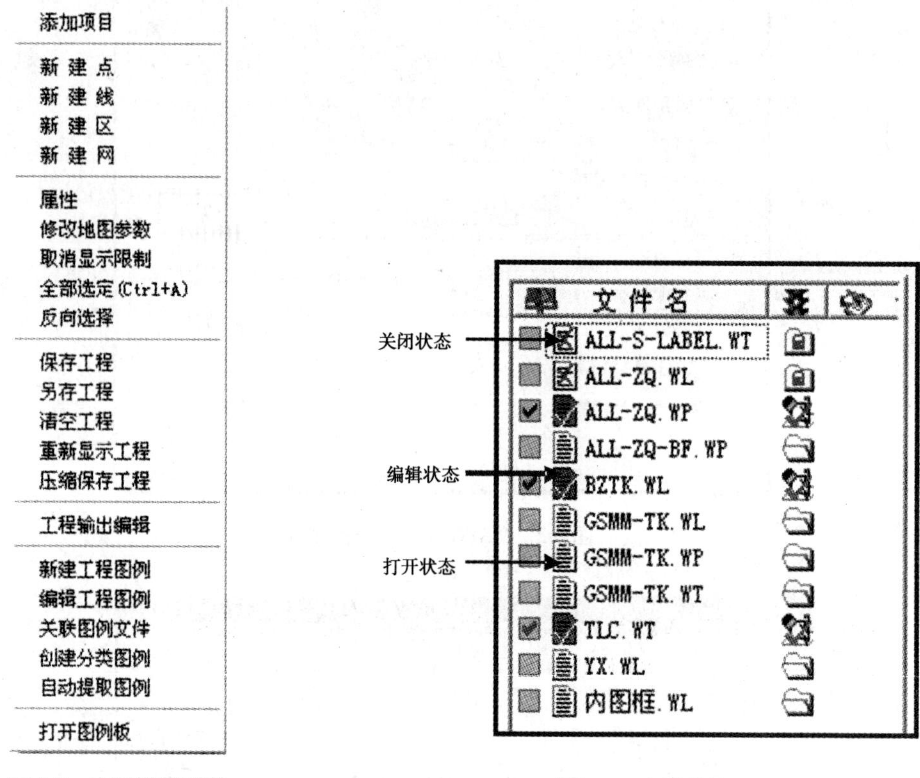

图 8-4　窗口快捷菜单　　　　图 8-5　文件状态

(6)打开“设置”菜单，在此菜单中选择“修改目录环境”命令重新进入 MAPGIS 环境设置界面，在此界面中将矢量字库目录指向“D:\Data\gisdata8.2”中的“CLIB2006 年”，同时将系统库目录指向“D:\Data\gisdata8.2”中的“5wslib2006 年”，设置完毕后点击“确定”按钮退出。

第三节　MAPGIS 文件管理

一、问题和数据分析

(一)问题提出

MAPGIS 中的数据是通过不同类型的数据文件来管理的，为了做到事半功倍，尽快地掌握 MAPGIS 的图形操作，必须明确其文件管理的基础知识。这里所讲的概念大部分基于图形的输入和编辑系统，重点介绍文件、图层以及工程与它们之间的关系、工程的建立方法、图例板的创建方法。

(二)数据准备

现提供中国地图.MPJ 工程文件，包括首都与行政中心.WT、注释.WT 点文件，境界线.WL、河流.WL 线文件，行政区.WP 区文件，利用 MAPGIS 软件进行文件管理操作。数据存放在 D:\Data\gisdata8.3 文件夹内。

二、文件

MAPGIS 中的图形文件对于图形的输入和编辑系统而言,可以分为点、线、区三类。

(一)点文件

点文件包括文字注记、符号等。也就是说,在数据输入时,文字注记、符号等存放到点文件中。实际上,在机助制图中,文字注记被称为注释,符号被称为子图,它们又被称为点图元,是指由一个控制点决定其位置,并且有确定形状的图形单元。利用 MAPGIS 编辑子系统查看 D:\Data\gisdata8.3 文件夹内的首都与行政中心.WT 和注释.WT 点文件,如图 8-6 所示。

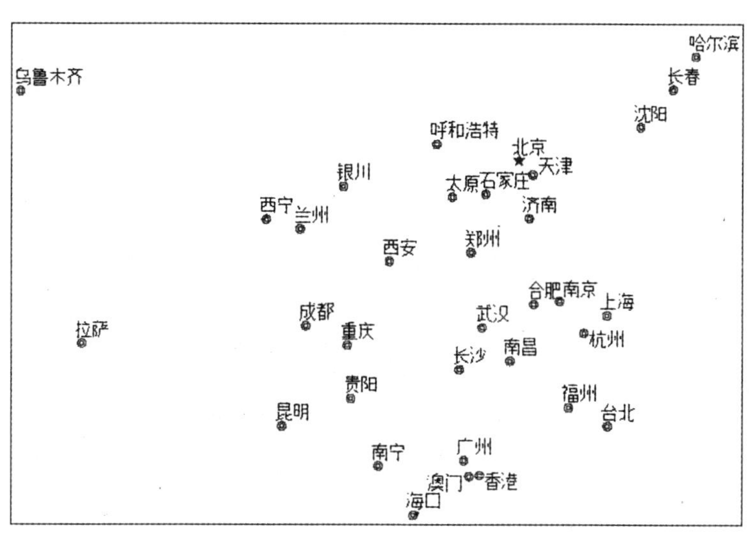

图 8-6　点文件

(二)线文件

线文件很明显是由境界线、河流、航空线、海岸线等线状地物组成的,这样的线状地物被称为线图元。利用 MAPGIS 编辑子系统查看 D:\Data\gisdata8.3 文件夹内的境界线.WL 和河流.WL 线文件,如图 8-7 所示。

(三)区文件

区文件是把各个行政区划进行普染色后得到的文件。从理论上看,区是由同一方向或首尾相连的弧段组成的封闭图形。而弧段是一种特殊的线,由此看来,区是基于线图元而产生的。利用 MAPGIS 编辑子系统查看 D:\Data\gisdata8.3 文件夹内的行政区.WP 区文件,如图 8-8 所示。

特别要注意,在 GIS 的应用中(不仅是单纯地图形制作),一般把同一类地理要素存放到同一文件中,如在某个图幅中,输入的水系被保存为一个线文件,居民地被保存为一个线文件,道路也被保存为一个线文件,普染色后的行政区划被保存为一个区文件,等等。我称这样的文件为要素层。在地图库管理系统中,也使用到这类层的概念。

地形图数据存放结构如图 8-9 所示。

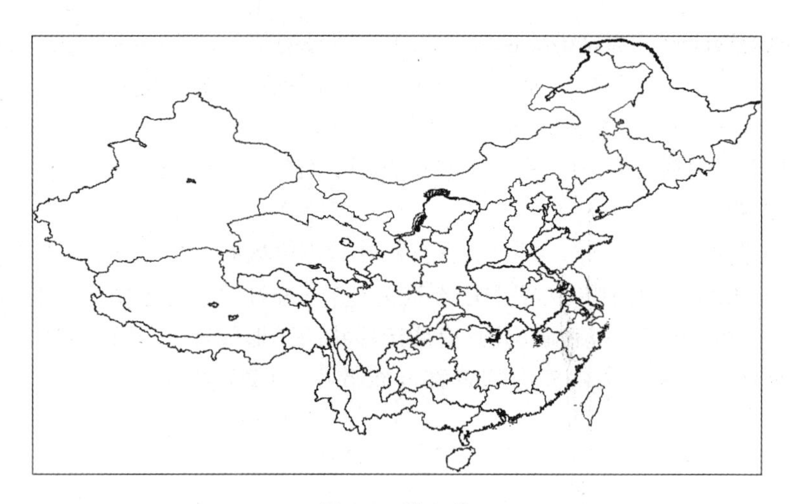

图 8-7　线文件

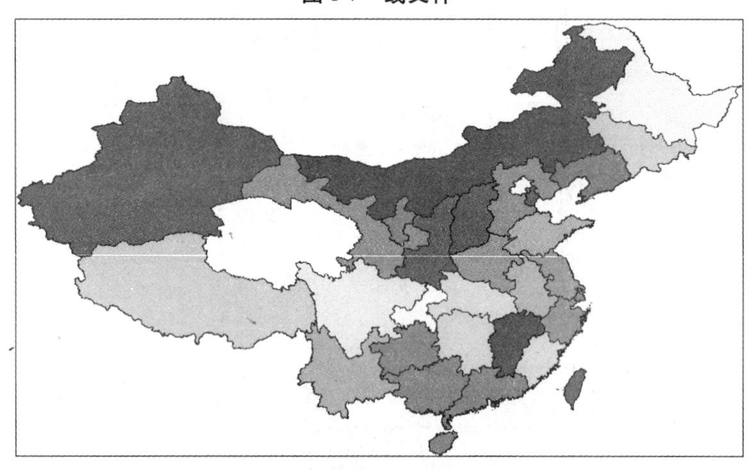

图 8-8　区文件

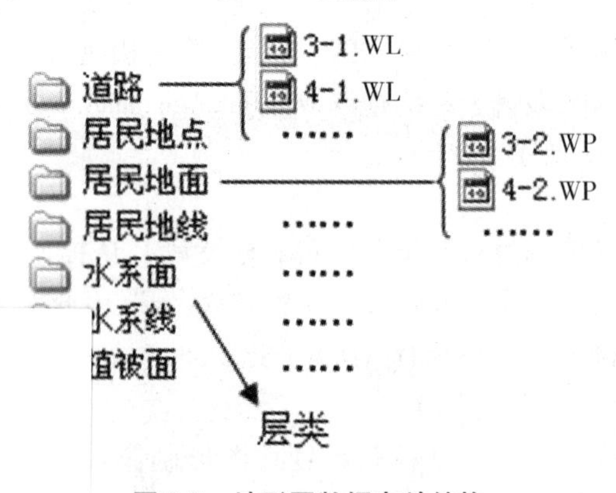

图 8-9　地形图数据存放结构

我们

IS 的应用，只是进行图形制作，这样系统对数据的存放一般要
中可能含有多个图层。一个图层就是一类地理要素。利用

MAPGIS 编辑子系统查看 D:\Data\gisdata8.3 文件夹内都包括哪些图层和文件。

如一个图幅中可能包括等高线、铁路、河流等多种类型的地理要素,为了便于编辑和管理,一般情况下,将铁路存放到铁路图层,将等高线存放到等高线图层,这样所有的图层就构成了一个完整的文件。

四、工程

在工程应用中,一个工程项目需要对许多文件进行编辑、处理、分析。为了便于查找和记忆,要建立一个工程文件,来描述这些文件的信息和管理这些文件的内容,并且在编辑这个工程时,不必装入每一个文件,只需装入工程文件即可。

(一)工程建立

(1)执行如下命令:图形处理→输入编辑→新建工程→确定→不生成可编辑项→确定。

(2)在 MAPGIS 编辑子系统界面在右侧窗口中点击鼠标右键,新建地理要素对应的点、线、面文件。分别新建三个文件:点图元. WT、线图元. WL、区图元. WP,如图 8-10 所示。

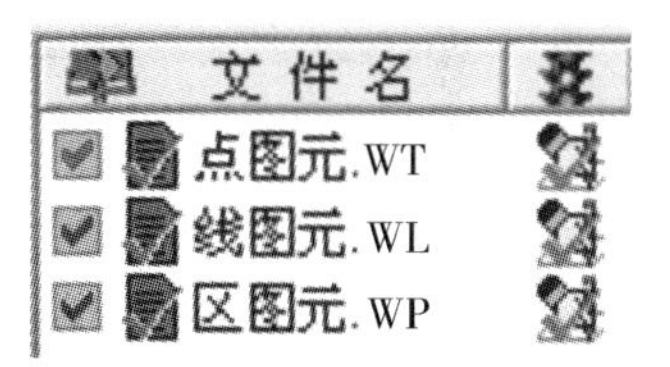

图 8-10 新建点、线、面文件

(3)保存工程文件及项目文件:选定要保存的项目文件,单击鼠标右键,在弹出的快捷菜单中选择"保存所选项",对项目文件进行保存。在左侧窗口空白处单击鼠标右键,选择"保存工程"命令,将工程文件保存到"D:\Data\gisdata8.3"文件夹中,文件名为"工程练习.MPJ"。

(二)工程图例板制作

利用 MAPGIS 作图时,在输入每一类图元之前,都要进入菜单修改此类图元的缺省参数,这样无疑是重复操作,并且影响工作效率。为此,可以生成含有固定参数的工程图例,系统将其放到图例板中,在数据输入时,直接拾取图例板中某一图元的固定参数,这样就可以灵活输入了。

(1)新建工程文件"工程图例练习. MPJ",新建工程图例,编辑三个分类(1 为点,3 为线,5 为面),如图 8-11 所示。

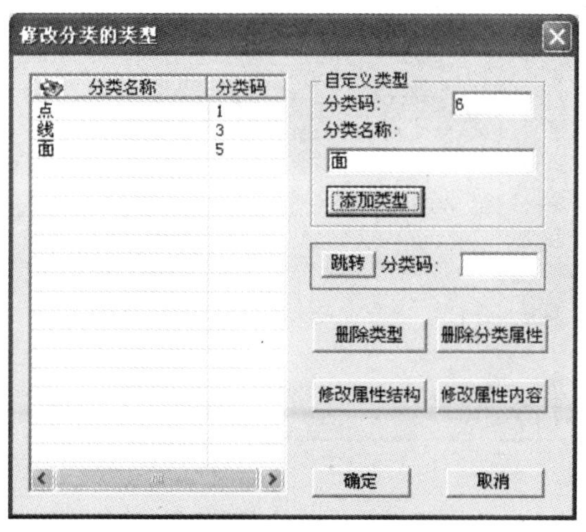

图 8-11 图例分类

(2)新建一个点类型图例(名称和描述都为子图,分类码为1,编码为1001。图例参数:子图号为19,子图高度、子图宽度都为20,子图颜色为6),如图8-12所示。

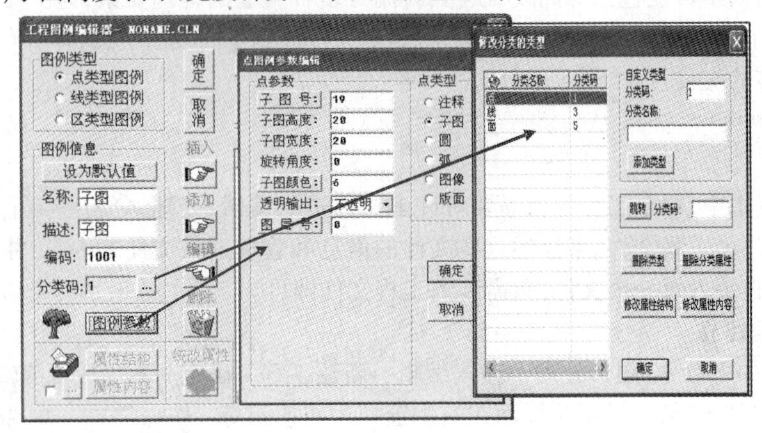

图8-12　点类型图例及其参数

(3)用上述方法新建一个线类型图例(名称和描述都为水系,分类码为3,编码为3001,线型为1,线颜色为2,线宽为0.1)。

(4)再新建一个区类型图例(名称和描述都为行政区划,分类码为5,编码为5001,填充颜色为3)。所建立的点、线、区类型图例如图8-13所示。

(5)点击"确定"按钮,保存工程图例文件为"图例板.cln"。执行如下命令:关联工程图例→打开图例板。打开的图例板如图8-14所示。

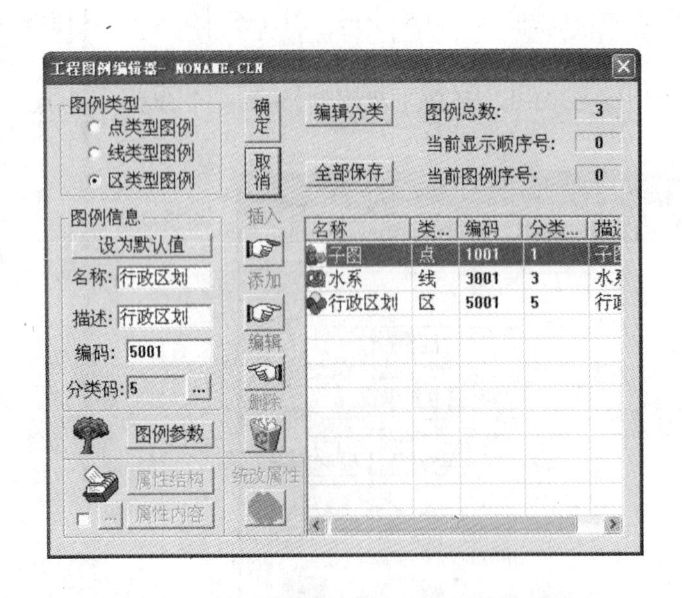

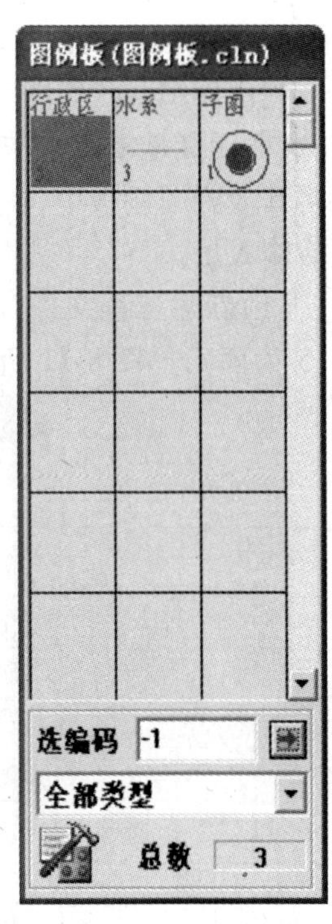

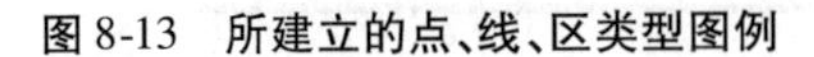

图8-13　所建立的点、线、区类型图例

图8-14　图例板

(6)利用“图例板. cln”创建分类图例,1 列 3 行,点、线、区图例文件的文件名都为图例,边框风格为单线,标题为图例,居中显示,如图 8-15 所示,创建分类图例的结果如图 8-16 所示。

(7)保存工程文件。

图 8-15　创建分类图例

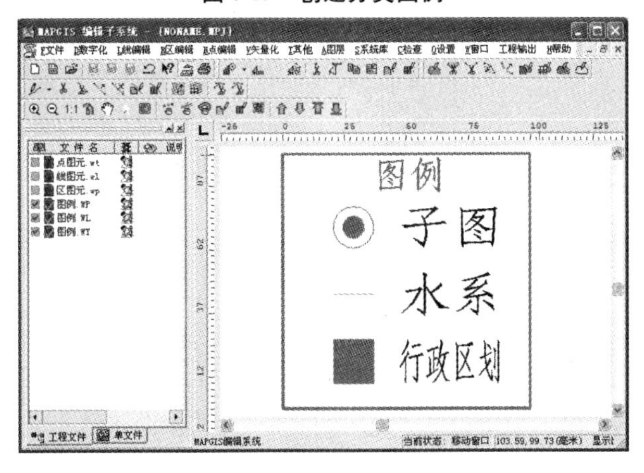

图 8-16　创建分类图例的结果

思考题

1. 简述 MAPGIS 的主要功能。
2. MAPGIS 常用文件类型有哪些?
3. 系统参数设置的作用是什么?
4. 文件编辑有哪几种状态? 各代表什么?

5. 图例板的作用是什么？

6. 若当前工程文件与工程中所包含项目文件不在同一个文件夹下，能否顺利打开工程及其中所包含的文件？若不能，应如何处理？

7. 工程文件和项目文件的关系是什么？

第九章　MAPGIS 空间数据获取与处理

【导读】:MAPGIS 具备高性能的空间数据输入、数据编辑处理功能。本章首先介绍了 MAPGIS 空间数据输入和属性数据管理的方法,在此基础上,详细介绍了图形数据编辑的方法,最后介绍了拓扑数据处理、空间数据误差校正、投影变换等空间数据处理的方法。

第一节　MAPGIS 空间数据输入

一、问题和数据分析

(一)问题提出

空间数据输入是一项十分重要的基础工作,是建立地理信息系统不可缺少的内容。地理信息系统的数据来源非常广泛,其数据输入方法也不相同。统计数据、文字报告或表格等可通过交互终端直接输入,地图数据可通过手扶跟踪数字化和扫描矢量化方式输入。目前 GIS 软件一般都提供了手扶跟踪数字化和扫描矢量化两种方法,但手扶跟踪数字化方法速度慢、精度低、作业劳动强度大,利用扫描仪进行数据输入比手扶跟踪数字化快 5 ~ 10 倍,因此扫描矢量化是一种最主要的数据输入手段。这里重点介绍扫描矢量化输入方法。

(二)数据准备

现提供一幅扫描地图,图内要素比较齐全,包括道路、水系、等高线、居民地等要素,需要利用 MAPGIS 软件把这幅扫描地图转换成矢量形式,扫描地图文件名为 map. msi。数据存放在 D:\Data\gisdata9. 1 文件夹内。

二、读图、分层

读图、分层是非常重要的一步,它是工程管理文件的基础。一般按照地理要素进行分层。在 GIS 的应用中,一般把同一类地理要素存放到同一文件中。

启动 MAPGIS 主菜单,调用输入编辑功能。在输入编辑系统中新创建一工程文件,保存工程文件名为输入编辑,将 map. msi 添加进该工程文件,通过读图、分层并按表 9-1 所示在此工程文件中逐一创建各项目文件。

表 9-1　文件列表

文件名	文件类型	表述内容
图名	WT	图名和比例尺
图例注释	WT	图例中的文字说明部分
地层代号	WT	平面图与图例中的地层代号
等高线	WT	高程注记

续表 9-1

文件名	文件类型	表述内容
水系	WT	河流名称
图签	WT	图签中的注记
居民地	WT	居民地注记
公路	WL	双线公路
水系	WL	河流
等高线	WL	等高线
地层界线	WL	地层分界线
居民地	WL	居民地轮廓界线
图例	WL	图例边框线
图例	WP	图例中的区块
居民地	WP	居民地填充

三、点输入与编辑

点参数按表 9-2 所示进行设置。

表 9-2　点参数设置

文件名	类型	主要参数
图名. WT	注释	字高和字宽为 10,字体为宋体,字色号为 1(比例尺字高和字宽为 5,其余参数相同)
图例注释. WT	注释	字高和字宽为 10,字体为宋体,字色号为 1(图例说明部分字高和字宽为 5,其余参数相同)
地层代号. WT	注释	字高和字宽为 5,字体为宋体,字色号为 1
等高线. WT	注释	字高和字宽为 5,字体为宋体,字色号为 1
水系. WT	注释	字高和字宽为 5,字体为宋体,右斜,字色号为 49
居民地. WT	注释	字高和字宽为 5,字体为宋体,字色号为 1
图签. WT	版面	字高和字宽为 5,字体为宋体,字色号为 1,版面高 30、宽 60

(1)上下标的输入。在输入注释过程中,上标的输入方式为用“# +”与“# =”把上标内容括起来,下标的输入方式为用“# -”与“# =”把下标内容括起来,例如输入 T_2、N^2,如图 9-1、图 9-2 所示。

图 9-1　下标的输入

图 9-2　上标的输入

(2)特殊符号的输入。在输入地层代号的过程中要用到很多特殊符号,可以通过在中文输入法状态下打开软键盘来进行输入,如图 9-3 所示。

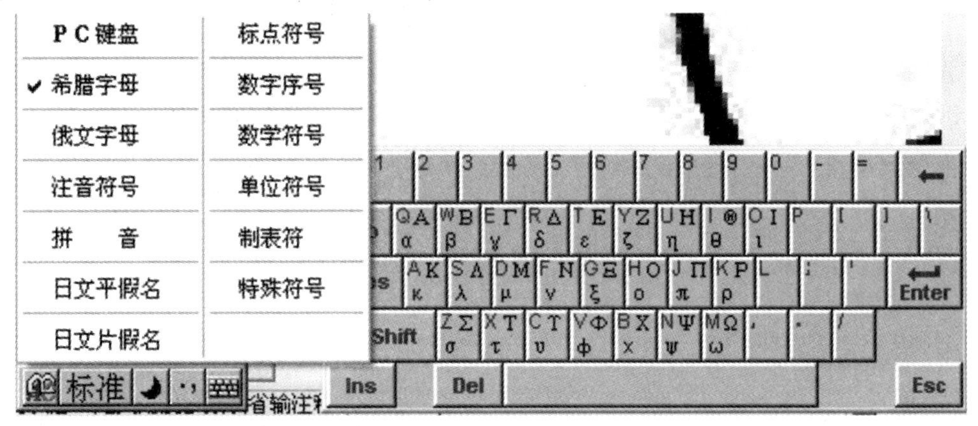

图 9-3　地层代号中特殊符号的输入

(3)输入图签中的版面。在输入图签. WT 中的版面时,先设置字高、字宽、字色号,通过拖动鼠标确定位置,输入内容,再通过修改点参数来修改版面的参数,如图 9-4 所示。

(4)输入图例注释。在输入图例注释. WT 过程中,输入点对象时注意阵列复制和对齐坐标两个功能的使用,特别是采用对齐坐标功能时可结合 Crtl 键的使用来进行点对象的选取,如图 9-5 所示。

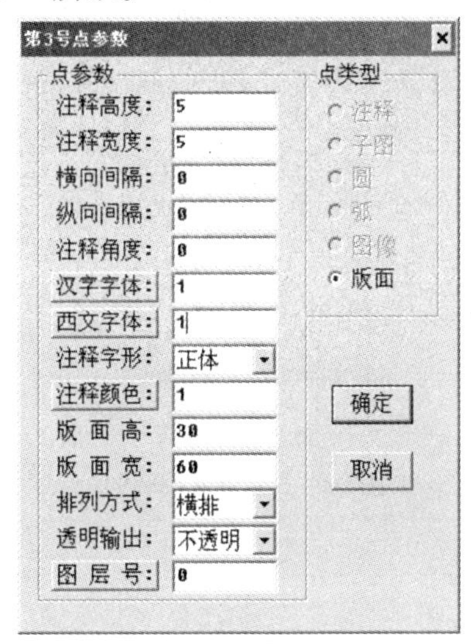

图 9-4　修改版面的参数

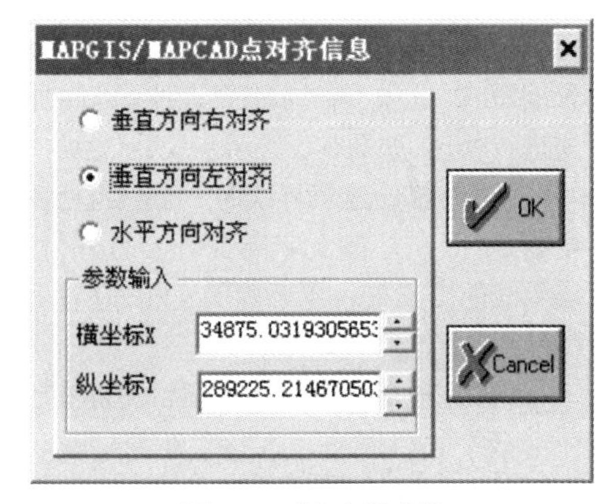

图 9-5　对齐坐标功能

最终按上述参数设置要求逐一完成各点状要素的输入。

四、线输入与编辑

线参数按表 9-3 所示进行设置。

表 9-3　线参数设置

文件名	主要参数
等高线. WL	线型号为1,线宽为0.5(计曲线为1),线色为139
水系. WL	线型号为1,线宽为0.5,线色为49
地层界线. WL	线型号为1,线宽为1,线色为1
居民地. WL	线型号为1,线宽为1,线色为1
图例. WL	线型为矩形,线型号为1,线宽为0.5,线色为1
公路. WL	线型为双线,线型号为1,线宽为0.5,线色为1

(1)在工程文件窗口添加试验素材中的FRAM1000. WT和FRAM10000. WL文件。

(2)按表9-3中的参数设置要求逐一完成各图层的数据输入(通过交互式矢量化来进行输入)。在交互式矢量化的过程中,结合使用F5(放大)、F6(移动)、F7(缩小)、F8(加点)、F9(退点)、F11(改向)等功能键,尤其是在跟踪错误的时候用F8键来加点、用F9键来退点,还要注意等高线与地层界线和内图廓一定要相互交接,建议采用如下三种方式之一进行处理:

①要相交的时候把光标移动到母线上再按F12键,这个时候再选择在母线上加点来连接。

②过头方式,也就是人为地将线描出内图廓,然后选择"线编辑"菜单中的"相交线剪断"选项进行处理,最后删除内图廓线外部分。

③不及方式,也就是人为地将线描至距内图廓一定距离处,然后选择"线编辑"菜单中的"延长缩短线"选项,再选择"靠近线(母线加点)"方式进行处理,如图9-6所示。

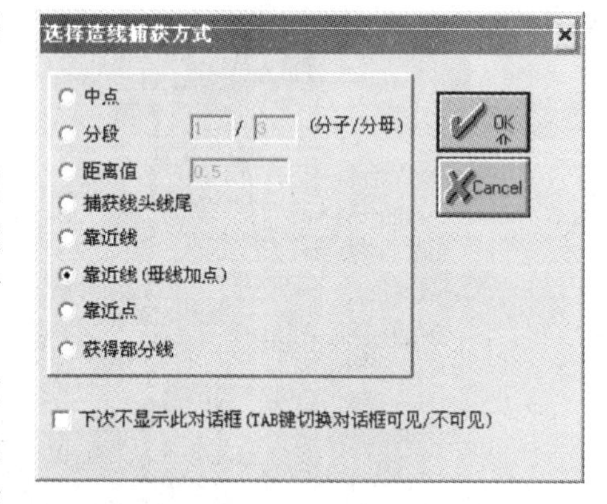

图 9-6　"靠近线(母线加点)"方式

(3)在描绘地层界线时,一定要注意连续,不要断开,特别是被文字断开处。另外,注意各地层界线的交叉处一定要确保实相连(注意F12键的使用)。

(4)完成后注意保存各项目文件和工程文件。

五、区输入与编辑

(1)勾选居民地. WL和居民地. WP文件,使其可以编辑,通过"线工作区提取弧"选项将居民地. WL中的线转换成居民地. WP中的弧,如图9-7所示。通过"输入区"选项完成居民地. WP中区的输入,如图9-8所示。区参数设置如图9-9所示。

(2)勾选图例. WL和图例. WP文件,使其可以编辑,通过"线工作区提取弧"选项将图例. WL中的线转换成图例. WP中的弧。区参数设置如下:从最上一个图例到最后一个图例填充颜色设置为15~23,填充图案、图案高度、图案宽度、图案颜色、图层全部设置为0。

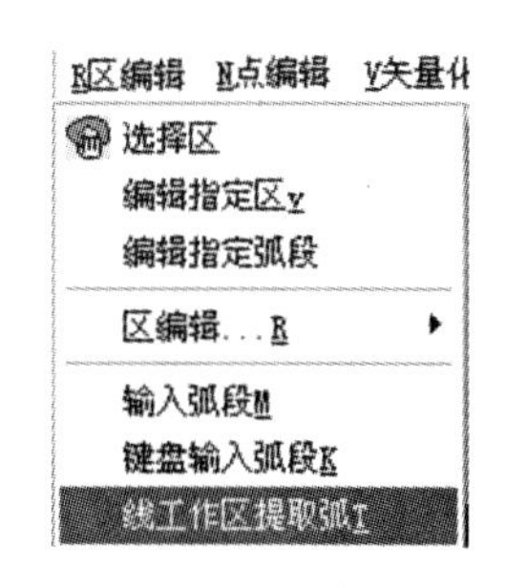

图 9-7 “线工作区提取弧”选项

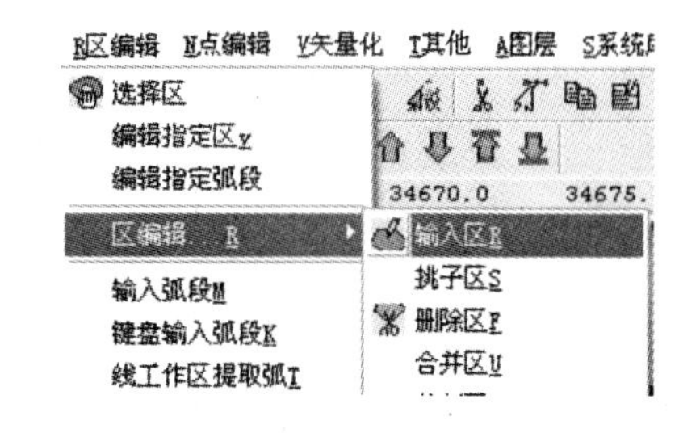

图 9-8 “输入区”选项

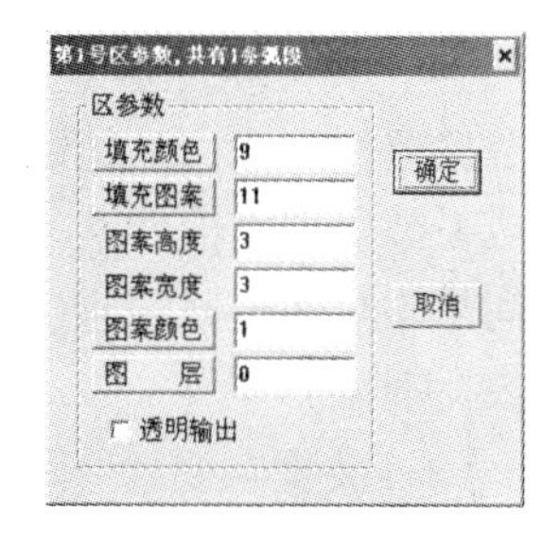

图 9-9 区参数设置

(3)勾选图例注释.WT、图例.WL 和图例.WP 文件,通过“其他”菜单的“整块移动坐标调整”选项,框选图例相关内容,向右平移 30,如图 9-10 所示。

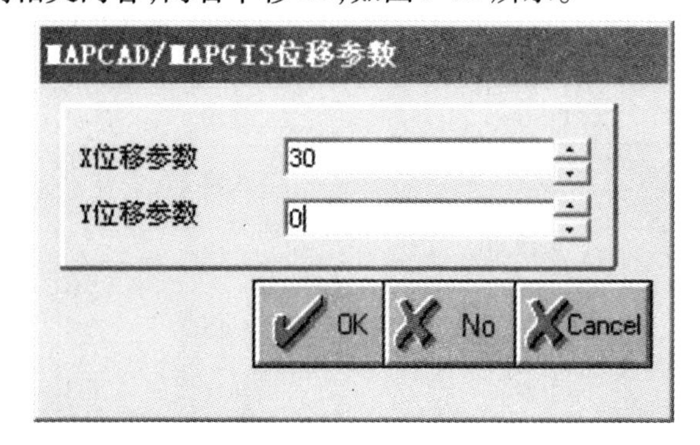

图 9-10 整块移动坐标调整

第二节 MAPGIS 属性库管理

一、问题和数据分析

(一)问题提出

MAPGIS 提供了强大的属性数据管理功能,可以定义属性结构、浏览查看属性结构、编辑修改属性记录,也可以连接和外挂数据库,如 FoxBase、FoxPro、Visual FoxPro、dBASE、Text、Access 等数据库。同时,MAPGIS 还具备与其他大型商业数据库(如 SyBase、Informix、Oracle 等)连接的能力,但用户需安装相应的数据库驱动程序。下面的案例要求建立利用 MAPGIS 的属性数据管理功能建立中国人口属性数据与行政区空间数据连接。

(二)数据准备

现提供 Excel、Access、dBASE 三种形式的中国人口属性数据表,包括 ID、Province、Pop_2000、Pop_Mal_2000、Pop_Fem_2000、Pop_0_14_2000、Pop_15_64_2000、Pop_65Plus_2000 字段。同时提供中国地图.WP 的中国行政区区文件,数据存放在 D:\Data\gisdata9.2 文件夹内。

二、空间数据与属性数据连接

在输入空间数据时,对于矢量数据结构,通过拓扑造区建立多边形,直接在图形实体上附加一个识别符或关键字。属性数据的数据项放在同一个记录中,记录的顺序号或某一特征数据项作为该记录的识别符或关键字。空间数据和属性数据连接的较好方法是通过识别符或关键字把属性数据与已数字化的点、线、面空间实体连接在一起。识别符或关键字都是空间与非空间数据的连接和相互检索的联系纽带。因此,要求空间实体带有唯一性的识别符或关键字。

(一)关键字设置

为了将中国人口属性数据与中国行政区空间数据连接,必须建立连接之间的关系。可通过人口属性数据的 ID 字段和中国地图区属性的 ID 字段来实现,但一定要使两者的 ID 号一一对应。表 9-4 为中国人口属性表中 ID 与对应的 Province,表 9-5 为中国地图区属性表中 ID 与对应的 Province,可以看出,两者并不是一一对应的,这时需要修改其中的一个,使之一一对应即可。

表 9-4　中国人口属性表中 ID 与对应的 Province

ID	Province	ID	Province
1	北京市	18	湖南省
2	天津市	19	广东省
3	河北省	20	广西壮族自治区
4	山西省	21	海南省
5	内蒙古自治区	22	重庆市
6	辽宁省	23	四川省
7	吉林省	24	贵州省
8	黑龙江省	25	云南省
9	上海市	26	西藏自治区
10	江苏省	27	陕西省
11	浙江省	28	甘肃省
12	安徽省	29	青海省
13	福建省	30	宁夏回族自治区
14	江西省	31	新疆维吾尔自治区
15	山东省	32	香港
16	河南省	33	澳门
17	湖北省	34	台湾

表 9-5　中国地图区属性表中 ID 与对应的 Province

ID	Province	ID	Province
1	黑龙江省	18	安徽省
2	内蒙古自治区	19	四川省
3	吉林省	20	湖北省
4	辽宁省	21	重庆市
5	新疆维吾尔自治区	22	上海市
6	甘肃省	23	浙江省
7	河北省	24	江西省
8	山西省	25	云南省
9	北京市	26	湖南省
10	天津市	27	福建省
11	青海省	28	贵州省
12	陕西省	29	广西壮族自治区
13	山东省	30	广东省
14	西藏自治区	31	香港
15	宁夏回族自治区	32	台湾
16	河南省	33	澳门
17	江苏省	34	海南省

(二)中国行政区空间数据与中国人口属性数据连接

(1)在主界面中选择:库管理→属性库管理→文件→导入,把人口属性. xls、人口属性. mdb 或人口属性. dbf 中的任一文件导入并保存为“人口属性. wb”(注:文件后缀名不区分大小写)文件。这里以人口属性. mdb 为例说明导入方法。当界面进入导入外部数据对话框后,选择数据源后的“ + ”图标,打开 ODBC 数据源管理器,选择 MS ACCESS DATABASE 数据源进行配置,选择数据库,如图 9-11 所示,按“确定”按钮后回到导入外部数据对话框,完成导入外部数据,如图 9-12 所示。

(2)连接属性:把区文件中国地图. WP 和人口属性. WB 文件以 ID 为关键字连接。选择:属性→连接属性,弹出如图 9-13 所示对话框。

点击“确定”按钮,系统即自动连接属性。装入中国地图. WP 文件,可以在窗口中看到连入字段及属性数据被连接到中国地图. WP 文件中。

(3)在区文件中国地图. WP 的属性结构中增加一个 Sex Ratio 字段(浮点型,长度为 4,小数位数为 4)。

①选择:文件→装区文件→结构→编辑属性结构→编辑区属性结构,弹出如图 9-14 所

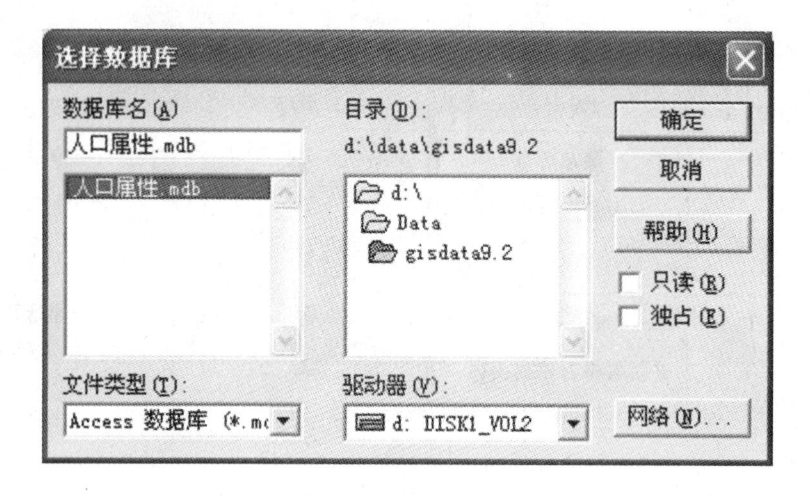

图 9-11 选择数据库

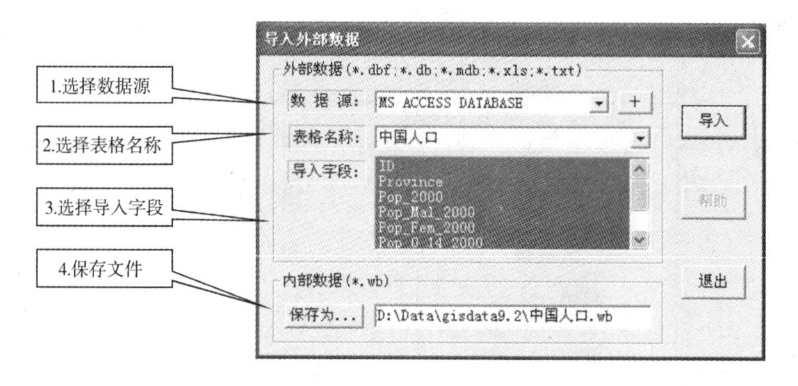

图 9-12 导入外部数据

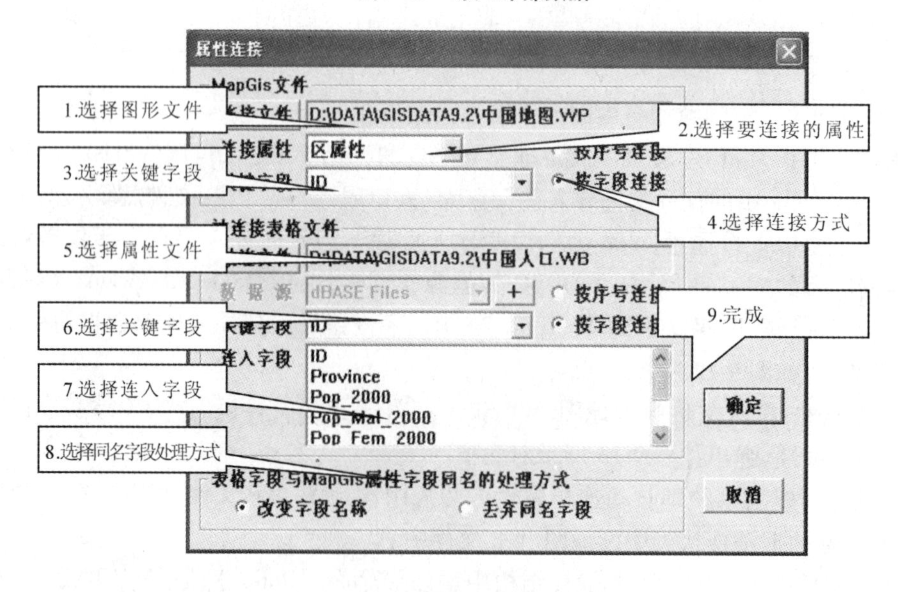

图 9-13 属性连接对话框

示对话框。

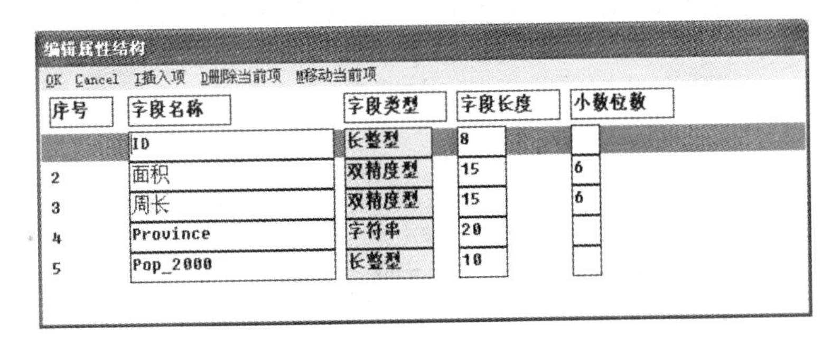

图 9-14　编辑属性结构对话框

②增加新字段 Sex Ratio,如图 9-15 所示。

编辑属性结构

OK Cancel I插入项 D删除当前项 M移动当前项

序号	字段名称	字段类型	字段长度	小数位数
7	Pop_Fem_2000	长整型	10	
8	Pop_0_14_2000	长整型	10	
9	Pop_15_64_2000	长整型	10	
10	Pop_65Plus_2000	长整型	10	
	Sex Ratio	浮点型	8	4

图 9-15　增加新字段 Sex Ratio

③将光标分别移到 Pop_0_14_2000、Pop_15_64_2000、Pop_65Plus_2000 字段,选择“删除当前项”命令即可删除这三个字段。

(4)对区文件中国地图. WP 的属性数据中的 Sex Ratio 列值进行计算。

①选择:属性→统改属性→统改区属性,弹出如图 9-16 所示对话框。

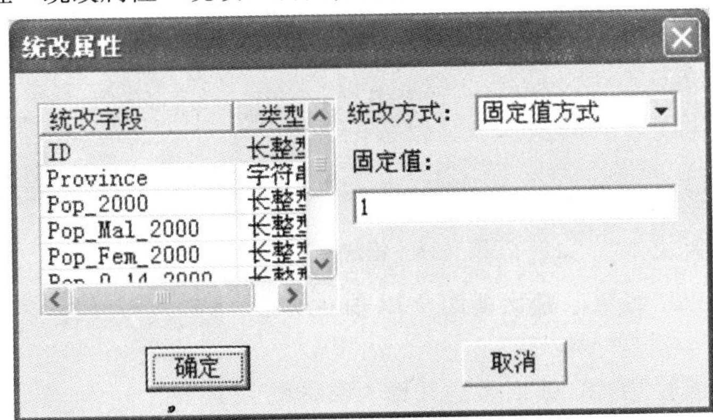

图 9-16　统改属性对话框

②统改字段选择 Sex Ratio,统改方式选择计算方式,输入表达式“Pop_Mal_2000/Pop_Fem_2000”,如图 9-17 所示。最后单击“确定”按钮,在属性数据窗口即可看到修改结果,如图 9-18所示。

(5)在中国地图. WP 的属性数据中查询 Province 为“河南省”的记录号。

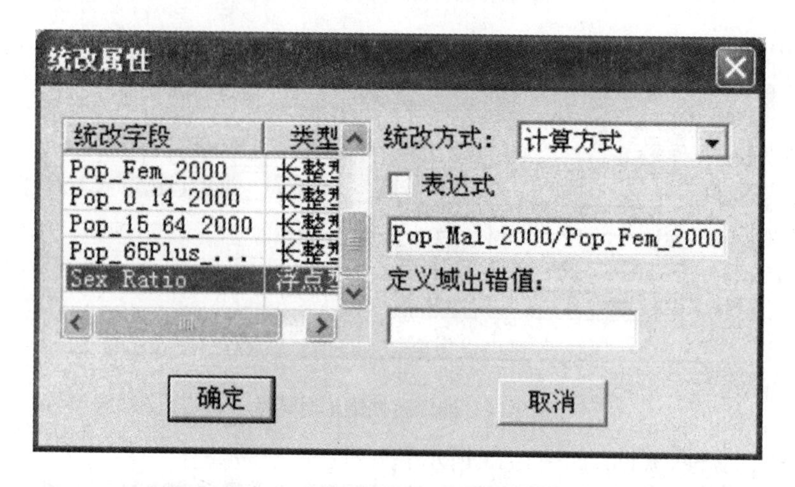

图 9-17　统改属性对话框的设置

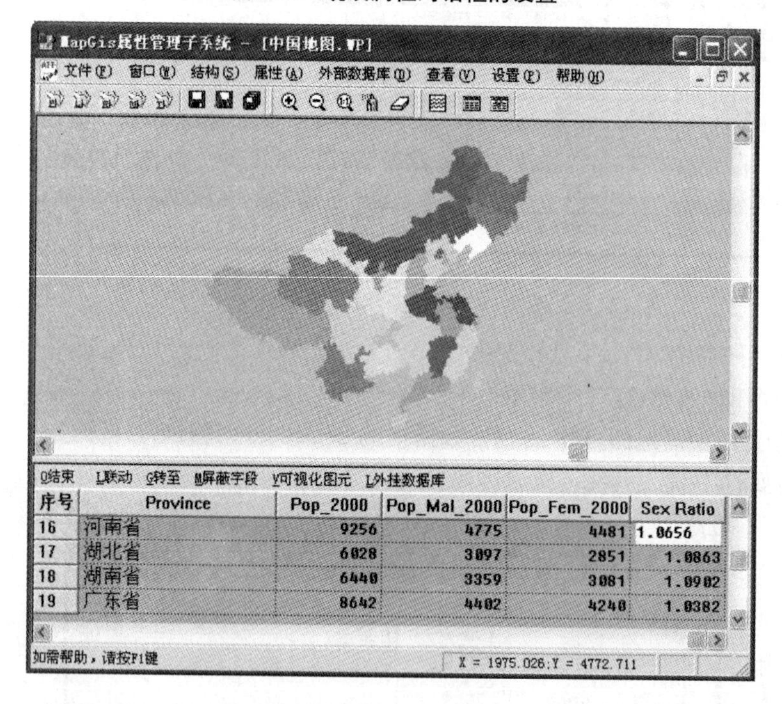

图 9-18　修改结果显示

①选择窗口中的“转至”，弹出如图 9-19 所示对话框。

②单击“条件跳转”按钮，弹出表达式输入对话框，在对话框中输入查询条件，如图 9-20 所示。

③单击“确定”按钮，即查到 Province 为“河南省”的记录号为 16，如图 9-21 所示。

(6)保存文件。

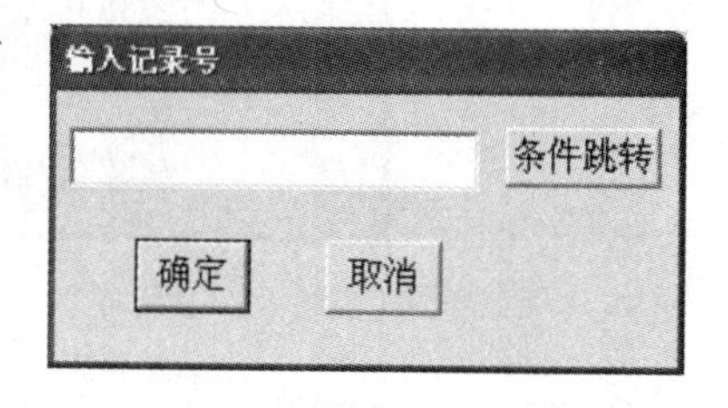

图 9-19　输入记录号对话框

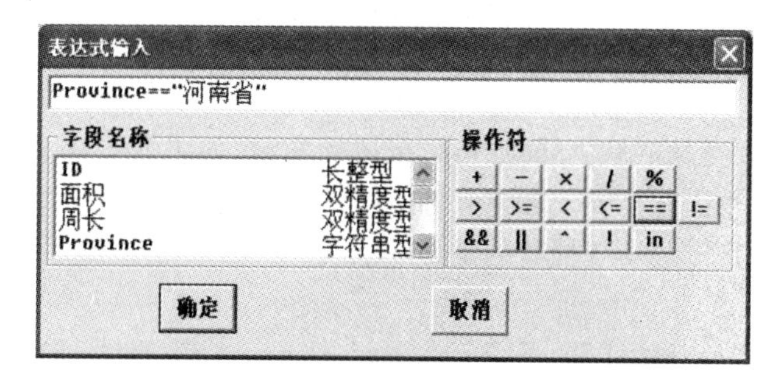

图 9-20　表达式输入对话框

图 9-21　查询结果

第三节　MAPGIS 图形数据编辑

一、问题和数据分析

(一)问题提出

对采集后的数据进行编辑操作,是丰富完善空间数据以及纠正错误的重要手段,空间数据的编辑主要包括点、线、区、弧段的编辑。

(二)数据准备

现提供 CHINA. MPJ 工程文件,包括 CHINA. WT、CHINA. WL、CHINA. WP,即点、线、区三种要素,利用 MAPGIS 软件对其进行编辑。数据存放在 D:\Data\gisdata9. 3 文件夹内。

二、图元捕获

在编辑操作中,大部分都是对指定的某个图元进行操作,这些操作都需要捕获了指定的图元后才能进行,所以捕获图元的操作是 MAPGIS 图形编辑的最基本操作。

(一)捕获区域

移动光标指向要捕获的区域内的任意地方,按鼠标左键,如果捕获成功,则该区域变成闪烁显示,如果捕获不成功则区域不变。如果要捕获的区域有重叠压盖的情况,系统会将重叠的区域逐个闪烁显示,并提示用户选择要捕获的是哪一个区。

(二)捕获弧段

移动光标指向要捕获的弧段上任意一点,按鼠标左键,如果捕获成功,则该弧段变成闪烁显示,如果捕获不成功则弧段不变。如果光标所指的点是几个弧段的交点,系统逐个闪烁显示这几个弧段,并提示用户选择要捕获的是哪一个弧段。

(三)捕获线

移动光标指向要捕获的线上任意一点,按鼠标左键,如果捕获成功,则这条线变成闪烁显示,如果捕获不成功则线不变。如果光标所指的点是几条线的交点,系统将逐个闪烁显示这几条线,并提示用户选择所要捕获的是哪一条线。

(四)捕获点

移动光标指向要捕获的注释、子图等点图元,按鼠标左键,如果捕获成功,则该点变成闪烁显示,如果捕获不成功则该点不变。如果要捕获的点有重叠压盖的情况,系统会将重叠的点逐个闪烁显示,并提示用户选择要捕获的是哪一个点。

(五)捕获多个图元

移动光标开一个窗口,用这个窗口包围住要捕获的图元的控制点,如果捕获成功,则捕获到的图元变成亮黄色显示或从屏幕上消失掉,如果捕获不成功则无这些现象。编辑捕获图元时一次可以捕获不止一个图元,对捕获到的各个图元依次进行编辑。

三、点编辑

点图元包括字符串、子图、圆、弧、版面、图像等六种类型。点编辑包括空间数据编辑和参数编辑。前者包括改变控制点的位置、增减控制点等操作;后者包括改变点图元内容、颜色、角度、大小等图形参数。有关点图元的参数具体说明如下。

(一)注释参数

(1)注释高度:字符的高度,以 mm 为单位。

(2)字符宽度:字符的宽度,以 mm 为单位。

(3)字符间隔:注释串每个字符之间的距离,以 mm 为单位。

(4)字符角度:注释串与 X 轴的夹角。以度为单位(以逆时针旋转为正)。

(5)字符颜色:字符的颜色。

(6)字体:注释串使用的字体编号。MAPGIS 既可以使用系统本身所带的矢量字库,也可以使用 Windows 的 TrueType 字库。若选择使用 Windows 的 TrueType 字库,则需通过 MAPGIS 的字库设置功能下的配置 TrueType 字体功能,设置不同的字体顺序。

注意:使用空心字时,字体采用相应字体编号的负数。如 -3 表示黑体空心字。

(7)字型:显示及输出的字的字型。字型编号如表 9-6 所示。

表 9-6　字型编号

字型编号	字型	字型编号	字型
0	正字	100	立体正字
1	左斜字	101	左斜立体
2	右斜字	102	右斜立体
3	左耸肩	103	左耸立体
4	右耸肩	104	右耸立体

（二）特殊字串编排控制

为了方便编排一些特殊的字串，如上下标和分式，系统定义了一些排版控制符，用这些符号来进行编排控制。

（1）上下标编排：上标控制用“# +”，下标控制用“# -”，恢复正常用“# =”。如：

中国$^{国土}_{资源}$部	表示为：中国# + 国土# - 资源# = 部

（2）分式编排：用“/分子/分母/”格式表示分式。如：

$\frac{123}{456}$	表示为：/123/456/

（3）排列方式：定义字串的排列方式，包括横向排列和纵向排列两种。

（4）透明输出：每一图元在输出时有“透明方式”和“覆盖方式”两种。

四、线编辑

线编辑是图形编辑中很重要的一个环节。用户进行数字化和矢量化操作后，进入系统的都是线图元及区域的边界。由于系统和人工的误差，编辑是必不可少的步骤。它能辅助用户提高绘图精度，协助用户利用计算机速度快、色彩丰富的特点和多样化的图示技术，寻求图形的最佳表现形式。由于它是“所见即所得”方式，在输出前，用户还可通过还原显示功能在屏幕上浏览最终的结果。利用线编辑，可以修改线图元的空间数据，其中包括增删线、改变线的空间位置、剪断线、产生平行线、拷贝线等，也可以编辑、修改线参数，还可以编辑和输入线属性，对所有线图元的编辑操作都在线编辑功能菜单下。

编辑指定的线：用户输入将要编辑的线的序号，编辑器将此线闪烁显示，然后用户可再进入其他线编辑功能，对该线进行编辑。例如，在图形输出过程中，输出系统报告出错图元的图元号，利用此功能将出错图元定位，便可对出错图元进行修改。

删除线：删除一条线——捕获一条线将之删除。删除一组线——在屏幕上开一个窗口，将用窗口捕获到的所有曲线全部删除。该功能为一个拖动过程。

移动线：移动一条线——单击鼠标左键捕获一条线，移动鼠标将该线拖到适当位置，按下鼠标左键即完成移动操作。移动一组线——操作过程可分解为两个拖动过程，第一个拖动过程确定一个窗口，落入此窗口的所有线为将要被移动的线，第二个拖动过程确定移动的增量。在屏幕上，用窗口（拖动过程）捕获若干条线，按下鼠标左键，拖动鼠标到指定的位置，松开鼠标即可。

移动线坐标调整：在屏幕上，用窗口（拖动过程）捕获若干条线，按下鼠标左键，拖动鼠标到指定的位置，松开鼠标后，屏幕弹出具体移动的距离，供用户修改。

推移线：移动光标指向要移动的线，按下鼠标左键捕获该线，拖动光标到指定的位置，松开鼠标后，屏幕弹出具体移动的距离，供用户修改。

复制线：复制一条线——捕获一条线，移动鼠标将该线拖到适当位置，按下鼠标左键将其复制。继续按鼠标左键将连续复制，直到按鼠标右键为止。复制一组线——操作过程可分解为两个拖动过程，第一个拖动过程确定一个窗口，落入此窗口的所有线为将要被复制的线，第二个拖动过程确定移动的增量。

阵列复制线：在屏幕上，用窗口（拖动过程）捕获若干曲线，并将它们作为阵列元素进行拷贝。捕获到的所有曲线构成一个阵列元素。我们把这一元素称为基础元素。此时按系统提示输入拷贝阵列的行、列数（行数是基础元素在纵向的拷贝个数，列数是基础元素在横向的拷贝个数）和元素在 X、Y（水平、垂直）方向的距离。依次输入行、列数及 X、Y 方向的距离值后系统将完成拷贝工作。

剪断线：在屏幕上将曲线在指定处剪断，将一条曲线变成两条曲线。该功能在图形编辑中很重要。在输入子系统中区域可以按线图元输入，然后将这些线图元拼成区域。在拼区过程中，对于有些连续曲线需要剪断。在数字化采集时，有时因为游标跟踪过头而多出一点线头，我们可以从多出的地方剪断，然后将多余的线头删除。

在屏幕上，我们所看到的曲线都是连续的，其实它是由原始的离散图形数据拟合而成的。剪断线就是要从这些原始数据点之间剪断，剪断线有"有剪断点"和"没剪断点"两种剪断方式可供选择。用"有剪断点"方式剪断线后得到的两条曲线都在剪断处加数据点。用"没剪断点"方式剪断线后得到的两条曲线都没在剪断处加数据点。显然，若一条直线只有两个端点，我们选择"没剪断点"方式剪断它是不可能的，但是我们可以选择"有剪断点"方式剪断它。

剪断线时，首先移动光标到指定曲线，将光标指向曲线要剪断处，按下鼠标左键。若剪断成功，则被剪断的曲线分成红蓝两段；若剪断不成功，则显示黄色。为了方便操作，我们可以打开点标注开关（即在"设置"菜单中，将"点标注"置为 ON），此时，曲线上的所有原始数据点都被标上了红色"＋"符号。

钝化线：对线的尖角或两条线相交处倒圆角。操作时在尖角两边取点，然后系统弹出橡皮筋弧线，此时将光标移到合适位置点按鼠标左键，即将原来的尖角变成了圆角。

连接线：将两条曲线连成一条曲线。移动光标到第一条被连接曲线上某点，按下鼠标左键，当捕获成功时，该曲线即变成闪烁显示。然后捕获第二条被连接线，连接时系统把第一条线的尾端和第二条线的最近的一端相连。

延长缩短线：由于数字化误差，个别线的某端点需要延长（缩短）一些，才能到达它所应该连接的结点位置。另外，有时我们还希望某线的端点正好延长到另一线上，例如在交通图中的道路的十字路口，则可使用本功能中的靠近线选项。

线上加点：在曲线上增加数据点，改变曲线形态。首先选中需要加点的线，然后移动光标指向要加点的线段的两个原始数据点之间，用一拖动过程插入一个点。重复这个过程可连续插点。按鼠标右键，结束对此线段的加点操作。

线上删点：删除曲线上的原始数据点，改变曲线的形状。首先选中需要删除点的线，然后移动光标指向将被删除的点的附近，按鼠标左键，该点即被删除。重复这个过程可连续删点。按鼠标右键，结束对此线段的删点操作。

线上移点：在曲线上移动数据点，改变曲线形态。本功能有三个选项，即鼠标线上移点、鼠标线上连续移点和键盘线上移点。

鼠标线上移点：首先选中需要移点的线，然后移动光标指向将被移动的点的附近，用一拖动过程移动一个点。重复这个过程可移动多点。按鼠标右键，即可结束对此线段的移点操作。

鼠标线上连续移点：首先选中需要移点的线，然后移动光标指向将被移动的点的附近，用一拖动过程移动一个点。移动完毕一点，系统自动跳到下一点。移动完毕，按鼠标右键，结束对此线段的移点操作。

键盘线上移点：选中需要移点的线，编辑器弹出线坐标输入对话框，选中的点的坐标出现在对话框中，用户可对它进行修改。此功能也可用来查找坐标点的值、线号、点号。

造平行线：在屏幕上对选定曲线按给定距离形成平行线。平行线产生在原曲线行进方向的右侧；如要产生另一侧的平行线，可以通过选择负的距离来实现。造平行线有“与线同方向”和“与线反方向”两种不同方式可供选择。“与线同方向”即所产生的平行线与原曲线方向相同。“与线反方向”即所产生的平行线与原曲线方向相反。执行这项功能时，系统会提示用户输入产生的平行线与原曲线的距离（以 mm 为单位）。

光滑线：利用 Bezier 样条函数或插值函数对曲线进行光滑。选择该功能后，系统即弹出光滑参数选择窗口，由用户选择光滑类型并设置光滑参数。光滑类型有二次 Bezier 光滑、三次 Bezier 光滑、三次 B 样条插值、三次 Bezier 样条插值四种，可供用户选择，其中前两种不增加坐标点。该功能分为：分段光滑线——选中需要的光滑线，然后在曲线上选出两点，对两点间的部分曲线进行光滑；整段光滑线——捕捉一条线或在屏幕上开一个窗口，将用窗口捕获到的所有曲线全部光滑。

抽稀线：选择合适的抽稀因子对一条线或一组线进行数据抽稀，从而在满足精度要求的基础上达到减少数据量的目的。

改线方向：改变选定的曲线的行进方向，变成它的反方向。

线结点平差：取圆心值——落入平差圆中的线头坐标将置为平差圆的圆心坐标，操作和“圆心、半径”命令造圆相同；取平均值——落入平差圆中的线头坐标将置为诸线头坐标的平均值，操作和开窗口相同，是一拖动过程。

放大线：可以放大一条线及一组线。选中线，然后确定放大中心点，系统随即弹出对话框，允许输入放大比例及中心点坐标，修改后确认，即将所选线放大。

旋转线：可以旋转一条线及一组线。选中线，然后确定旋转中心并拖动鼠标，所选线即跟着转动，到合适位置后放开鼠标，即得到旋转后的结果。

镜像线：可镜像一条线或一组线，分别可对 X 轴、Y 轴、原点进行镜像，选好以上基本要求后，即可选择欲镜像的线，然后确定轴所在的具体位置，系统即在相关位置生成新的线。

五、区编辑

区编辑是图形编辑中很重要的一个环节。它包括区的形成及其属性的编辑等。它能辅助用户提高绘图精度，协助用户利用计算机速度快、色彩丰富的特点和多样化的图示技术，寻求图形的最佳表现形式。熟练地掌握区编辑，对于提高编辑效率有很大的帮助。

在区编辑菜单中，提供了由线元生成面元（即区）的“造区”、确定区嵌套关系的“选子区”，还有修改一个区属性参数的“编辑参数”、一次性修改工作区所有相同属性区的“统改参数”以及“删除”区等选项。

编辑指定区图元：用户输入将要编辑的区的号码，编辑器将此区以黄色加亮显示，然后用户可再进入其他区编辑功能，对该区进行编辑。例如，在图形输出过程中，输出系统报告出错图元的图元号，利用此功能将出错图元定位，便可对出错图元进行修改。

输入区：在屏幕上，以选择的方式构造多边形（面元）。在输入子系统中，区的生成有两种方式：一种是经拓扑处理自动生成区，称之为自动化方式；另一种是在编辑子系统中，用光标选择生成区，我们称之为手工方式。我们这里的造区就是手工方式。为了生成区，我们首先要有构成区的曲线（弧段），这些曲线可以是数字化或矢量采集的线，用“线转弧”或“线工作区提取弧段”命令得到，也可以是屏幕上由编辑器生成（即由输入弧段功能生成）的。在输入区之前，这些弧段应经过剪断、拓扑查错、结点平差等前期处理，否则会导致造区失败。该操作与自动拓扑处理的原理差不多，前者是有选择地生成面元，后者是自动地生成所有的面元。

具体操作如下：移动光标到欲生成的面元内，按下鼠标左键，此时如果弧段拓扑关系正确，则立即生成区。若造区失败，则说明弧段拓扑关系不正确，应用剪断、拓扑查错、结点平差等功能将错误纠正。

查组成区的弧段：选取此功能菜单后，选定一区域，则弹出窗口显示所选定区域的弧段编号及相关结点。

挑子区（岛）：挑子区的操作非常简单，选中母区即可，由编辑器自动搜索属于它的所有子区。在区的多重嵌套中，若把最外层的区看做第一代，那么次内层的区作为第二代，第二代区的内层作为第三代，依次类推。如图9-22所示为岛图。

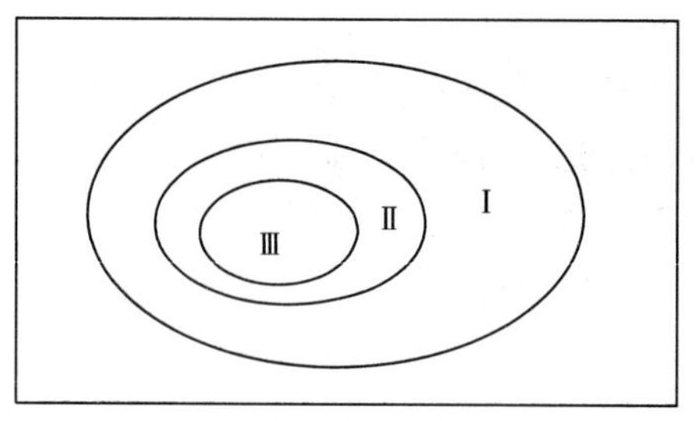

图9-22　岛图

母区、子区是一个相对的概念，相邻两代即为母子关系，即上代为母，下代为子。确定区的嵌套的母子关系，是保证填充区能够真实反映用户要求的基本条件。如果一个区中嵌有一个小区，我们希望它们填上各自的颜色和图案，假如我们不确定其母子关系，在进行区的填充时，母区就把包括子区在内的整个区填上母区的颜色和图案，而子区又填上自己的颜色和图案，结果在它们相交的部分，造成了两种颜色和图案的叠置，在输出时造成失真。

如果我们确立这两个区的母子关系，将外层的大区作为母区，内嵌的小区作为子区，那么在填充时，母区在填充自己的颜色和图案时，将属于子区的那一部分挖去，让子区填上自己的颜色和图案。这才真正反映了我们的要求。

删除区：删除一个区——从屏幕上将指定的区域删除。移动光标，捕获到被删除的区，该区加亮显示一下后马上变成屏幕背景颜色，这样该区就被删除。删除一组区——在屏幕上开一个窗口，将用窗口捕获到的所有区全部删除，此过程为一个拖动过程。

区镜像：有镜像一个区、一组区两种选择，分别可对 X 轴、Y 轴、原点进行镜像，选好以上基本要求后，即可选择欲镜像的区，然后确定轴所在的具体位置，系统即在相关位置生成一个新的区。

复制区：复制一个区——用鼠标左键单击欲复制的区，捕获选择的对象，移动鼠标将该区拖到适当位置，按下左键将其复制。继续按左键将连续复制，直到按右键为止。复制一组区——在屏幕上，用窗口（拖动过程）捕获若干区，然后拖动鼠标将对象拷贝到新的指定的位置。继续按左键将连续复制，直到按右键为止。

阵列复制区:在屏幕上,用窗口(拖动过程)捕获若干区,并将它们作为阵列元素进行拷贝。捕获到的所有区构成一个阵列元素。我们把这一元素称为基础元素。此时按系统提示输入拷贝阵列的行、列数(行数是基础元素在纵向的拷贝个数,列数是基础元素在横向的拷贝个数)和元素在 X、Y(水平、垂直)方向的距离。依次输入行、列数及 X、Y 方向的距离值后系统将完成拷贝工作。

合并区:该功能可将相邻的两个区合并为一个区,移动鼠标依次捕获相邻的两个区,系统即将先捕获的区合并到后捕获的区中,合并后的区的图形参数及属性与后捕获的区相同。

分割区:该功能可将一个区分割成相邻的两个区,执行该操作前必须在区分割处形成一分割弧段(用"输入弧段"或"线工作区提取弧段"命令均可),移动鼠标捕获该弧段,系统即用捕获的弧段将区分割成相邻的两个区(其中隐含自动剪断弧段及结点平差操作),分割后的区的图形参数及属性与分割前的区相同。

自相交检查:自相交检查是检查构成区的弧段之间或弧段内部有无相交现象。这种错误将影响到区输出、裁剪、空间分析等,故应预先检查出来。本功能菜单有两个选项,即检查一个区和检查所有区。检查一个区——单击鼠标左键,捕获一个区并对它的弧段进行自相交检查;检查所有区——需要用户给出检查范围(开始区号,结束区号),系统即对该范围内的区逐一进行弧段自相交检查。

六、弧段编辑

组成区的边界的曲线段称为弧段,弧段编辑属于几何数据的编辑。它的功能包括:纠正弧段上的偏离点,增加、删除弧段,改正"造区"中反向的弧段等。弧段编辑主要用来修改区的形态。将该编辑功能与窗口技术相结合,可以精确修正区的边界线,以提高绘图精度。

弧段编辑的具体操作和线编辑一样,这里不再赘述。弧段编辑之后,编辑器会更新与之相关的区。为了将弧段显示在屏幕上,在编辑弧段时,需在"选择"菜单中打开"弧段可见"选项。

第四节　拓扑数据处理

一、问题和数据分析

(一)问题提出

在 GIS 中,为了真实地反映地理实体,不仅要反映实体的位置、形状、大小和属性,还必须反映实体之间的拓扑关系。可以根据拓扑关系重建地理实体,这里重点介绍根据弧段构建多边形的方法。

(二)数据准备

现提供一幅栅格图(YN50 万分一地质图. msi),图内要素包括国界线、省界线、地州界线、县界线等,利用 MAPGIS 软件绘制主要图元,并完成拓扑数据处理。数据存放在 D:\Data\gisdata9. 4 文件夹内。

二、拓扑处理数据准备

(1)新建工程文件拓扑处理.mpj,装入光栅文件。

(2)根据底图分别新建国界线.WL、省界线.WL、地州界线.WL和县界线.WL等线文件,如图9-23所示。

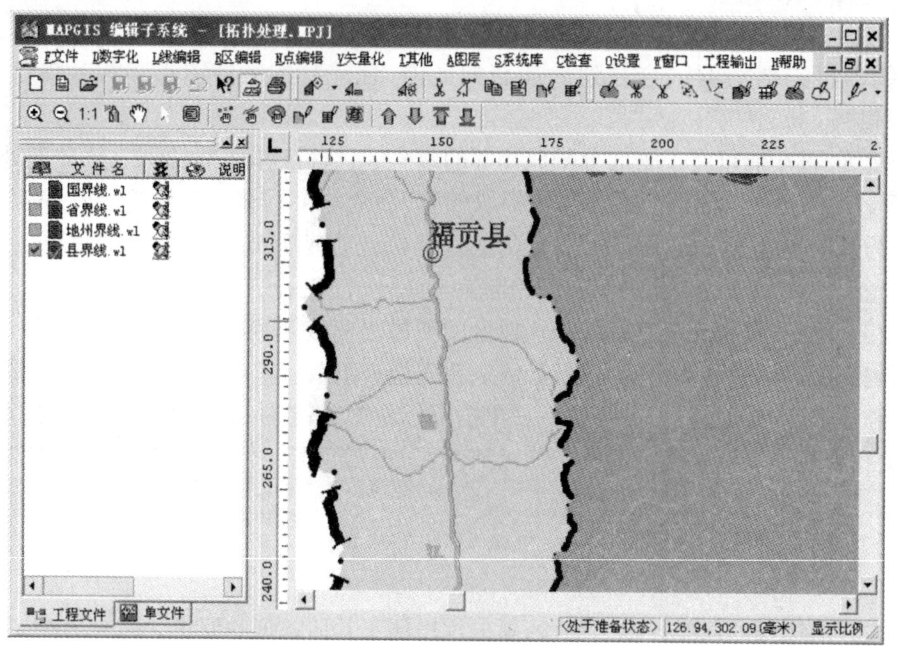

图9-23 新建线文件

(3)完成对应线的输入,外面黑色粗线为国界线,边上红色一横两点线为省界线,中间红色两横一点线为地州界线,中间黑色两横一点线为县界线。国界线、省界线、地州界线和县界线参数设置分别如图9-24~图9-27所示。

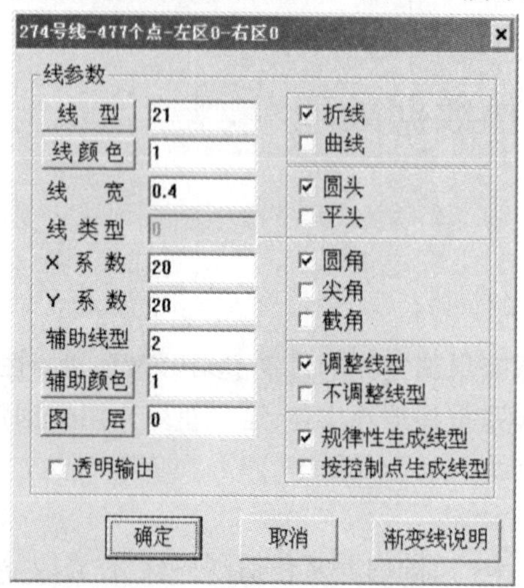

图9-24 国界线参数设置

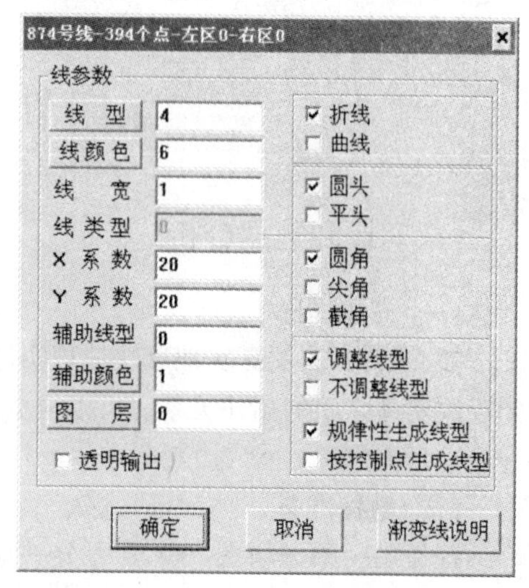

图9-25 省界线参数设置

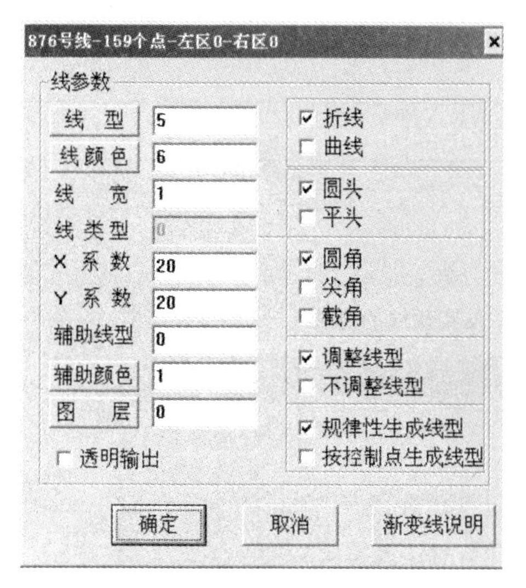

图 9-26　地州界线参数设置

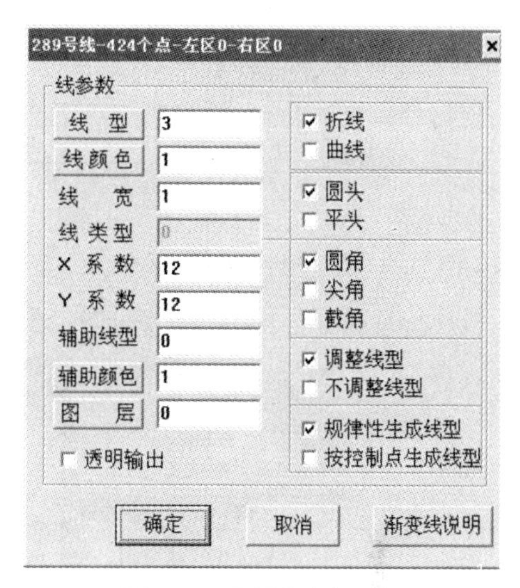

图 9-27　县界线参数设置

(4)在绘制线的时候,一定要确保实相连,通过 F12 键来实现线的连接。完成的国界线、省界线、地州界线和县界线如图 9-28 所示。

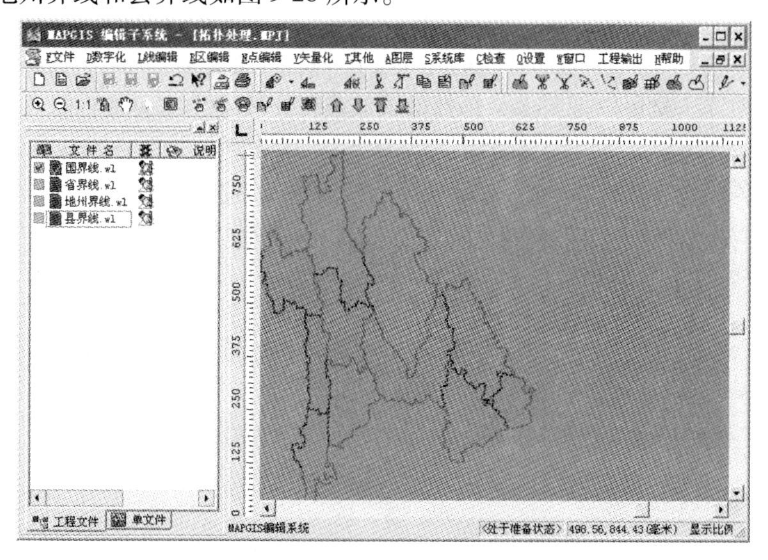

图 9-28　完成的国界线、省界线、地州界线和县界线

三、拓扑处理

(1)新建一线文件拓扑线. WL,把国界线、省界线、地州界线和县界线的内容全部合并到拓扑线. WL 文件,合并可以通过两种方法实现。

①复制、粘贴。分别选中国界线. WL、省界线. WL、地州界线. WL 和县界线. WL 文件,通过“选择线”命令选中线,用 Ctrl + C 键复制选中的线,再到拓扑线. WL 文件中,用 Ctrl + V 键进行粘贴,如图 9-29 所示。

②合并文件。如图 9-30 所示,选中要合并的线文件,单击右键,选择相应的选项进行合并。

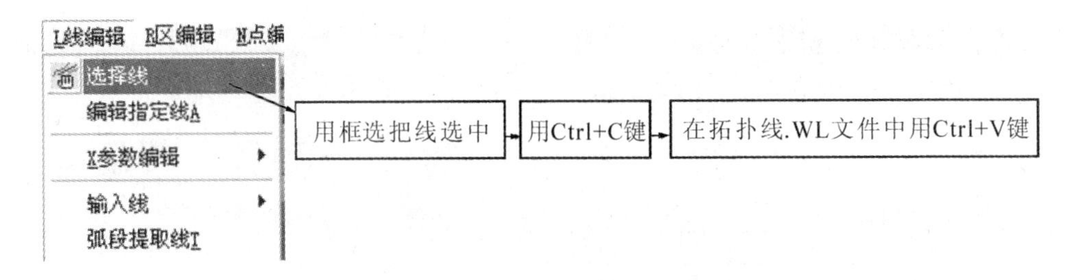

图 9-29 通过复制、粘贴实现线的合并

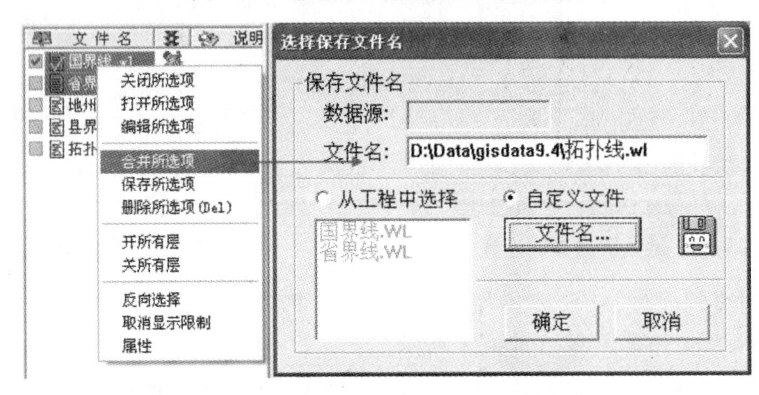

图 9-30 通过合并文件实现线的合并

通过上面的方法就可以把要参与拓扑的线放在拓扑线. WL 文件中。

(2)对拓扑线. WL 进行自动剪断线、清除微短线、清重坐标等拓扑预处理。假如在线准备过程中用 F12 键确保了线的实相连,那么这一步不会有太多的问题。

(3)对拓扑线. WL 进行拓扑查错并解决错误。同样,假如在线准备过程中用 F12 键确保了线的实相连,那么一般不会出现拓扑错误。

(4)对没有拓扑错误的拓扑线. WL 进行线转弧操作,转换后的区文件名称为拓扑区. WP,把拓扑区. WP 添加到工程中,对拓扑区. WP 进行拓扑重建。

(5)对区参数做相应的修改。

(6)保存工程和项目文件。这样就完成了拓扑造区的过程。

四、注释赋属性

(1)新建点文件地名. WT,完成地名的输入。

(2)通过“点编辑”菜单中的“修改点属性结构”命令,给地名. WT 增加四个字段,如表 9-7所示。

表 9-7 增加字段

字段名称	内容	类型	长度
name	地名	字符串	20
area	面积	浮点型	10(小数位数为 4)
pop	人口	长整型	10
地州	所属地州	字符串	20

增加字段操作如图 9-31 所示。

编辑属性结构

OK Cancel I插入项 D删除当前项 M移动当前项

序号	字段名称	字段类型	字段长度	小数位数
1	ID	长整型	8	
	name	字符串	20	
3	area	浮点型	10	4
4	pop	长整型	10	
5	地州	字符串	20	

图 9-31　增加字段操作

(3)修改注释的地州属性：中甸县、维西县、德钦县的地州为中甸，丽江县、宁蒗县、永胜县、华坪县的地州为丽江，泸水县、兰坪县、福贡县、贡山县的地州为怒江。

(4)通过“点编辑”菜单中的“注释赋属性”命令，把对应的地名赋到地名. WT 文件的 name 字段中，如图 9-32所示。

(5)查看地名的属性，name 属性即为其注释，如图 9-32所示。

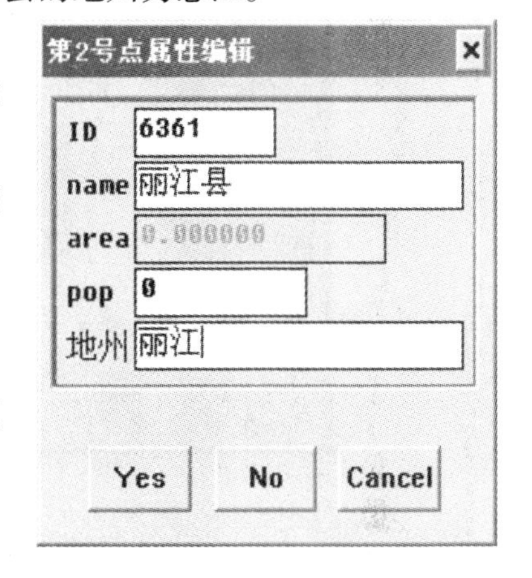

图 9-32　地名的属性

五、Label 点与区合并

Label 点与区合并的目的是把区内对应的 Label 点文件的属性连接到区文件的属性中。

(1)选择拓扑区. WP 文件，查看其属性。

(2)确保地名. WT 文件为关闭状态，通过“其他”菜单的“Label 与区合并”命令，打开地名. WT 为 Label 点文件。

(3)系统自动把地名. WT 文件的属性连接到拓扑区. WP 文件的属性中。查看属性可知，实现了地名. WT 文件的属性与拓扑区. WP 文件的属性合并。

(4)保存工程及项目文件。

第五节　空间数据误差校正

一、问题和数据分析

(一)问题提出

在矢量化的过程中，由于操作误差、数字化设备精度、图纸变形等因素，输入后的图形与实际图形所在的位置往往有偏差；有些图元，由于位置发生偏移，虽经编辑，却很难达到实际要求的精度。这说明图形经扫描输入或数字化输入后，存在着变形或畸变，须经过误差校正，消除变形或畸变，才能满足实际要求。

(二)数据准备

现提供木湖瓦窑数据，图内要素包括道路、等高线、居民地、地貌、方里网、水系等，利用

MAPGIS 误差校正系统完成该数据的误差校正。数据存放在 D:\Data\gisdata9.5 文件夹内。

二、误差校正

误差校正需要三类文件:①实际控制点文件(用点型或线型矢量化图像上的“十”字格网得到);②理论控制点文件(根据文件的投影参数、比例尺、坐标系等在投影变化模块中所建立的标准图框);③待校正的点、线、面文件。

(一)文件加载

执行如下命令:实用服务→误差校正→文件→打开文件→选所需加载文件→打开,弹出打开对话框,如图 9-33 所示。

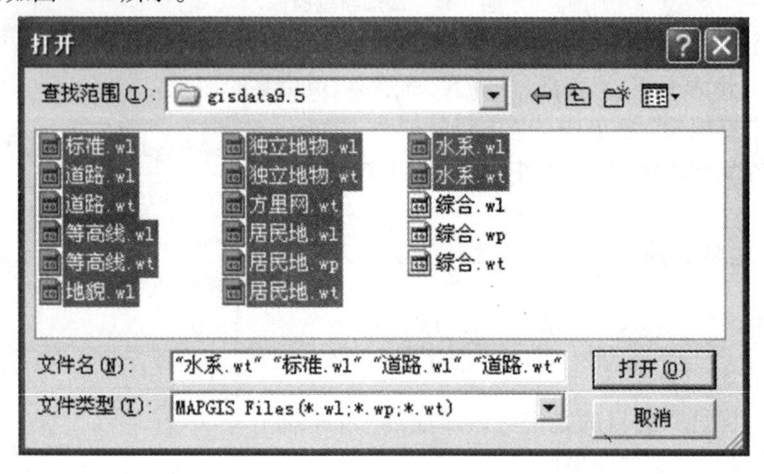

图 9-33 打开对话框

(二)新建控制点

执行如下命令:文件→打开控制点,命名为校正. pnt 后打开,弹出错误信息对话框,如图 9-34所示,选择“是”按钮。

(三)控制点实际值采集

(1)执行如下命令:控制点→设置控制点参数,弹出控制点参数设置对话框,如图 9-35 所示,选择采集数据值类型为实际值,设置采集搜索范围为 5,选择“确定”按钮。

图 9-34 错误信息对话框

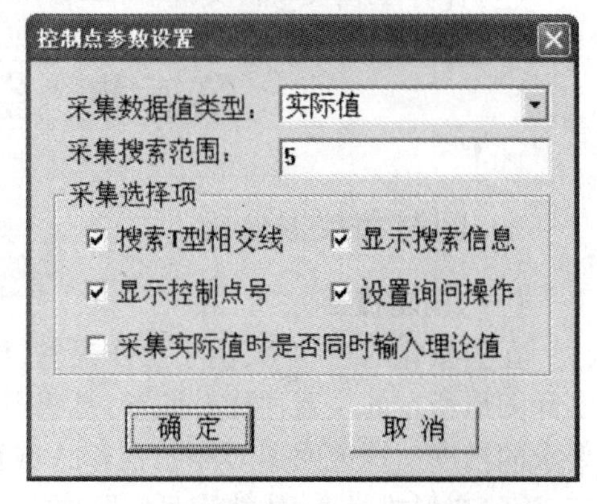

图 9-35 控制点参数设置对话框(一)

(2)执行如下命令:控制点→选择采集文件,弹出选择要采集控制点的文件名对话框,如图9-36所示,选择方里网.WT文件。

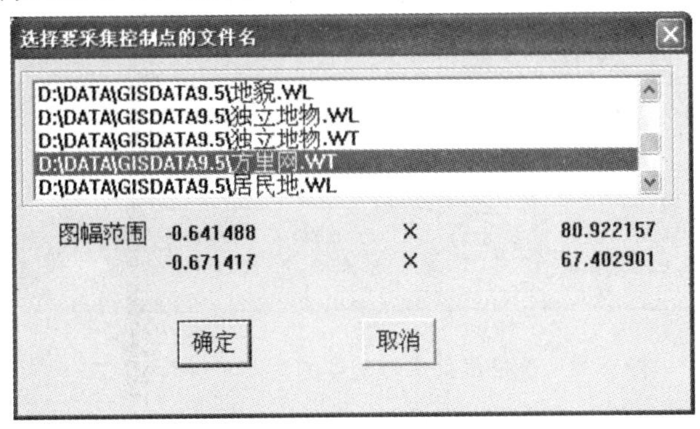

图9-36 选择要采集控制点的文件名对话框(一)

(3)执行如下命令:控制点→自动采集控制点。

(四)控制点理论值采集

(1)执行如下命令:控制点→设置控制点参数,弹出控制点参数设置对话框,如图9-37所示,选择采集数据值类型为理论值,设置采集搜索范围为5,选择"确定"按钮。

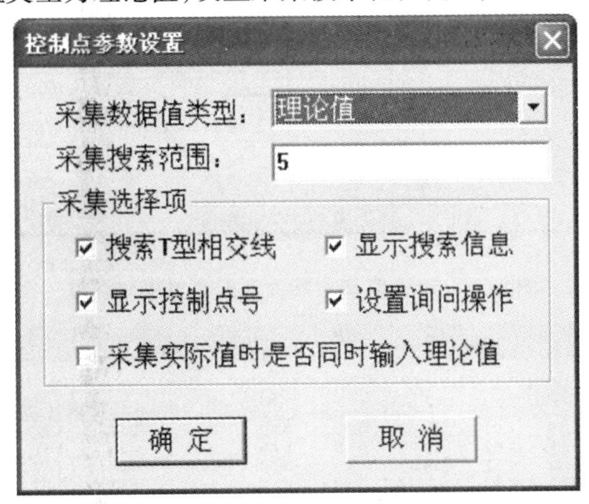

图9-37 控制点参数设置对话框(二)

(2)执行如下命令:控制点→选择采集文件,弹出选择要采集控制点的文件名对话框,如图9-38所示,选择标准.WL文件。

(3)执行如下命令:控制点→自动采集控制点,弹出理论值与实际值匹配定位框对话框,如图9-39所示,进行相应的设置。

(五)编辑校正控制点

执行如下命令:控制点→编辑校正控制点,弹出浏览编辑控制点对话框,如图9-40所示,选择"校正"按钮,选择除标准.WL文件外的所有图形文件,校正结果如图9-41所示。

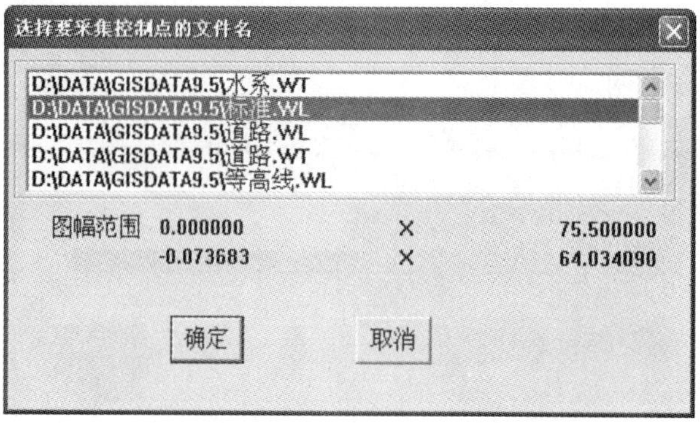

选择要采集控制点的文件名

D:\DATA\GISDATA9.5\水系.WT
D:\DATA\GISDATA9.5\标准.WL
D:\DATA\GISDATA9.5\道路.WL
D:\DATA\GISDATA9.5\道路.WT
D:\DATA\GISDATA9.5\等高线.WL

图幅范围 0.000000 × 75.500000
-0.073683 × 64.034090

确定　取消

图 9-38　选择要采集控制点的文件名对话框(二)

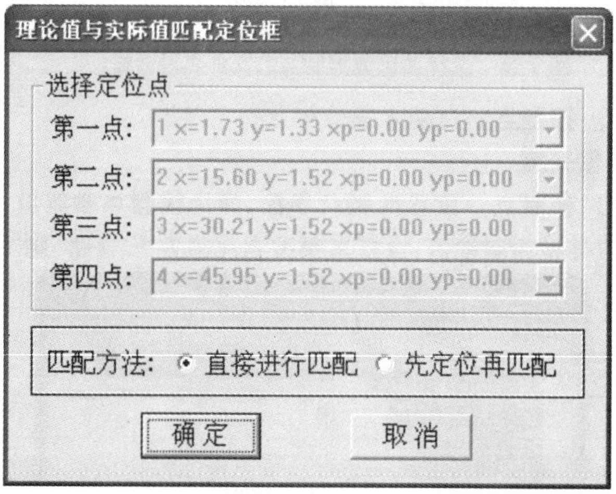

理论值与实际值匹配定位框

选择定位点
第一点: 1 x=1.73 y=1.33 xp=0.00 yp=0.00
第二点: 2 x=15.60 y=1.52 xp=0.00 yp=0.00
第三点: 3 x=30.21 y=1.52 xp=0.00 yp=0.00
第四点: 4 x=45.95 y=1.52 xp=0.00 yp=0.00

匹配方法: 直接进行匹配　先定位再匹配

确 定　取 消

图 9-39　理论值与实际值匹配定位框对话框

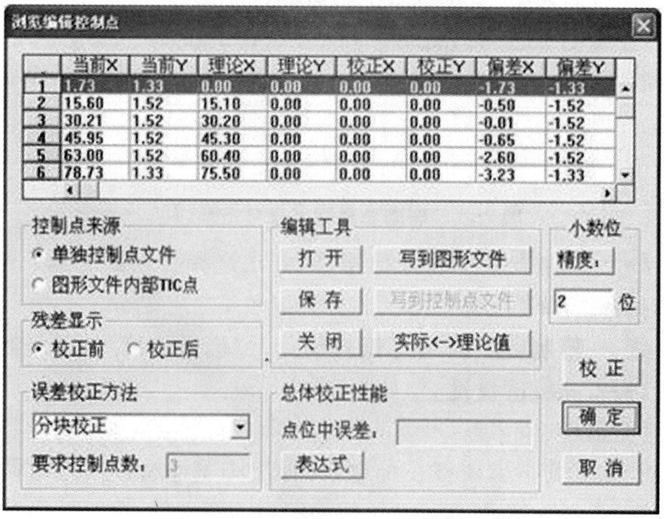

浏览编辑控制点

	当前X	当前Y	理论X	理论Y	校正X	校正Y	偏差X	偏差Y
1	1.73	1.33	0.00	0.00	0.00	0.00	-1.73	-1.33
2	15.60	1.52	15.10	0.00	0.00	0.00	-0.50	-1.52
3	30.21	1.52	30.20	0.00	0.00	0.00	-0.01	-1.52
4	45.95	1.52	45.30	0.00	0.00	0.00	-0.65	-1.52
5	63.00	1.52	60.40	0.00	0.00	0.00	-2.60	-1.52
6	78.73	1.33	75.50	0.00	0.00	0.00	-3.23	-1.33

控制点来源
单独控制点文件
图形文件内部TIC点

残差显示
校正前　校正后

编辑工具
打 开　写到图形文件
保 存　写到控制点文件
关 闭　实际<->理论值

小数位
精度: 2 位

校 正
确 定
取 消

误差校正方法
分块校正
要求控制点数: 3

总体校正性能
点位中误差:
表达式

图 9-40　浏览编辑控制点对话框

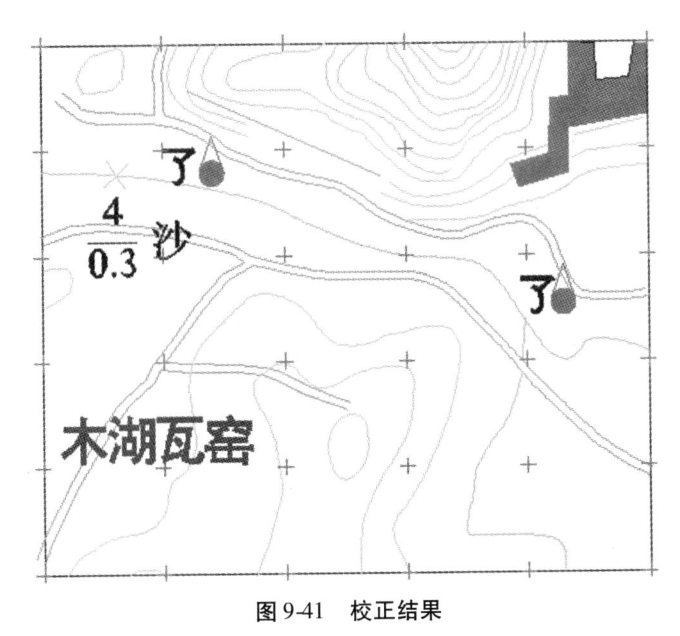

图 9-41　校正结果

第六节　空间数据投影变换

一、问题和数据分析

(一) 问题提出

地理空间数据具有三维空间分布特征,需要一个空间定位框架,即统一的地理坐标系和平面坐标系。没有合适的投影或坐标系的空间数据不是一个好的空间数据,甚至是没有意义的空间数据,因为这种数据不含实际地理意义。

我国的各种地理信息系统中都采用与我国基本比例尺地形图系列一致的地图投影系统,大于等于 1:50 万图采用高斯 - 克吕格投影,1:100 万图采用正轴等角割圆锥投影。

(二) 数据准备

现提供大竹篷组. MPJ 工程文件,包括大竹篷组. WT、大竹篷组. WL、大竹篷组. WP、控制点. WT、原始数据. txt 等文件,利用 MAPGIS 投影变换系统完成该数据的投影变换。数据存放在 D:\Data\gisdata9. 6 文件夹内。

二、图框生成

(一) 标准图框生成

以 1:10 万图框生成为例进行说明。执行如下命令:实用服务→投影变换→系列标准图框→生成 1:10 万图框(或者点击图框工具栏中的"10"按钮),具体生成过程如图 9-42 ~ 图 9-44所示。

(二) 非标准图框生成

以 1:20 万图框生成为例进行说明。执行如下命令:系列标准图框→生成 1:1 000 图框(或者点击图框工具栏中的"1 000"按钮),具体生成过程如图 9-45 所示。

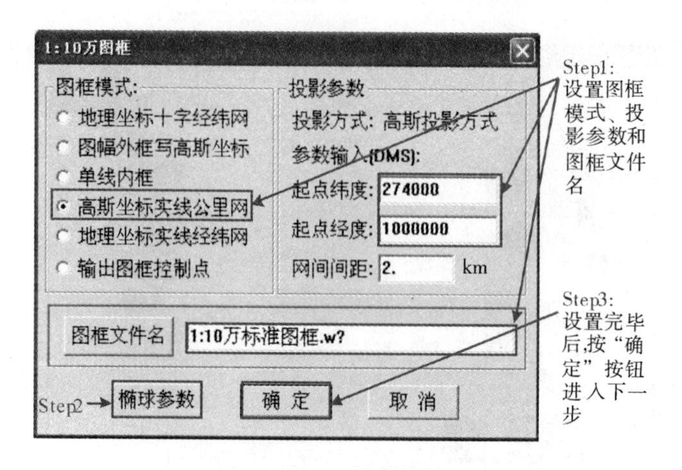

图 9-42　1∶10 万图框对话框

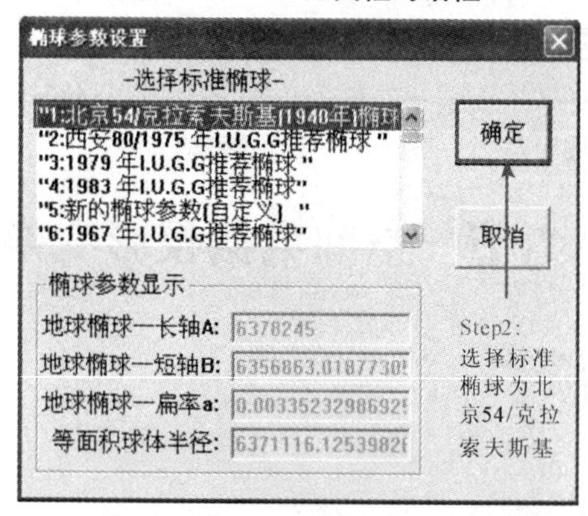

图 9-43　椭球参数设置对话框

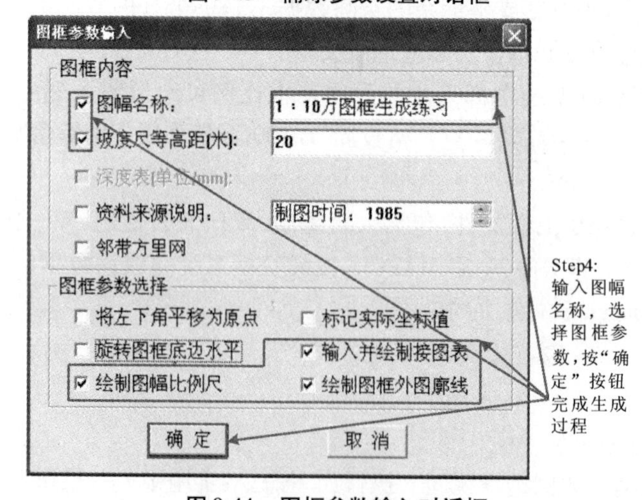

图 9-44　图框参数输入对话框

三、投影变换

(一)单点数据投影变换

执行如下命令:投影转换→输入单点投影转换,具体投影变换过程如图 9-46 ~ 图 9-49 所示。

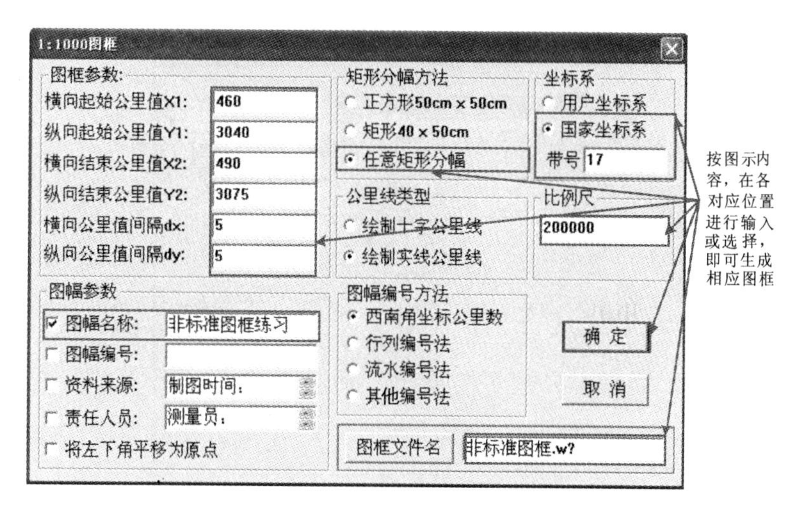

图 9-45　1∶20 万图框生成

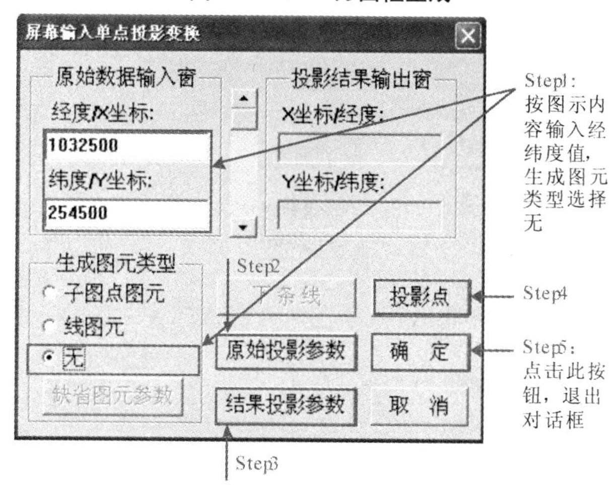

图 9-46　屏幕输入单点投影变换对话框

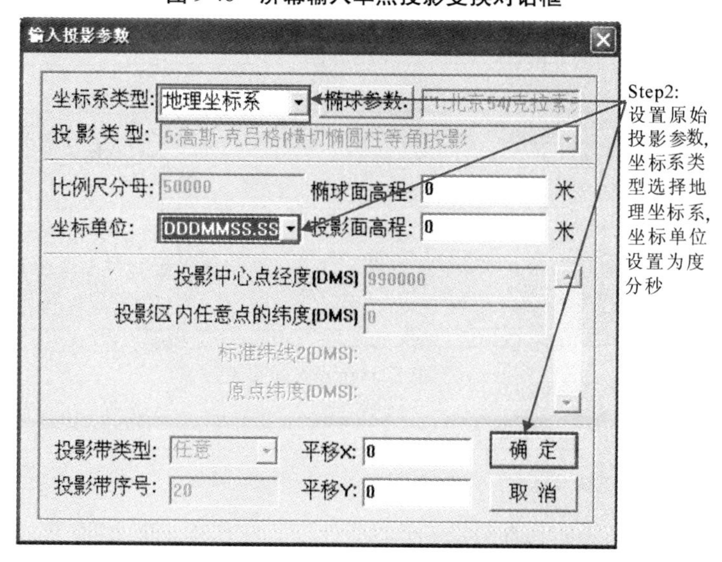

图 9-47　设置原始投影参数

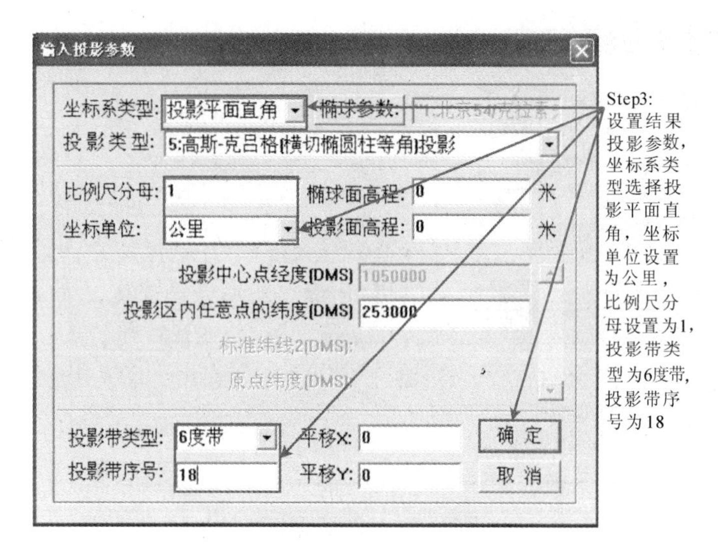

图 9-48 设置结果投影参数

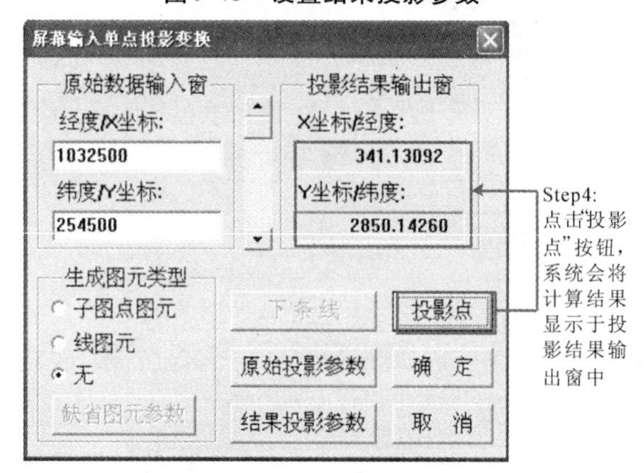

图 9-49 投影结果输出

依据上述方法，完成表 9-8 中空白单元格坐标值的输入。

表 9-8 投影变换

原始数据		投影结果		说明
103°25′00″E	25°30′00″N			转换为 6 度带平面直角坐标
$Y=17\ 460$ km	$X=2\ 758$ km			转换为地理坐标，直角平面坐标为 6 度带坐标
$Y=17\ 460$ km	$X=2\ 758$ km			转换为 3 度带平面直角坐标
$Y=35\ 580$ km	$X=3\ 460$ km			转换为地理坐标，直角平面坐标为 3 度带坐标

（二）空间数据投影变换

1. 数据加载

执行如下命令：文件→打开文件，选择 D:\Data\gisdata9.6 文件夹，加载投影变换所需数据（大竹篷组.WT、大竹篷组.WL、大竹篷组.WP、控制点.WT）。

2. 采集控制点

（1）执行如下命令：投影变换→MAPGIS 文件投影→选择点文件，选择控制点.WT 数据文件。在视图窗口点击鼠标右键，选择"复位窗口"命令，选择控制点.WT 数据文件。

（2）执行如下命令：投影变换→当前文件 TIC 点→输入 TIC 点，输入 TIC 点信息，在窗口中按顺时针或逆时针方向依次采集四个控制点，具体过程如图 9-50～图 9-53 所示。

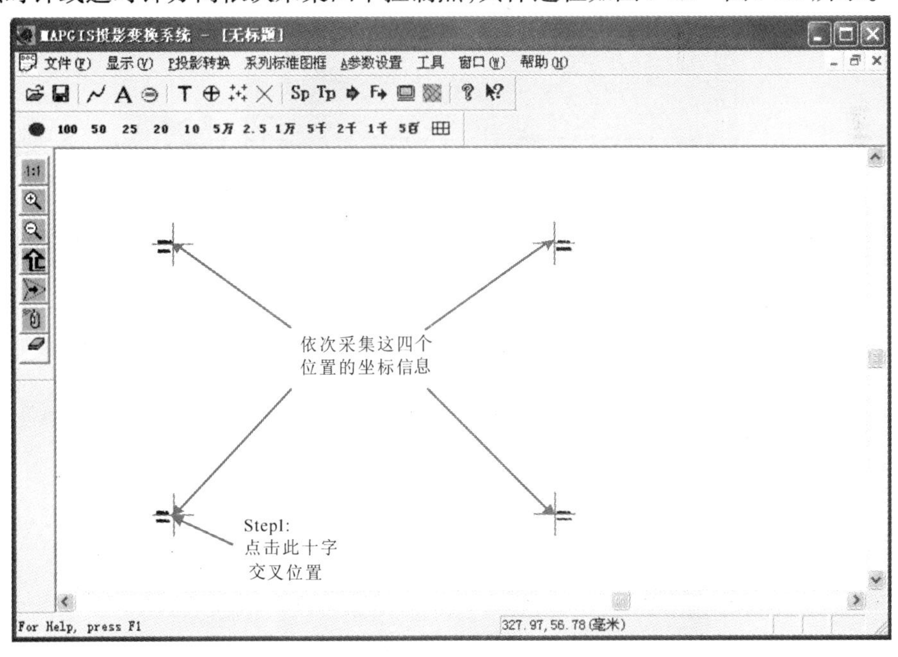

图 9-50　采集控制点

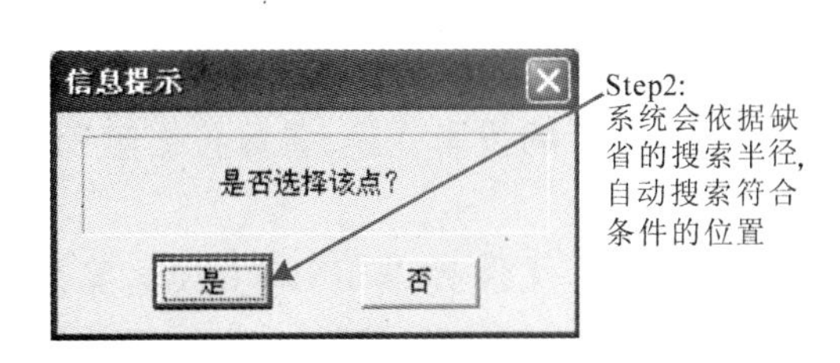

图 9-51　控制点自动搜索

图 9-52　输入 TIC 点

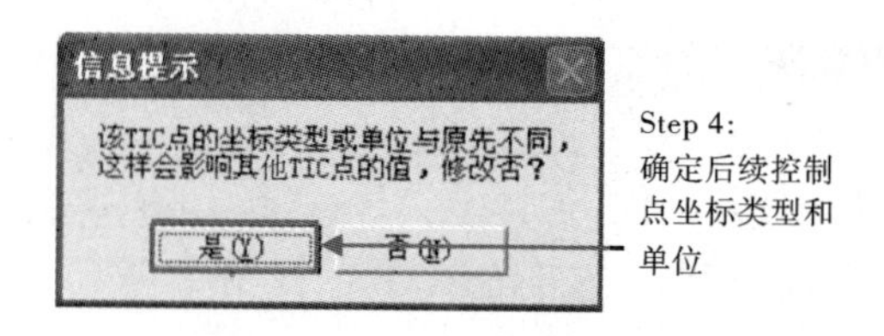

图 9-53　确定后续控制点坐标

3. 拷贝控制点信息

(1)执行如下命令:投影变换→当前文件 TIC 点→浏览编辑 TIC 点,检查所采集的 TIC 点的信息是否有误,如图 9-54 所示。

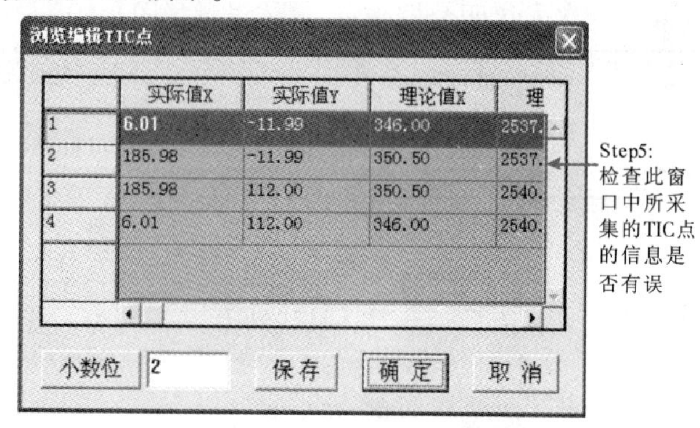

图 9-54　浏览编辑 TIC 点

(2)执行如下命令:投影变换→文件间拷贝 TIC 点→输入 TIC 点,将所采集的控制点信息拷贝给其他文件,如图 9-55 所示。

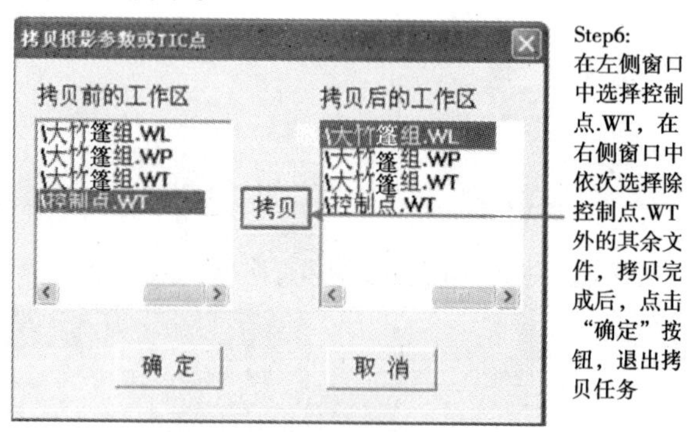

图 9-55　拷贝投影参数或 TIC 点

4. 投影变换

(1)执行如下命令:投影变换→进行投影变换,完成图形的投影变换,具体投影过程如图 9-56 ~ 图 9-60 所示。

(2)执行如下命令:文件→另存文件,将投影变换的结果文件 NEWLIN. WL 换名保存,文件命名为原文件名加“ - 1”,即大竹篷组 - 1. WL。

(3)执行如下命令:投影变换→文件间拷贝投影参数,将投影变换结果文件换名保存,如图 9-61 所示。

(4)执行如下命令:投影变换→进行投影变换,按 Step7 ~ Step11 依次完成大竹篷组. WT 和大竹篷组. WP 的投影变换。投影变换结果文件分别保存为大竹篷组 - 1. WT 和大竹篷

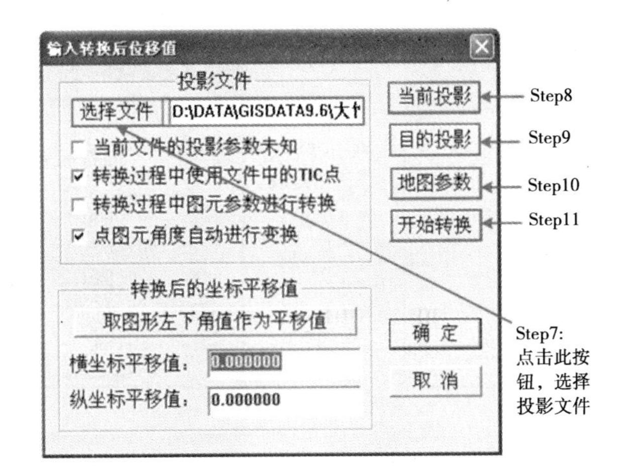

图 9-56　选择投影文件

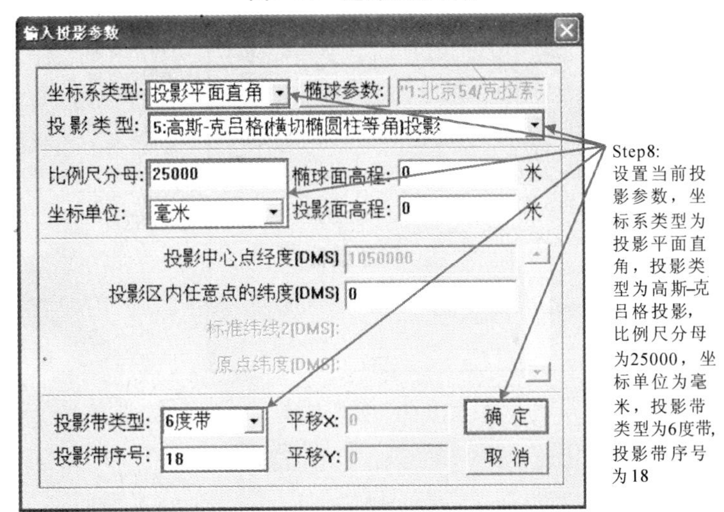

图 9-57　设置当前投影参数

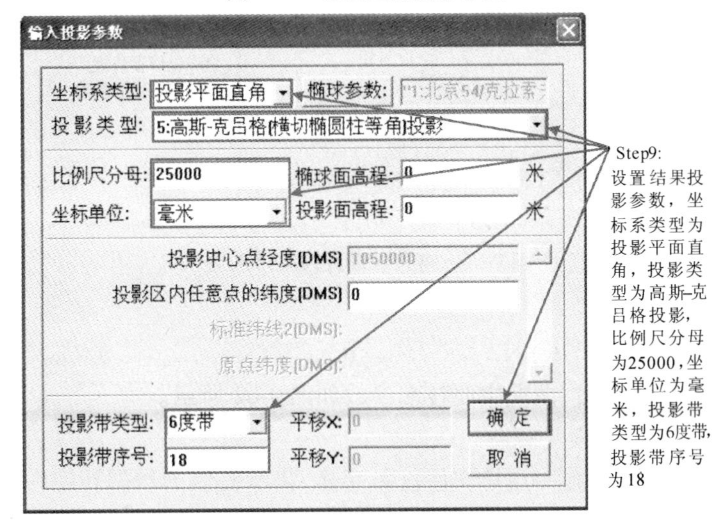

图 9-58　设置结果投影参数

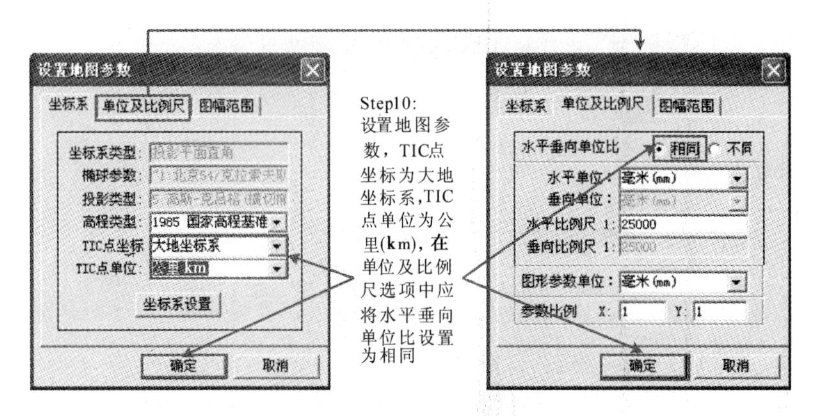

图 9-59 设置地图参数

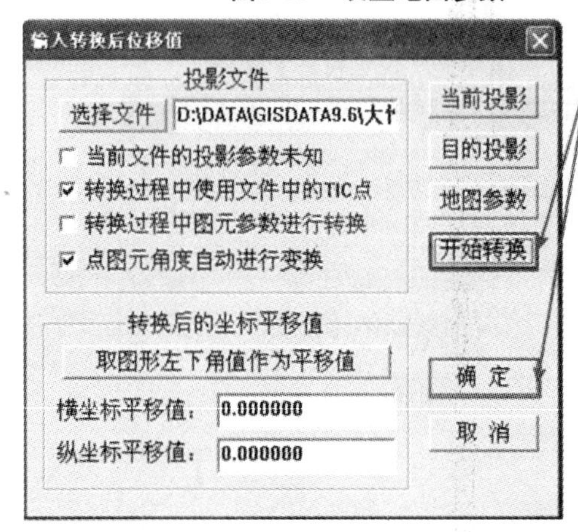

Step11:
当前投影、目的投影和地图参数设置完毕后，点击“开始转换”按钮完成转换，点击“确定”按钮退出

图 9-60 投影转换

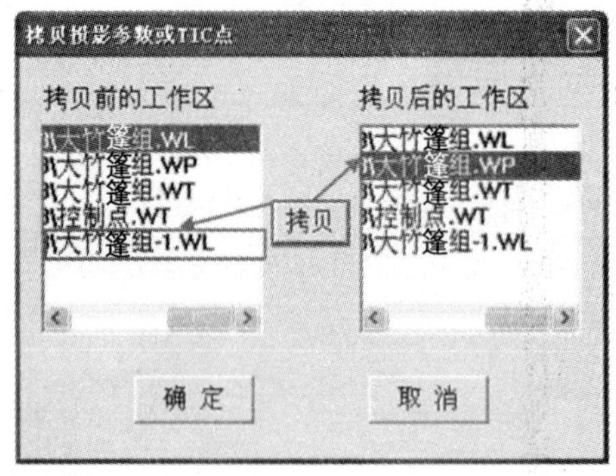

Step12:
在左侧窗口中选择大竹篷组-1.WL，在右侧窗口中依次选择大竹篷组.WT和大竹篷组.WP，并点击“拷贝”按钮将投影参数拷贝给未设置投影参数的文件

图 9-61 拷贝投影变换结果文件

组 -1. WP。

5. 图框生成

按非标准矩形图框生成，图框主要技术参数如图 9-62 所示。

(三) 用户数据投影变换

执行如下命令：投影变换→用户文件投影变换，将所提供的数据转换为图形，具体操作过程如图 9-63 ~ 图 9-69 所示。

将用户数据投影变换生成的点文件保存，其文件名为用户数据. WT。

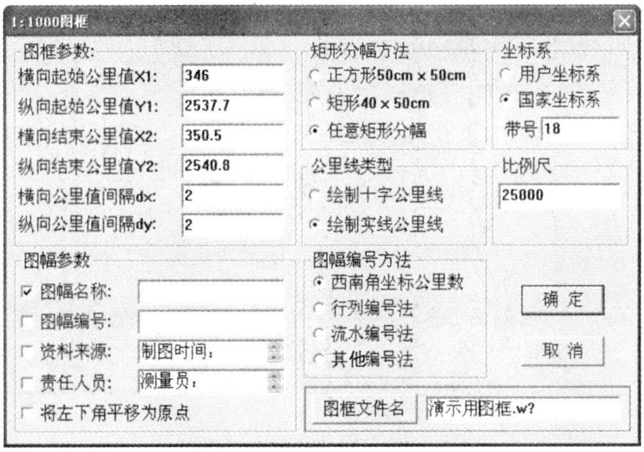

1:1000图框

图框参数：
横向起始公里值X1: 346
纵向起始公里值Y1: 2537.7
横向结束公里值X2: 350.5
纵向结束公里值Y2: 2540.8
横向公里值间隔dx: 2
纵向公里值间隔dy: 2

矩形分幅方法
正方形50cm×50cm
矩形40×50cm
任意矩形分幅

坐标系
用户坐标系
国家坐标系
带号 18

公里线类型
绘制十字公里线
绘制实线公里线

比例尺
25000

图幅参数
图幅名称：
图幅编号：
资料来源： 制图时间：
责任人员： 测量员：
将左下角平移为原点

图幅编号方法
西南角坐标公里数
行列编号法
流水编号法
其他编号法

确 定
取 消
图框文件名 演示用图框.w?

图 9-62　1:25 000 图框生成

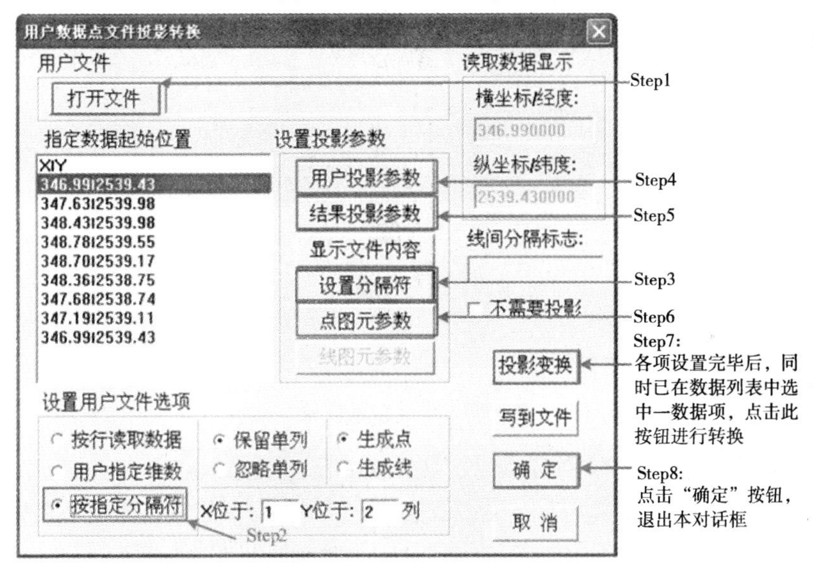

图 9-63　用户数据点文件投影转换

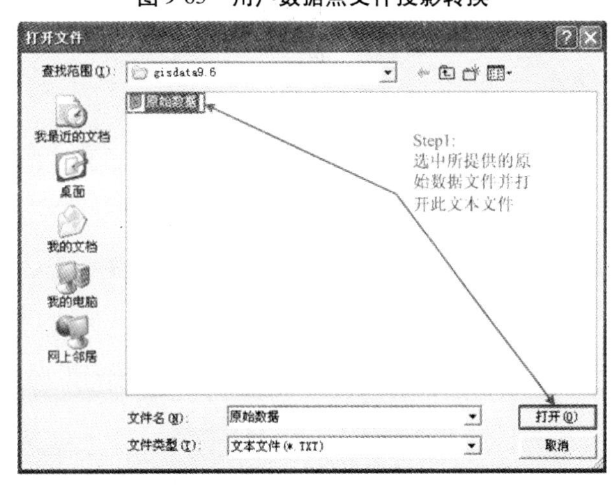

图 9-64　打开文件

图 9-65　确定按指定分隔符

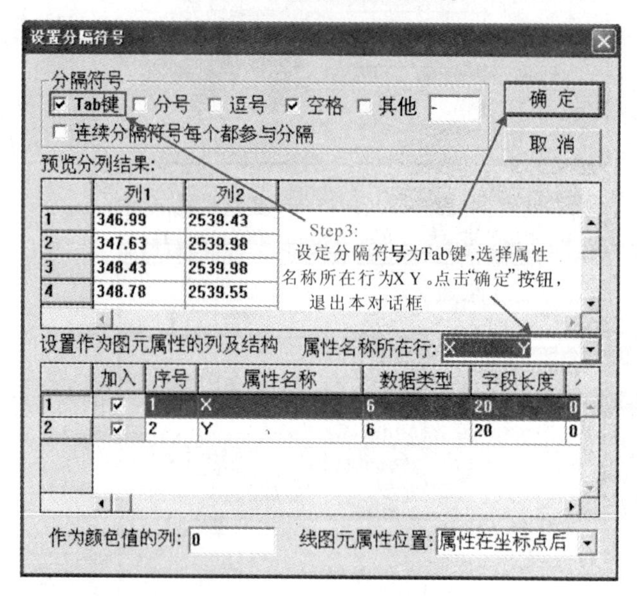

图 9-66　设置分隔符号

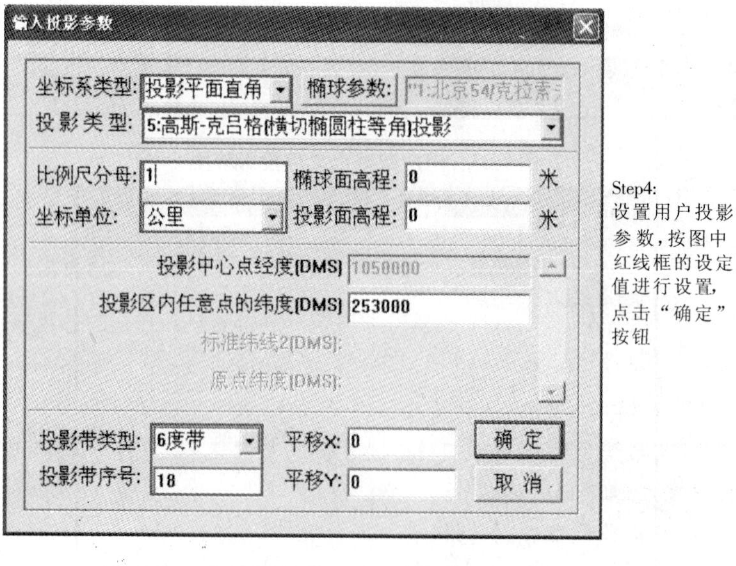

输入投影参数
坐标系类型: 投影平面直角　椭球参数: "1:北京54/克拉索夫
投影类型: 5:高斯-克吕格(横切椭圆柱等角)投影
比例尺分母: 1　椭球面高程: 0 米
坐标单位: 公里　投影面高程: 0 米
投影中心点经度(DMS) 1050000
投影区内任意点的纬度(DMS) 253000
标准纬线2(DMS):
原点纬度(DMS):
投影带类型: 6度带　平移X: 0　确 定
投影带序号: 18　平移Y: 0　取 消

Step4:
设置用户投影参数，按图中红线框的设定值进行设置，点击“确定”按钮

图 9-67　设置用户投影参数

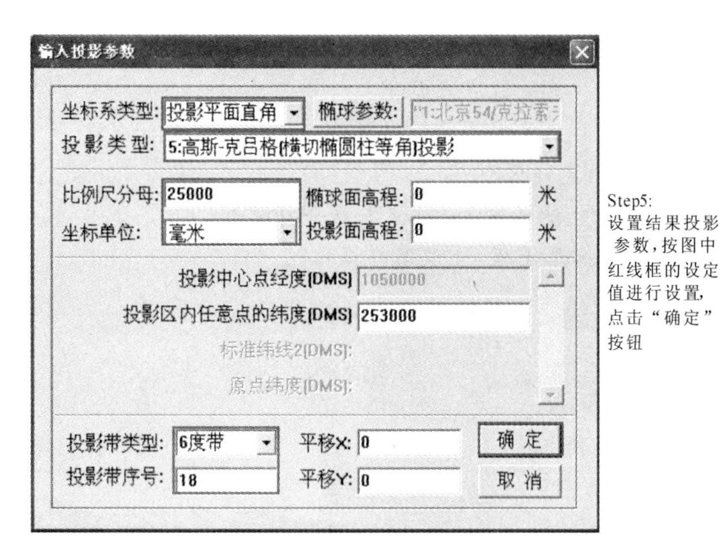

图 9-68　设置结果投影参数

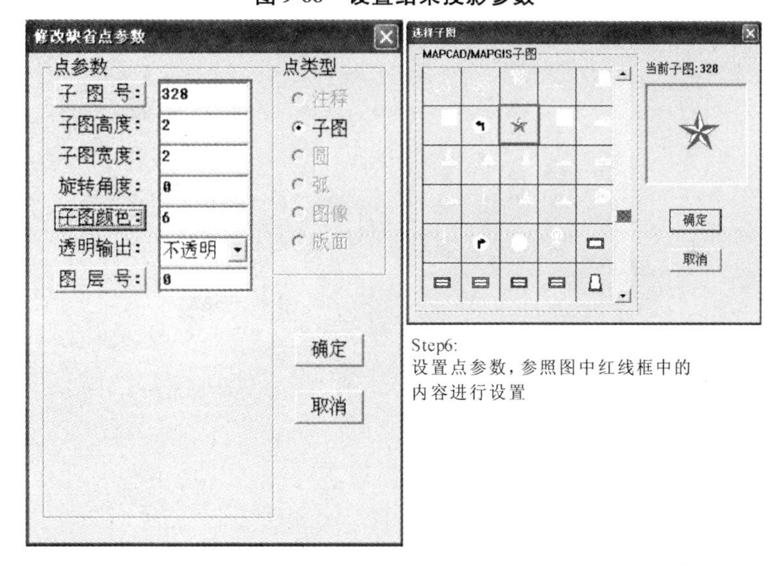

图 9-69　设置点参数

思考题

1. MAPGIS 中 F5、F6、F7、F8、F9、F11、F12 等功能键各起什么作用?
2. 如果所绘制线的宽度与线型未显示出来,应该如何处理?
3. MAPGIS 中生成双线的方法有哪几种?
4. 使一条线封闭的命令是什么?
5. 在阵列复制中,如在行距、列距中输入负值表示什么?
6. 如何改变输入编辑系统中的窗口背景颜色?
7. 若要改变点、线、区的颜色等,应该如何处理?
8. 如果注释输入错误了,应该怎么办?

9. 为什么要进行点、线、区、弧段编辑？应如何进行编辑？
10. 如何进行属性连接？其关键点在哪里？
11. 什么是拓扑处理？其主要作用是什么？一般操作步骤是什么？
12. Label 点文件的作用是什么？
13. 若 Label 点不在区内，能实现 Label 点与区合并吗？
14. 若要生成非标准的梯形图框，应该怎样操作？

第十章　MAPGIS 分析与应用

【导读】:MAPGIS 具有完备的空间分析工具,通过对空间数据的深加工或分析,获取新的信息,为空间决策提供辅助依据。MAPGIS 应用范围涉及地质、环境、水利、林业、交通、农业、旅游等诸多领域。本章首先介绍了 MAPGIS 属性数据分析的方法,其次介绍了缓冲区分析和叠加(或称叠置)分析的空间分析方法,最后介绍了 MAPGIS 应用于选址分析、DEM 分析、网络分析与应用的方法。

第一节　MAPGIS 属性数据分析

一、问题和数据分析

(一)问题提出

属性分析包括单属性分析和双属性分析,它们分析的对象可以是属性,也可以是表格。但不管是单属性分析还是双属性分析,它们分析的属性字段都必须是数值型的属性字段。这里重点介绍单属性分析的方法。

(二)数据准备

现提供属性分析. MPJ 工程文件,包括 LINE. WL、POINT. WT、REGION. WP、RIVER. WL 四个文件,利用 MAPGIS 空间分析子系统完成该属性分析。数据存放在 D:\Data\gisdata 10. 1文件夹内。

二、属性分析

(一)立体饼图生成

(1)执行如下命令:空间分析→文件→装区文件,加载要进行属性分析的数据文件,如图 10-1 所示。

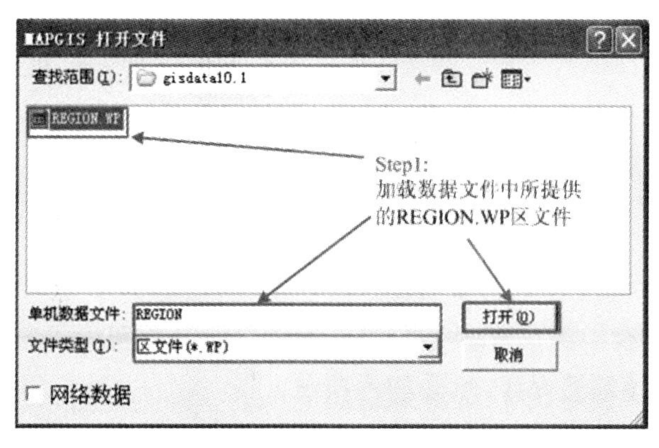

图 10-1　加载要进行属性分析的数据文件

(2)执行如下命令:属性分析→单属性分类统计→立体饼图,选择属性分析类型,具体过程如图 10-2 ~ 图 10-5 所示。

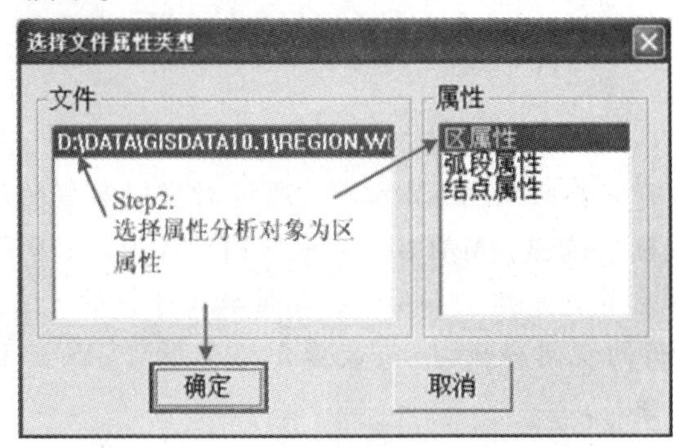

图 10-2　选择属性文件类型

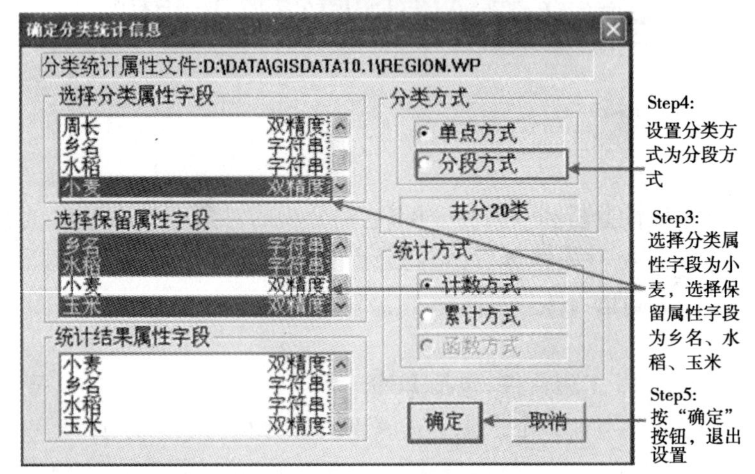

图 10-3　确定分类统计信息

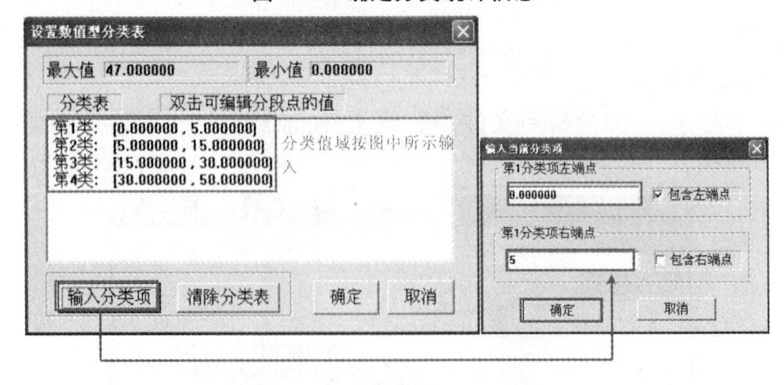

图 10-4　设置数值型分类表

(二)保存文件

执行如下命令:文件→保存当前文件,换名保存属性分析所生成的图形文件,系统生成的表格文件(*. WB)不需要保存,如图 10-6 所示。

(三)文件组合

(1)执行如下命令:图形处理→输入编辑→打开已有工程文件,打开所提供的属性分

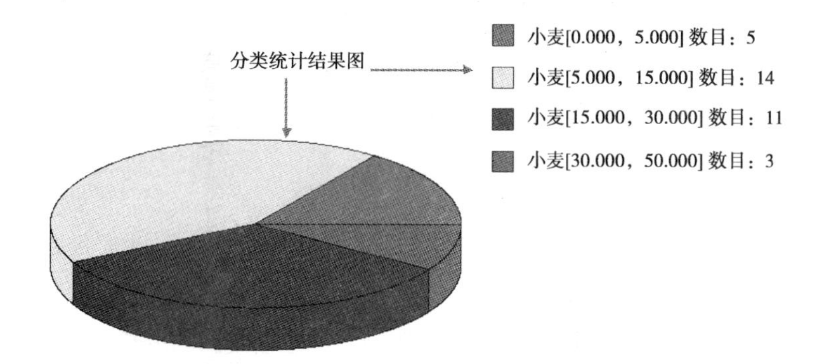

图 10-5　分类统计结果

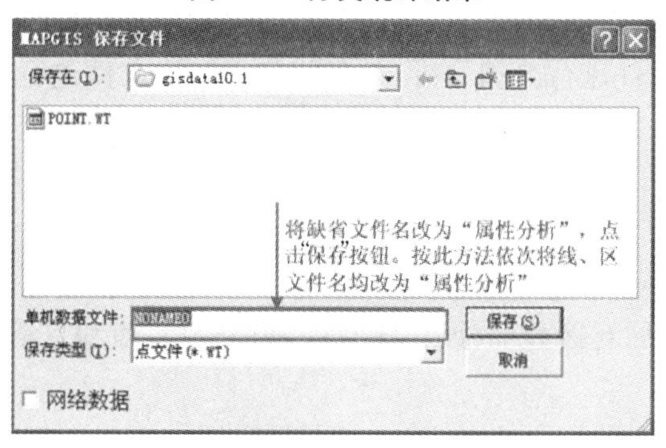

图 10-6　保存文件

析. MPJ 文件,在工程文件管理窗口,点击鼠标右键,选择“添加项目”选项,将前面生成的属性分析. WT、属性分析. WL、属性分析. WP 文件添加进此工程文件。

(2)关闭 REGION. WP、POINT. WT、RIVER. WL 和 LINE. WL 四个文件。

(3)执行如下命令:其他→整块移动,调整属性分析. WT、属性分析. WL、属性分析. WP 三个图形文件的位置,使其与主图位置相适应。若此三个图形与主图相比过大的话,执行如下命令:其他→整图变换→键盘输入参数,来进行调整(注意:应确定 REGION. WP、POINT. WT、RIVER. WL 和 LINE. WL 四个文件处于关闭状态)。

(4)完成后,保存此工程文件,结果如图 10-7 所示。

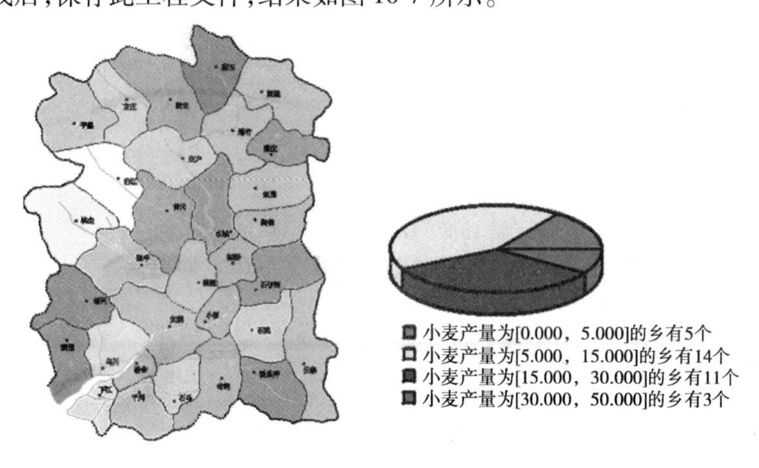

图 10-7　文件组合效果

第二节　MAPGIS空间数据分析

一、问题和数据分析

(一)问题提出

空间分析是地理信息系统区别于其他信息系统最显著的特征。MAPGIS 空间分析通过矢量数据叠加分析与缓冲区分析等方法来实现 GIS 对地理数据的分析和查询。

(二)数据准备

现提供 CU. WP、FE. WP 和 ROAD. WL 三个文件,利用 MAPGIS 空间分析子系统对 CU. WP 和 FE. WP 两个区文件进行叠加分析,对 ROAD. WL 线文件进行缓冲区分析。数据存放在 D:\Data\gisdata10. 2 文件夹内。

二、空间数据分析

(一)空间叠加分析

空间叠加分析包括区对区叠加分析、线对区叠加分析、点对区叠加分析,但在分析时它们都遵循如下的规律:

文件 A(包括图形和属性) + 文件 B(包括图形和属性) = 文件 C(包括图形和属性),其中,文件 C 的图形类型与文件 A 的图形类型相同,文件 C 的属性则是文件 A 与文件 B 的属性的综合。

例如,若文件 A 是点文件,则文件 C 也是点文件;若文件 A 是线文件,则文件 C 也是线文件。以此类推,若文件 A 是面文件,则文件 C 就是面文件。

下面以两个区文件的合并分析为例进行讲解。操作步骤如下:

(1)装入文件。执行如下命令:空间分析→文件→装区文件,分别装入 CU. WP 和 FE. WP 两个区文件。

(2)浏览文件属性。执行如下命令:属性分析→浏览属性,分别浏览文件 CU. WP 和 FE. WP 的属性,如图 10-8、图 10-9 所示。

D:\DATA\GISDATA10. 2\CU. WP

Q结束　L联动　G转至...　M屏蔽字段　V可视化图元

序号	ID	面积	周长	CU含量
1	1	10879.000000	400.232278	40.00
2	2	11926.000000	430.570205	60.00

图 10-8　CU. WP 的属性

D:\DATA\GISDATA10. 2\FE. WP

Q结束　L联动　G转至...　M屏蔽字段　V可视化图元

序号	ID	面积	周长	FE含量
1	1	16012.000000	475.591891	70.00
2	2	11668.500000	412.758757	60.00
3	3	4169.000000	251.462592	41.00
4	4	2973.500000	207.394046	40.00

图 10-9　FE. WP 的属性

(3)区对区合并分析。执行如下命令:空间分析→区对区合并分析,系统弹出选择叠加文件对话框,如图 10-10 所示,分别选择 CU. WP 和 FE. WP,单击“确定”按钮。

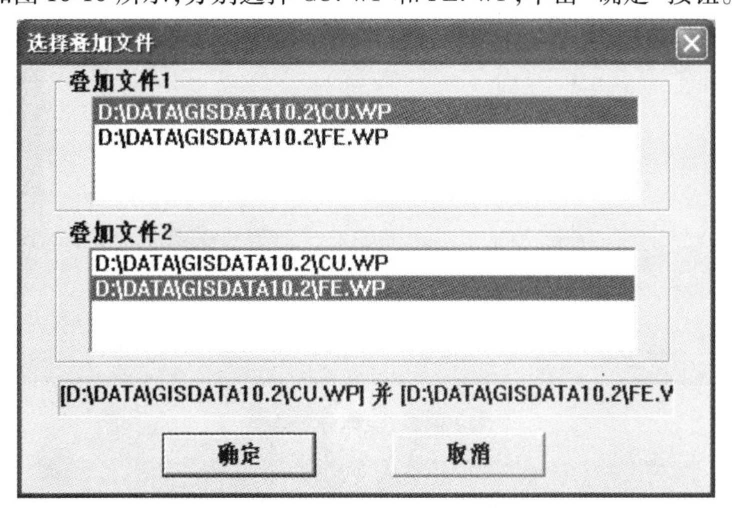

图 10-10　选择叠加文件对话框

(4)模糊半径设置。系统弹出输入模糊半径对话框,如图 10-11 所示,这里按照默认设置,单击“OK”按钮。

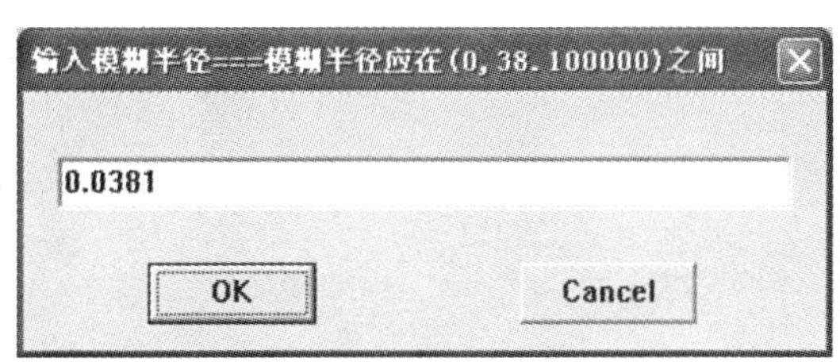

图 10-11　输入模糊半径对话框

(5)保存分析结果。系统提示保存分析结果文件,如图 10-12 所示,保存为合并. WP;空间分析结果如图 10-13 所示。可以看出,系统自动将 CU. WP 和 FE. WP 进行叠加分析并生成一个新的综合文件,该文件的类型与 CU. WP 文件相同,是区文件,而且区是既属于 CU. WP 又属于 FE. WP 的那一部分区。

(6)浏览合并文件属性。执行如下命令:属性分析→浏览属性,可看出合并. WP 的属性是 CU. WP 和 FE. WP 的属性的综合,如图 10-14 所示。

区空间分析、线空间分析及点空间分析的方法与区对区合并分析是相同的。

(二)缓冲区分析

(1)装入文件。执行如下命令:空间分析→文件→装线文件,装入 ROAD. WL 文件。

(2)输入缓冲区半径。执行如下命令:空间分析→缓冲区分析→输入缓冲区半径,系统将会弹出一个对话框,让用户输入缓冲区半径。输入 20,单击“OK”按钮,如图 10-15 所示。

(3)选择缓冲区类型。用户可根据自己的实际情况选择缓冲区的类型,在此,选择“求一条线缓冲区”,用鼠标左键单击线文件,如图 10-16 所示。

(4)保存分析结果。将系统生成的缓冲区文件保存为公路缓冲区分析. WP,如图 10-17 所示。

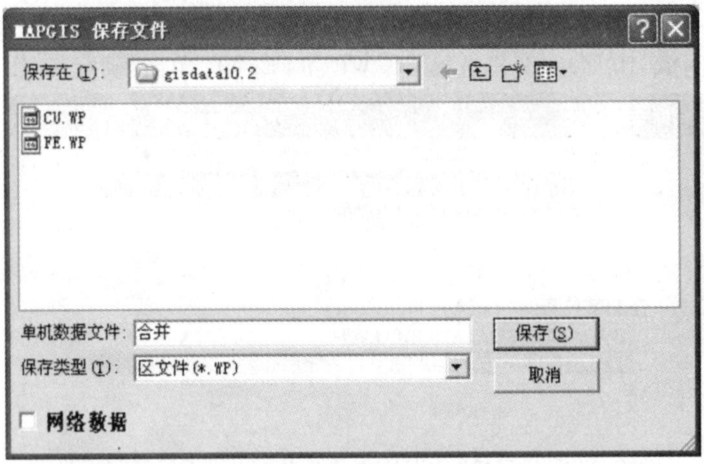

MAPGIS 保存文件
保存在(I): gisdata10.2
CU.WP
FE.WP
单机数据文件: 合并
保存(S)
保存类型(T): 区文件(*.WP)
取消
网络数据

图 10-12　保存分析结果

空间分析结果--D:\DATA\GISDATA10.2\合并.WP

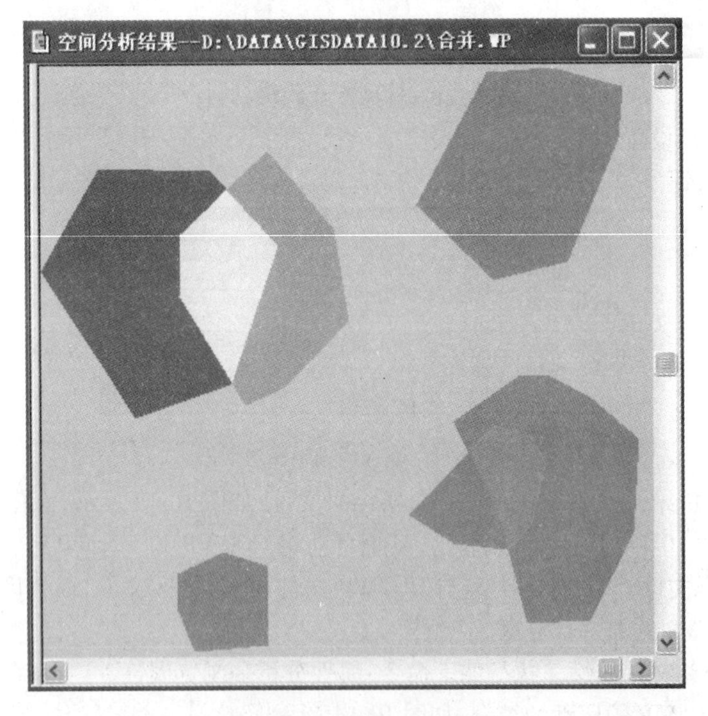

图 10-13　空间分析结果

空间分析结果—D:\DATA\GISDATA10.2\合并.WP
Q结束 L联动 G转至… M屏蔽字段 V可视化图元

序号	ID	面积	周长	CU含量	RegNo	ID0	面积0	周长0
1	1	6456.378845	395.412950	40.00	0	0	0.000000	0.000000
2	2	11589.378845	480.411220	0.00	1	1	16012.000000	475.591891
3	1	4422.621155	280.338265	40.00	1	1	16012.000000	475.591891
4	4	11668.500000	412.758757	0.00	2	2	11668.500000	412.758757
5	2	2157.317659	193.467990	60.00	3	3	4169.000000	251.462592
6	2	9768.682341	493.115352	60.00	0	0	0.000000	0.000000
7	7	2011.682341	188.917445	0.00	3	3	4169.000000	251.462592
8	8	2973.500000	207.394046	0.00	4	4	2973.500000	207.394046

图 10-14　空间分析结果的属性

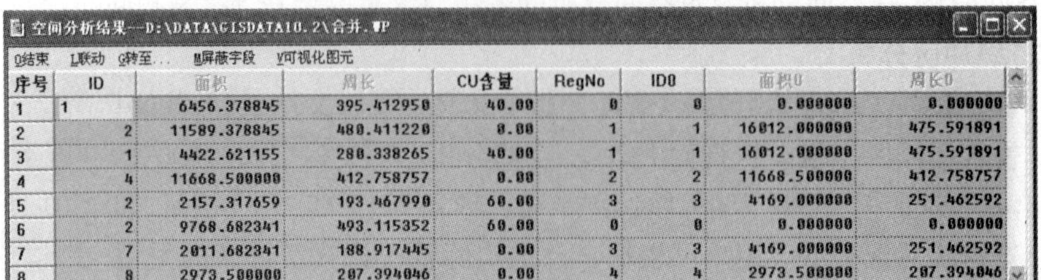

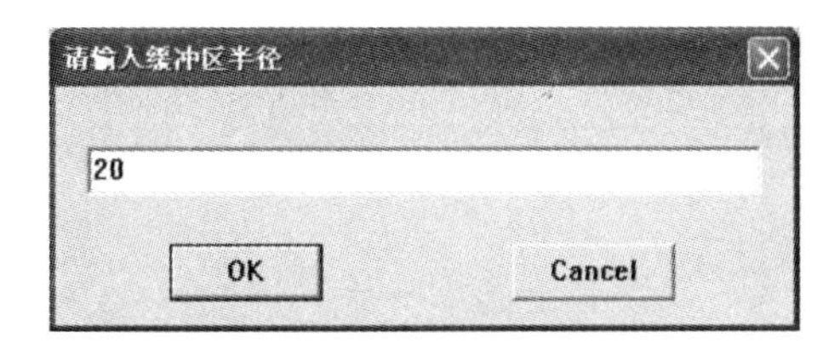

图 10-15　输入缓冲区半径

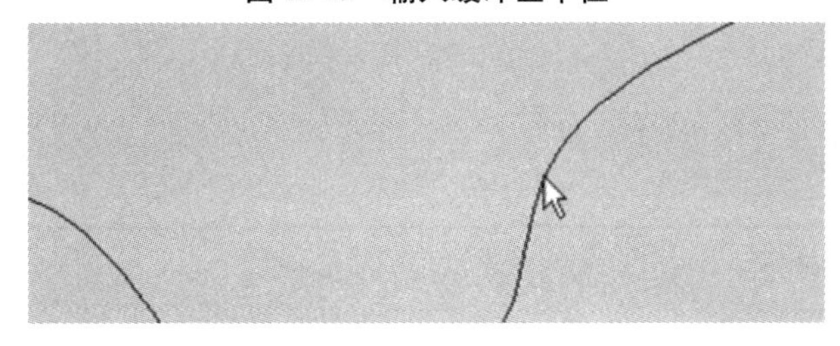

图 10-16　单击线文件

图 10-17　保存缓冲区分析结果

(5)分析结果显示。执行如下命令:文件→新建综合图形,在新建图形窗口,单击鼠标右键,在弹出的快捷菜单中单击“选择显示文件”命令,将 ROAD. WL、公路缓冲区分析. WP 全选,如图 10-18 所示,单击“确定”按钮,缓冲区分析结果如图 10-19 所示。

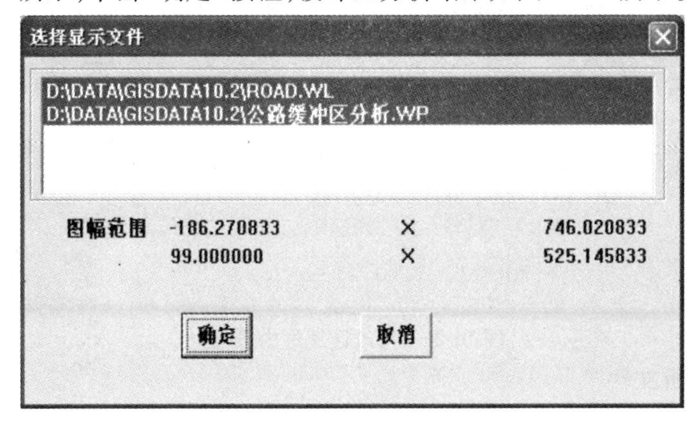

图 10-18　选择显示文件

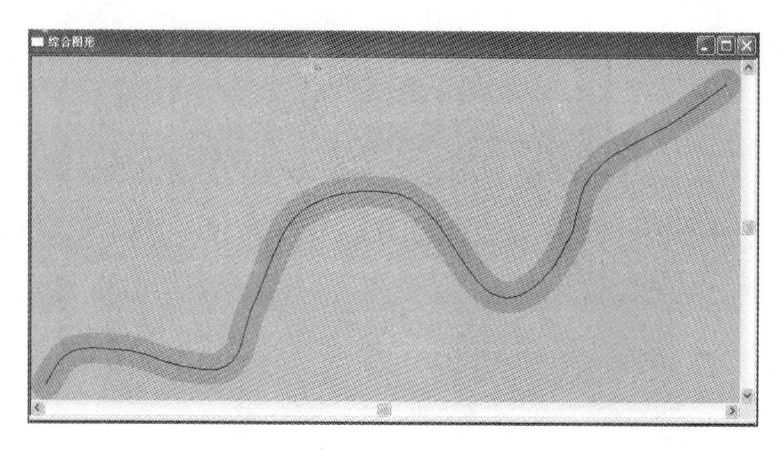

图 10-19　缓冲区分析结果

第三节　MAPGIS 道路规划占地分析

一、问题和数据分析

(一) 问题提出

随着 GIS 技术的快速发展,利用 GIS 技术解决目前城市规划道路中的实际问题已经在许多城市运用。本节重点介绍利用 MAPGIS 对拟建道路占地类型和占地面积情况进行分析,使规划道路所需地理信息数据得以实现。

(二) 数据准备

现提供道路. WL、宗地. WP 两个文件,利用 MAPGIS 空间分析子系统完成拟建道路两边各 50 m 范围内的占地类别和占地面积分析。数据存放在 D:\Data\gisdata10. 3 文件夹内。

二、占地分析

(一) 修改区属性

(1) 执行如下命令:库管理→属性库管理→文件→装区文件,加载宗地. WP 区文件。

(2) 执行如下命令:属性→编辑属性→编辑区属性,修改区属性中 ID 值,如图 10-20 所示。

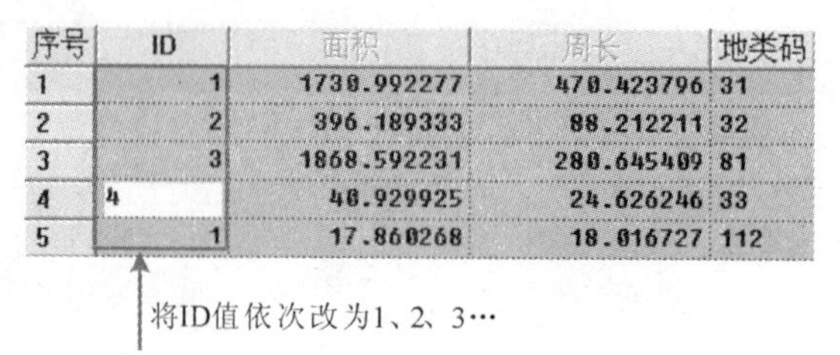

序号	ID	面积	周长	地类码
1	1	1730.992277	470.423796	31
2	2	396.189333	88.212211	32
3	3	1868.592231	280.645409	81
4	4	40.929925	24.626246	33
5	1	17.860268	18.016727	112

图 10-20　修改区属性中 ID 值

(二) 加载分析文件

(1) 执行如下命令:空间分析→文件→装线文件,加载道路. WL 线文件。同样的方法加载宗地. WP 区文件。

(2)执行如下命令:查看→选中综合图形选项,在窗口中点击鼠标右键,在弹出的快捷菜单中选择“选择显示文件”命令,将道路. WL 和宗地. WP 两个文件均选中,如图 10-21 所示。

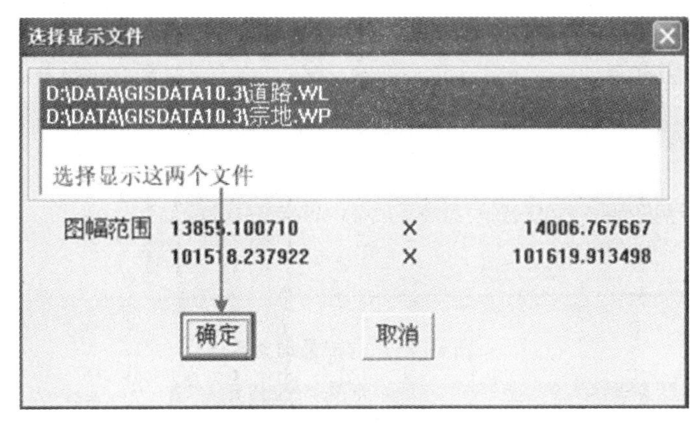

图 10-21　选择显示文件

(三)缓冲区生成

(1)执行如下命令:空间分析→缓冲区分析→输入缓冲区半径,确定缓冲区范围,如图 10-22所示。

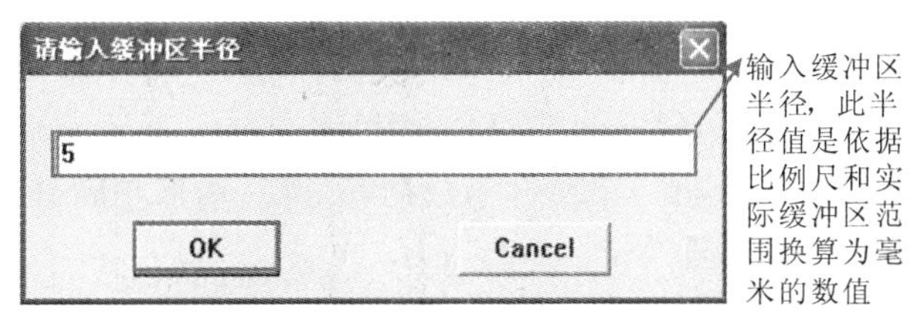

图 10-22　输入缓冲区半径

(2)执行如下命令:空间分析→缓冲区分析→求一条线缓冲区,确定生成缓冲区的线对象,如图 10-23 所示,将生成的缓冲区保存为缓冲区. WP。

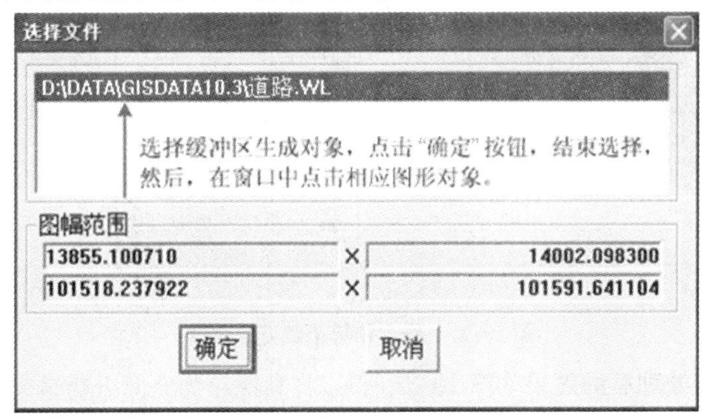

图 10-23　选择缓冲区生成对象

(四)叠加分析

(1)执行如下命令:空间分析→区空间分析→区对区相交分析,确定两个区的共有区,选择叠加文件,如图 10-24 所示,设置模糊半径为默认值,如图 10-25 所示。

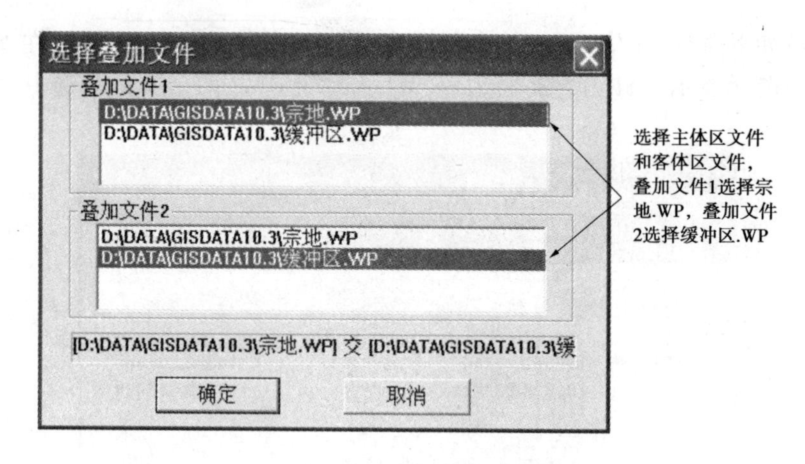

图 10-24　选择叠加文件

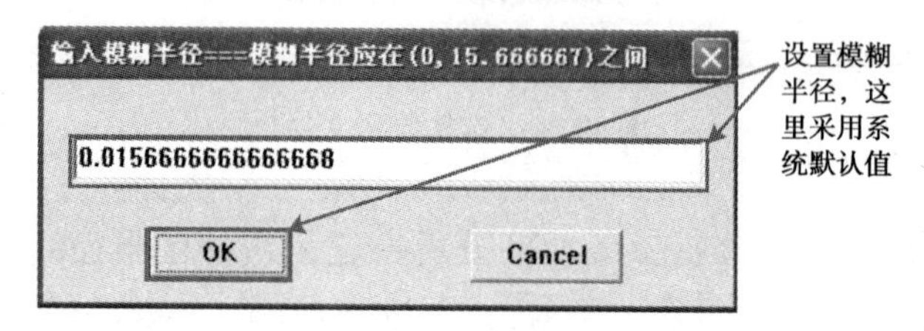

图 10-25　设置模糊半径为默认值

(2)将分析结果保存为空间分析结果. WP 文件。

(3)执行如下命令:属性分析→单属性函数初等变换,选择空间分析结果. WP 文件,对此文件的区属性值进行变换处理,如图 10-26 所示。

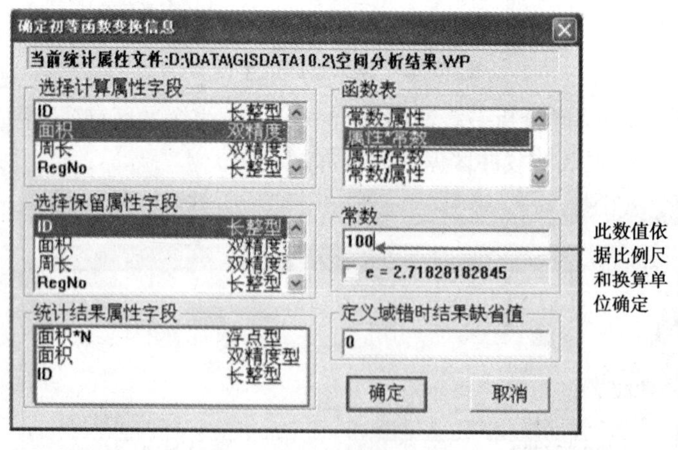

图 10-26　确定初等函数变换信息

(4)属性数据处理后的效果如图 10-27 所示,将其保存为空间分析结果. WB 文件。

(五)空间分析结果输出

(1)在属性库管理系统将空间分析结果. WB 文件中“面积 * N”属性导入到空间分析结果. WP 文件。将空间分析结果. WP 文件的属性数据以表格文件形式输出为 × ×道路占地情况. WB,如图 10-28 所示。

G转至...　M屏蔽字段

序号	面积*N	面积	ID
1	52996.578	529.965784	3
2	315.211	3.152111	6
3	1786.027	17.860268	5
4	12892.874	128.928736	1
5	326.647	3.266467	7
6	18419.039	184.190395	1
7	13010.573	130.105728	8
8	5877.834	58.778336	9
9	1414.893	14.148926	14
10	68.347	0.683475	9
11	37204.725	372.047248	13

属性数据处理后的效果

图 10-27　属性数据处理后的效果

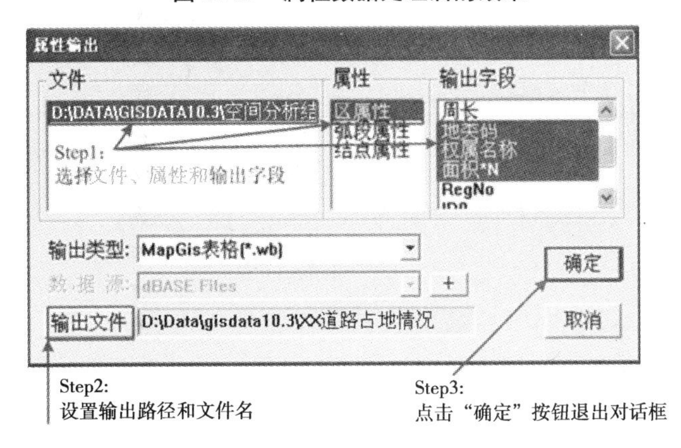

图 10-28　属性输出

(2)执行如下命令:库管理→属性库管理→文件→装表文件,加载表文件××道路占地情况.WB。

(3)执行如下命令:结构→编辑属性结构→编辑表格属性结构,修改表格属性结构,如图 10-29 所示。

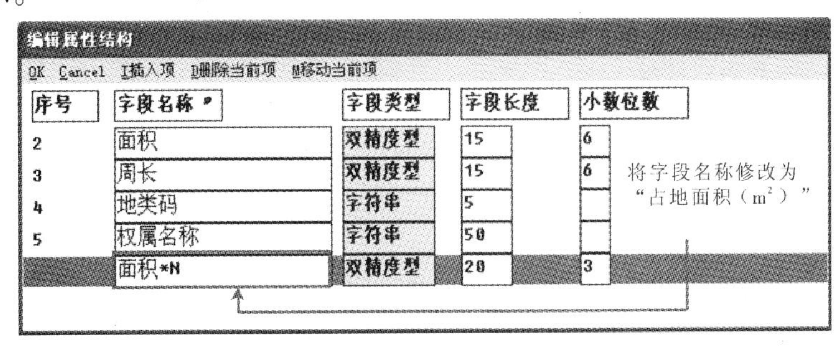

图 10-29　修改表格属性结构

(4)执行如下命令:实用服务→报表定义,创建表格,将××道路占地情况.WB 表格文件中的地类码、权属名称、占地面积(m^2)三项数据导入到表格,将文件命名为占地情况表.BB,结果见表 10-1。

表 10-1　占地情况

权属名称	地类码	占地面积(m^2)
千龙井村民委员会大竹篷组	81	52 996.578
千龙井村民委员会大竹篷组	142	315.211
千龙井村民委员会大竹篷组	112	1 786.027
千龙井村民委员会大竹篷组	31	18 419.039
千龙井村民委员会大竹篷组	52	326.647
千龙井村民委员会大竹篷组	31	18 419.039
千龙井村民委员会大竹篷组	32	13 010.573
千龙井村民委员会大竹篷组	21	68.347
千龙井村民委员会大竹篷组	52	1 414.893
千龙井村民委员会大竹篷组	21	68.347
千龙井村民委员会大竹篷组	21	37 204.725

第四节　MAPGIS 选址分析

一、问题和数据分析

(一)问题提出

在充分分析影响选址因素的基础上,通过空间分析标出适宜的地址。利用缓冲区分析的方法确定道路、下水道、河流所影响的范围;利用矢量数据叠加分析的方法进行多边形与多边形相交、相并、相减等操作;利用条件检索功能检索出满足条件的候选地址;表格分析将提供一个购买这片土地的预计价格。具体分析准则为:①要求土地利用类型为灌木地;②要求适应性土壤类型以适于建筑;③要求离下水道距离不超过 500 m;④要求离河流或其他水域距离至少 200 m;⑤要求距一级道路距离不超过 400 m。

(二)数据准备

分析所要的数据包括道路线数据层 ROAD. WL、下水道线数据层 SEWER. WL、河流线数据层 RIVER. WL、土地利用类型面数据层 LAND. WP、土壤类型面数据层 SOIL. WP。所用比例尺均为 1:5万。数据存放在 D:\Data\gisdata10.4 文件夹内。

二、选址分析

(一)对道路线数据层进行操作

(1)执行如下命令:空间分析→文件→装线文件,打开 ROAD. WL 文件。

(2)执行如下命令:检索→条件检索,输入道路等级条件表达式,如图 10-30 所示。检索一级道路,将结果保存为 ROAD1. WL。

(3)执行如下命令:空间分析→缓冲区分析,在 ROAD1. WL 周围生成 400 m 宽的缓冲区,将结果保存为 ROAD2. WP。生成的一级道路缓冲区如图 10-31 所示。

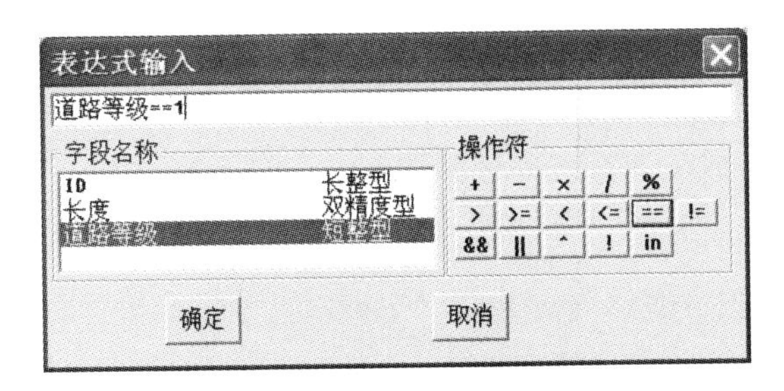

图 10-30　输入道路等级条件表达式

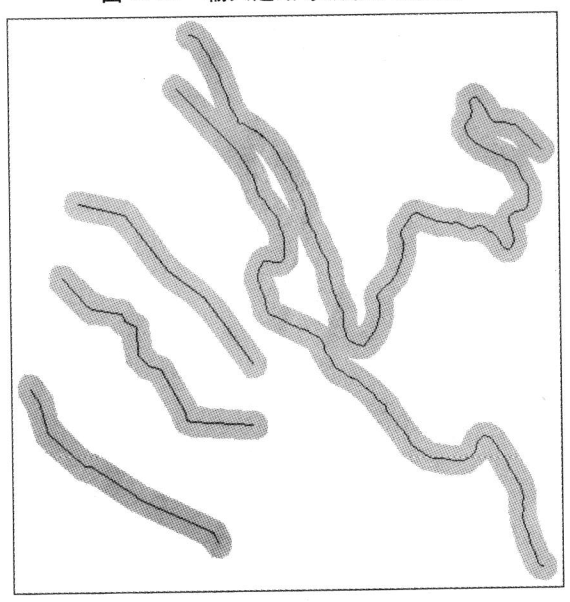

图 10-31　生成的一级道路缓冲区

(二)在下水道周围生成一个 500 m 宽的缓冲区

执行如下命令:空间分析→缓冲区分析,为 SEWER. WL 创建 200 m 宽的缓冲区,将结果保存为 SEWER1. WP。生成的下水道缓冲区如图 10-32 所示。

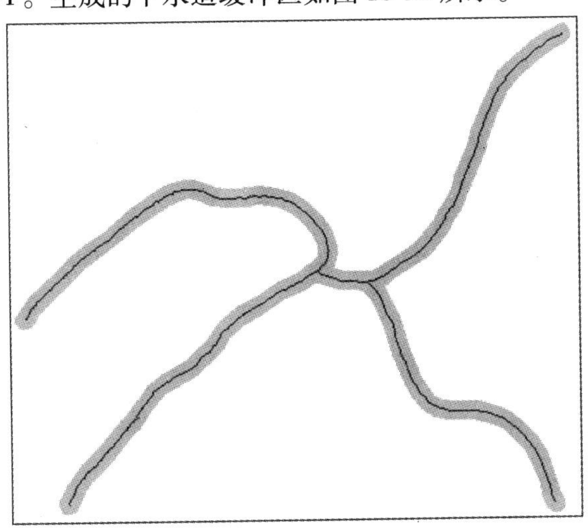

图 10-32　生成的下水道缓冲区

（三）在河流周围生成一个 200 m 宽的缓冲区

执行如下命令：空间分析→缓冲区分析，为 RIVER. WL 创建 200 m 宽的缓冲区，将结果保存为 RIVER1. WP。生成的河流缓冲区如图 10-33 所示。

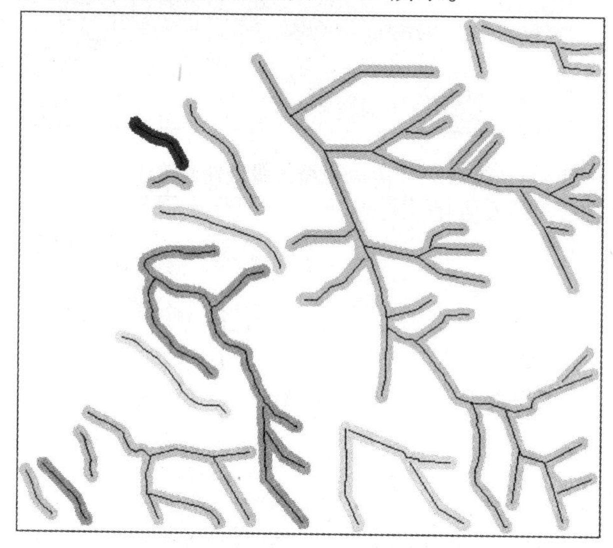

图 10-33　生成的河流缓冲区

（四）河流、道路、下水道叠加分析

（1）执行如下命令：空间分析→区空间分析→区对区相交分析，对 ROAD2. WP 和 SEWER1. WP进行相交操作，将结果保存为 ROADSEWER. WP。

（2）执行如下命令：空间分析→区空间分析→区对区相减分析，对 ROADSEWER. WP 和 RIVER1. WP 进行相减操作，将结果保存为 ROADSEWRIV. WP。道路、下水道、河流叠加结果如图 10-34 所示。

图 10-34　道路、下水道、河流叠加结果

（五）多边形叠加分析

（1）执行如下命令：空间分析→区空间分析→区对区合并分析，对 LAND. WP 和 SOIL.

WP 进行合并叠加操作,生成叠加图 LANDSOIL. WP。合并叠加结果如图 10-35 所示。

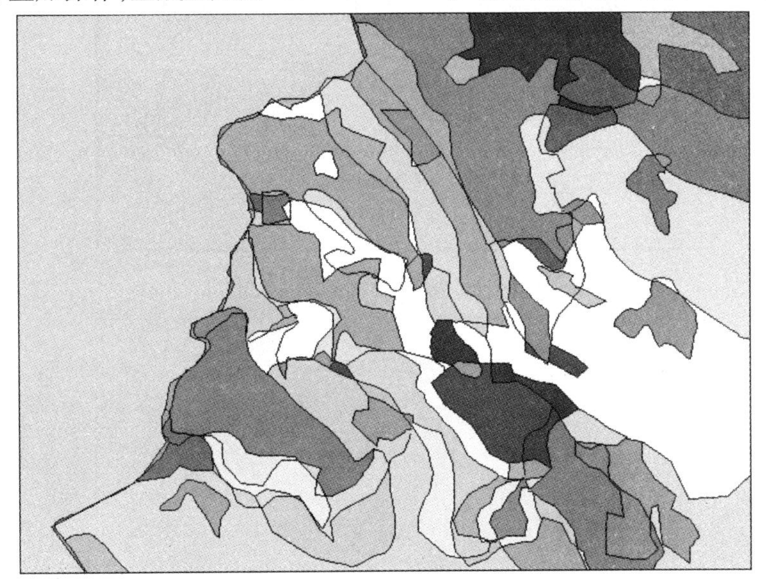

图 10-35　合并叠加结果

(2)执行如下命令:空间分析→区空间分析→区对区相交分析,对 ROADSEWRIV. WP 和 LANDSOIL. WP 进行相交叠加操作,生成叠加图。相交叠加结果如图 10-36 所示。

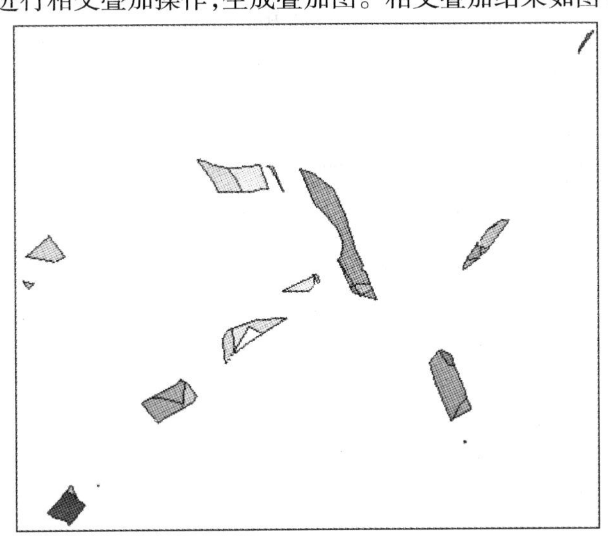

图 10-36　相交叠加结果

(六)提取符合条件的候选地址

按给定的要求,土地利用类型为灌木地和强适应性土壤类型,执行如下命令:空间分析→检索→条件检索,输入类型条件表达式,如图 10-37 所示。提取符合条件的候选地址,最终候选地址如图 10-38 所示。

(七)结果分析

(1)编辑属性结构,增加必要的属性数据项。增加的属性数据项有单位面积价格、价格估计,其中:

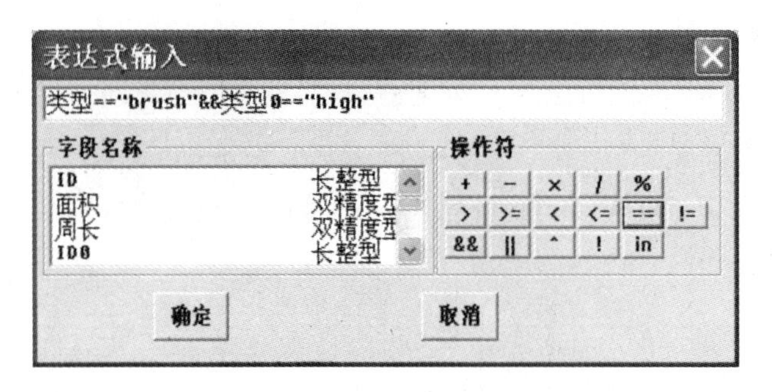

图 10-37　输入类型条件表达式

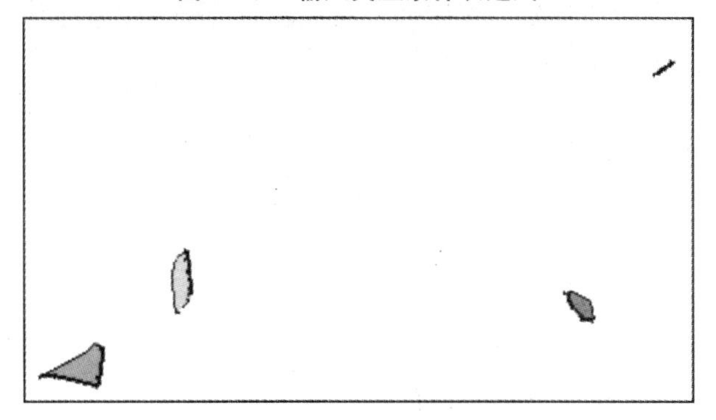

图 10-38　最终候选地址

价格估计 = 面积 × 单位面积价格

（2）显示结果分析：

①显示所有可选的合适地址。

②显示候选地址属性表，列出所有候选地址的属性值。候选地址属性表结构如表 10-2 所示。

③查看某个候选地址属性。

④选出某一个候选地址。

表 10-2　候选地址属性表结构

多边形编号	地图类型	土壤类型	下水道	道路	单位面积价格	价格估计
⋮	⋮	⋮	⋮	⋮	⋮	⋮

第五节　MAPGIS 数字高程模型分析

一、问题和数据分析

（一）问题提出

在整个人类社会的发展过程中，人们一直致力于三维空间的表达。MAPGIS 中的 DEM 数据组织方式能够有效地调动和使用地形数据，使其较好地满足实时建立地形的层次细节模型的需求，提高数据处理的速度，从而达到对整个地形数据的无缝漫游。

（二）数据准备

DEM 建立及分析所需要的数据为 CONLINE. WL 中带高程属性值的等高线数据。数据存放在 D:\Data\gisdata10.5 文件夹内。

二、DEM 建立及分析

（一）数据处理

（1）加载数据。执行如下命令：空间分析→DTM 分析→文件→打开数据文件→线数据文件，加载 CONLINE. WL 文件。

（2）离散化等高线。执行如下命令：处理点线→线数据高程点提取，生成离散数据，如图 10-39 所示。

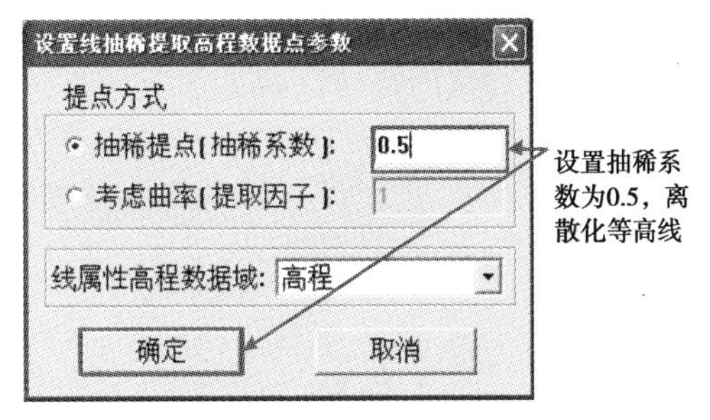

图 10-39　离散化等高线

（二）高程剖面线生成

执行如下命令：模型应用→高程剖面分析→交互造线，在视图窗口任意位置点击鼠标，此时系统会弹出二维分量编辑对话框，如图 10-40 所示，单击"确认"后，再选择第二点完成剖面线指定，并将此剖面线保存，将文件名命名为"剖面线"，在弹出的剖面线分析参数设置对话框（见图 10-41）中，选择仅处理剖面，得到剖面图效果，如图 10-42 所示。

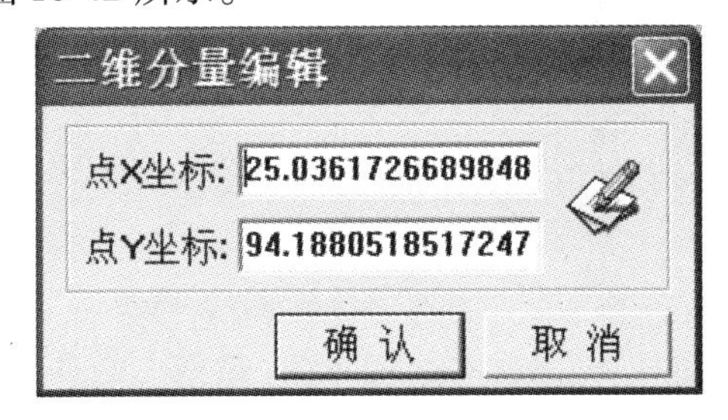

图 10-40　二维分量编辑对话框

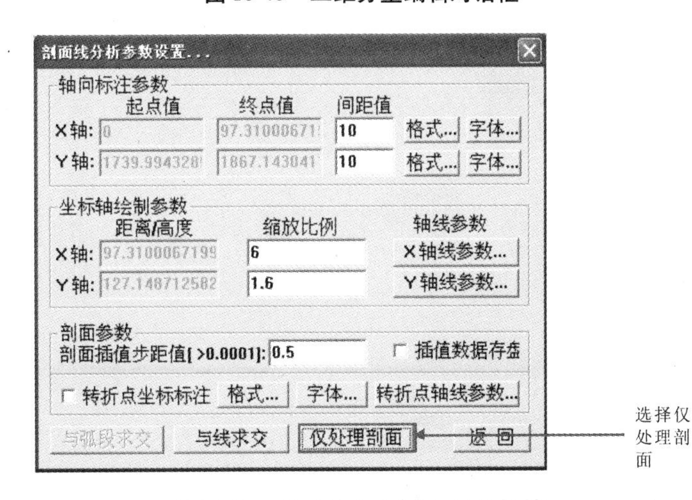

图 10-41　剖面线分析参数设置对话框

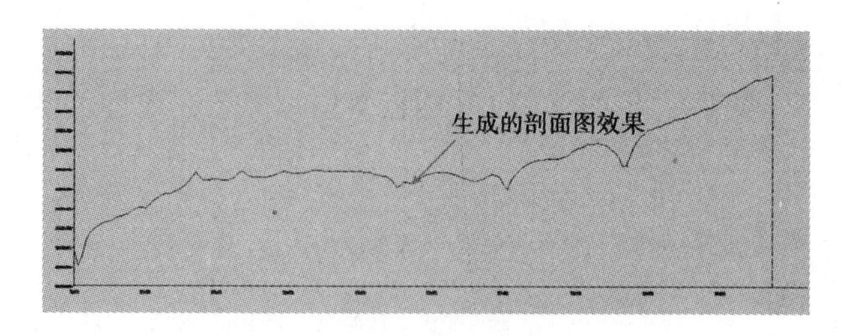

图 10-42　剖面图效果

保存剖面图的线文件和点文件,文件名均为“剖面图”。

(三)GRD 模型

(1)离散数据网格化。执行如下命令:GRD 模型→离散数据网格化,弹出离散数据网格化对话框,如图 10-43 所示,进行相应的设置。

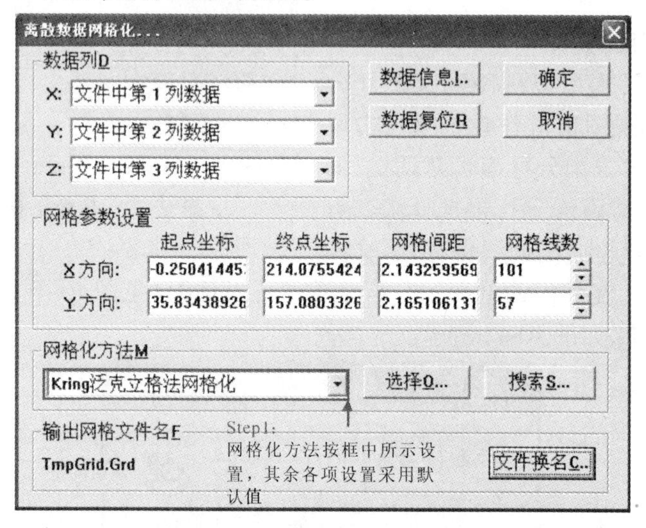

图 10-43　离散数据网格化对话框

(2)彩色等值立体图绘制。执行如下命令:GRD 模型→彩色等值立体图绘制,具体操作过程如图 10-44 ~ 图 10-47 所示。

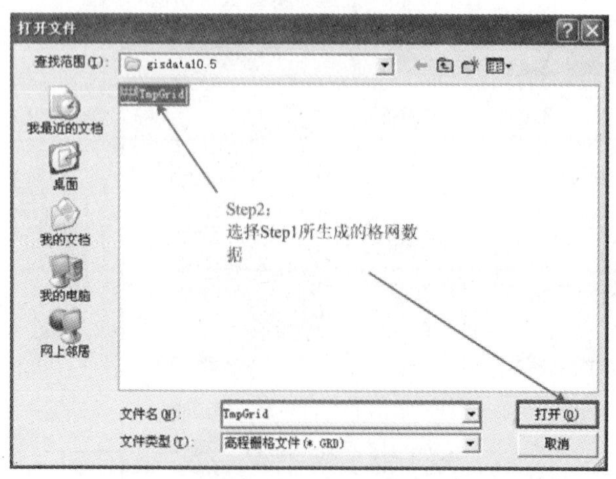

图 10-44　打开文件

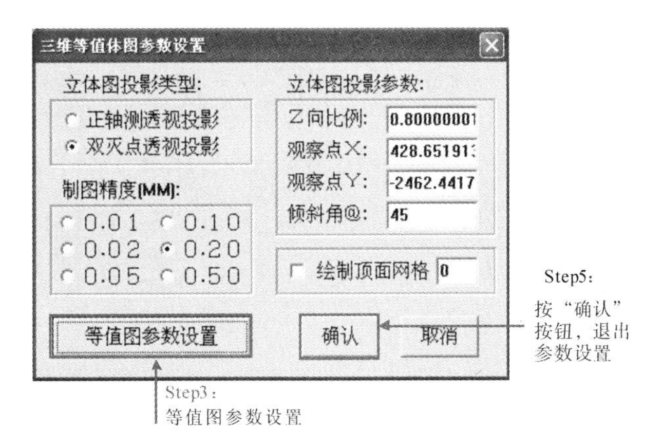

图 10-45　三维等值体图参数设置

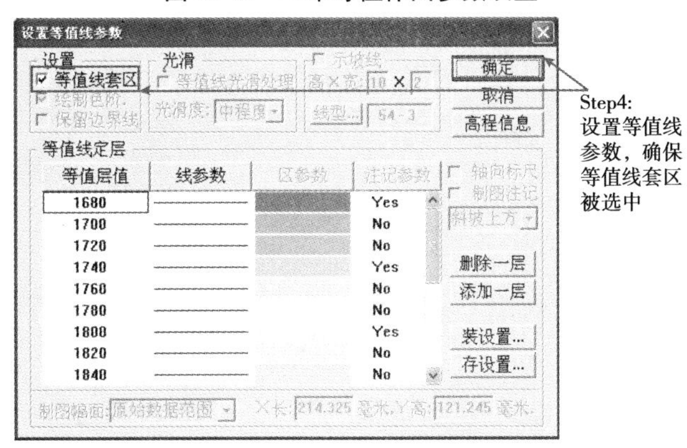

图 10-46　设置等值线参数

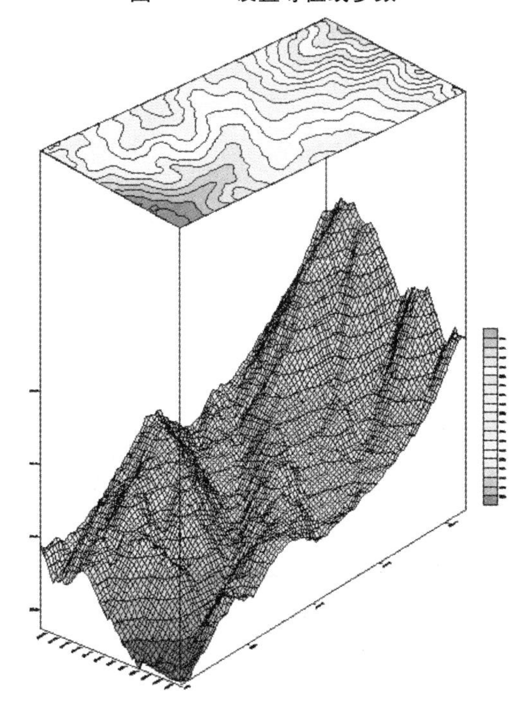

图 10-47　等值立体图效果

（3）保存立体图。执行如下命令：文件→数据存于→点数据文件，将文件命名为“等值线立体图”。用同样方式分别保存线文件和区文件，文件名均为“等值线立体图”。

第六节　MAPGIS 网络分析与应用

一、问题和数据分析

（一）问题提出

网络关系普遍存在于现实世界和人类社会中，例如，江、河等可构成水系网络，城市交通道路可构成道路网络，电缆、光缆等可构成通信网络，排水管、给水管、煤气管等可构成地下管网。MAPGIS 网络分析模块为管理各类网络提供了方便的手段，用户可以利用此模块迅速直观地构造整个网络，建立与网络元素相关的属性数据库，可以随时对网络元素及其属性进行编辑和更新。该模块提供了丰富的网络查询检索及分析功能，用户可用鼠标点击查询，也可输入任意条件进行检索。该模块还提供了网络应用中具有普遍意义的关阀搜索、最短路径、最佳路径、资源分配等功能，从而可以有效支持紧急情况处理和辅助决策。

（二）数据准备

本分析和应用的原始数据为网络文件，网络数据有三个文件：ROAD1. WN 用于路径分析，ROAD2. WN 用于资源分配，ROAD3. WN 用于定位分配。数据存放在 D:\Data\gisdata10.6文件夹内。

二、路径分析

路径分析功能包括三个方面：求最短路径、求最佳路径和求游历方案。

（一）求最短路径

（1）打开 MAPGIS 网络分析模块，装入已编辑好的街道网络文件 ROAD1. WN。

（2）执行如下命令：分析→路径分析，利用鼠标选择路径经过的多个结点，单击鼠标右键，弹出路径分析对话框。如果不考虑网线权值、障碍、转角权值、迂回等因素的影响，寻找的是最短路径，如图 10-48 所示。系统找到最短路径后，将要求用户指定路径以怎样的图形参数来显示，并通过路径详情对话框报告此路径的详细情况，如图 10-49 所示。然后系统将最短路径存储到网络工作区内，并在网络中显示最短路径，如图 10-50 所示。

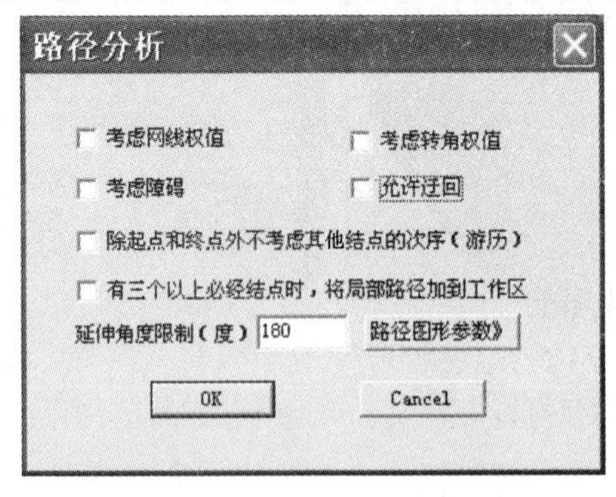

图 10-48　路径分析对话框

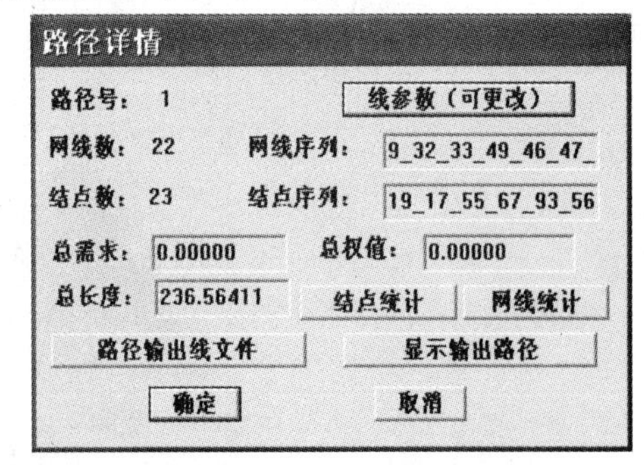

图 10-49　路径详情对话框

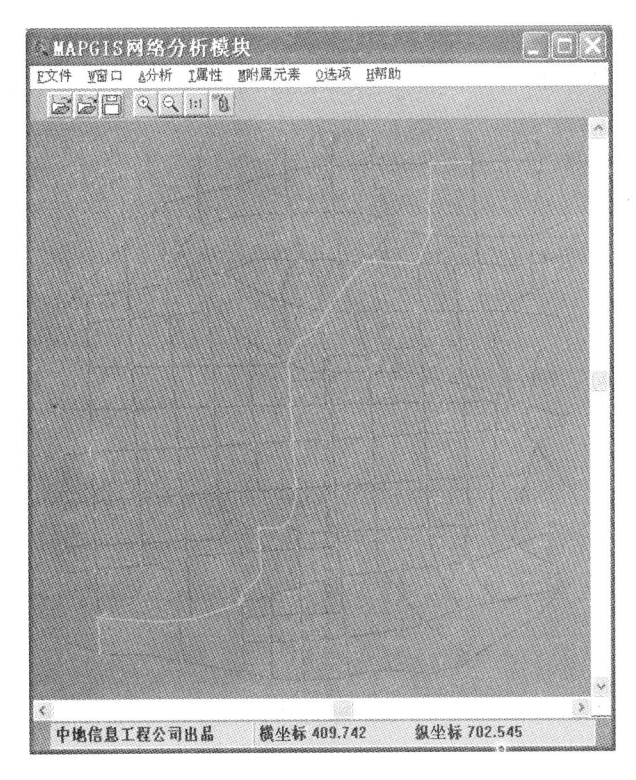

图 10-50 最短路径

(二)求最佳路径

与求最短路径的方法相同,仅需在路径分析对话框中,通过选中考虑网线权值、考虑障碍、考虑转角权值、允许迂回等项,即可找到最佳路径。网线权值、障碍、转角权值等可通过网络分析模块的"附属元素"菜单以单个或统算的方式来赋值。

(三)求游历方案

与求最短路径的方法相同,选定起始结点、中间结点和终止结点。在路径分析对话框中,通过选中除起点和终点外不考虑其他结点(游历)选项(其他不选),即可求得游历方案。求得的游历方案也作为一条路径存储到工作区内。

三、资源分配

(一)基本原理

资源分配就是为网络中的网线寻找最近(这里的远近是按权值或称阻碍强度的大小来确定的)的中心(资源发散地)。例如,资源分配能为城市中的每一条街道确定最近的消防站,为一条街道上的学生确定最近的学校,为水库提供其供水区,等等。资源分配模拟资源是如何在中心(学校、消防站、水库等)和它周围的网线(街道、水路等)间流动的。

资源分配根据中心容量及网线的需求将网线分配给中心,分配是沿最佳路径进行的。当网线被分配给某个中心时,该中心拥有的资源量就依据网线的需求而缩减,当中心的资源耗尽时,分配就停止。

举一个资源分配的例子:一所学校要依据就近入学的原则来决定应该接收附近哪些街道的适龄儿童。这时,可以将街道作为网线构成一个网络,将学校作为一个结点并将其指定为中心,以学校拥有的座位数作为此中心的资源容量,每条街道的适龄儿童数作为相应网线的需求,走过每条街道的时间作为网线的权值,这样资源分配功能就将从中心出发,依据权值由近及远地寻找周围的网线并把资源分配给它(也就是把学校的座位分配给相应街道的适龄儿童),直至被分配网线的需求总和达到学校的座位总数。

用户还可以通过赋给中心的阻碍限度来控制分配的范围。例如,如果限定学生从学校走回家所需时间不能超过20分钟,就可以将这一时间作为学校对应的中心的阻碍限度,这样,当从中心延伸出去的路径的权值到达这一限度时分配就将停止(不论中心资源是否有剩余)。阻碍限度体现了中心克服阻力的能力,或者说反映了该中心的影响区域最大能延伸到哪里。

当网络中同时存在多个中心时,如果实施资源分配,既可以使各个中心同时进行分配,也可以赋予各中心不同的先后次序,中心的延迟量就体现了这种次序。延迟量为零的中心总是最先开始分配;如果某中心延迟量为$D(>0)$,则只有当其他某个中心分配资源时延伸出的路径权值达到D后,这个中心才能开始分配它的资源。

(二)学校资源分配

(1)打开MAPGIS网络分析模块,装入已编辑好的街道网络文件ROAD2.WN,该文件已指定街道网络中的两所学校56号和432号为资源分配的中心,中心的容量、阻碍限度和延迟量及街道的权值和需求已知。资源分配网络如图10-51所示。

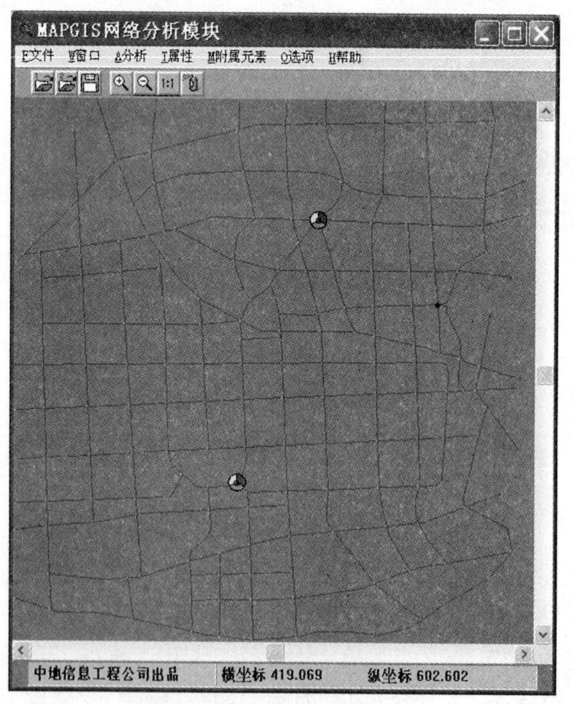

图10-51　资源分配网络

(2)执行如下命令:分析→资源分配→实施资源分配,输入资源分配选项,如图10-52所示。单击"OK"按钮,得到资源分配结果,如图10-53所示,中心列表显示学校号;当选择一个中心时,中心分配的网线显示分配该中心的网线;点击"中心状况"按钮显示中心的分配情况,如图10-54所示;点击"网线状况"按钮显示网络实体分配情况,如图10-55所示;点击

“显示网线集”按钮查看当前中心分配的网线，如图 10-56 中深色线条所示。

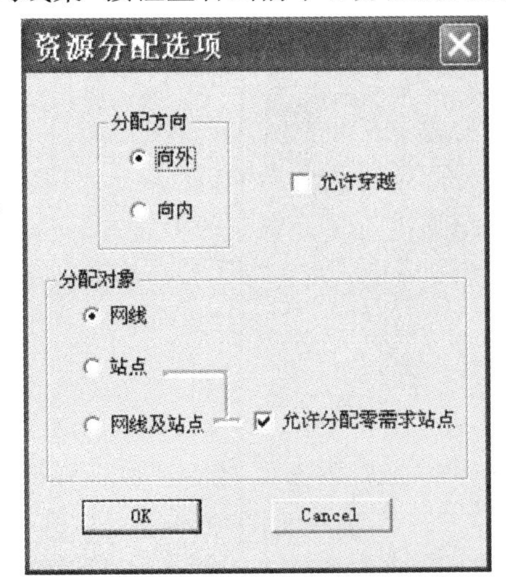

图 10-52　资源分配选项

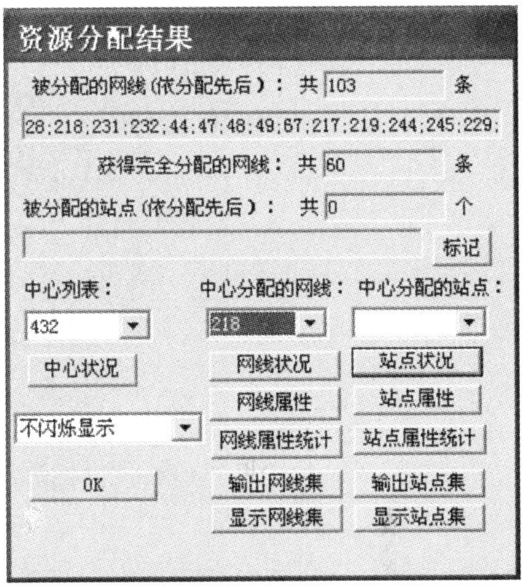

图 10-53　资源分配结果

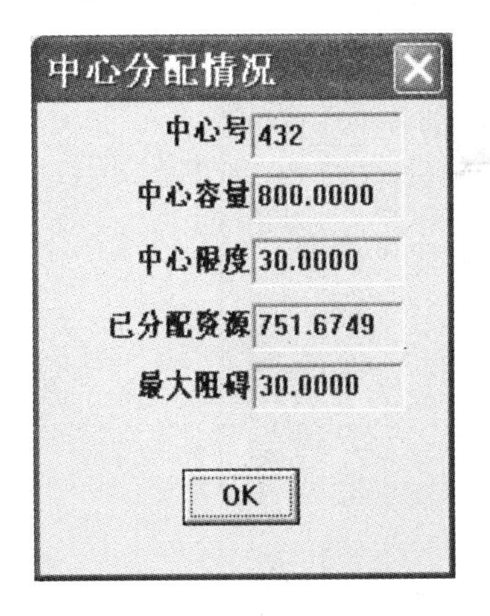

图 10-54　中心分配情况

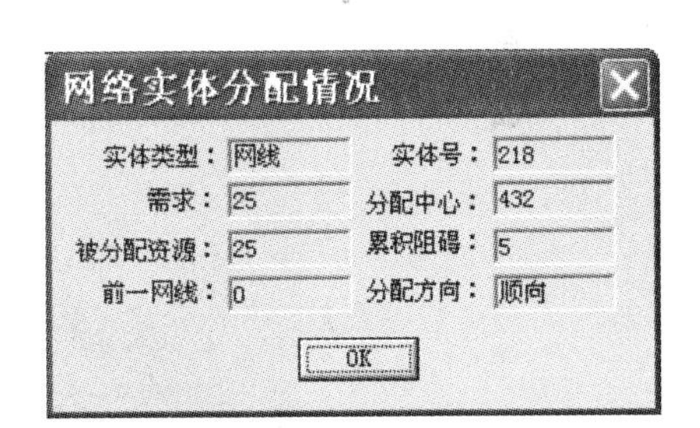

图 10-55　网络实体分配情况

四、定位分配

（一）基本原理

在定位分配模型中，中心（供应点）和候选点都位于网络结点上，网线则表示可到达中心的通路或连接，使用的距离是网络上的路径长度，最优的条件可以是总距离最小、总时间最短或总费用最少。根据不同的优化条件，定位分配问题可分为不同的类型，其中加权距离最小是最基本的问题。中心（供应点）和候选点可以是多个，定位分配时可根据候选点的需求，找出最佳的中心。

（二）定位分配

（1）打开 MAPGIS 网络分析模块，装入已编辑好的街道网络文件 ROAD3. WN，在该网络模型中已给定 2 个中心和 6 个候选点，6 个候选点已给定需求。定位分配网络如图 10-57 所示。

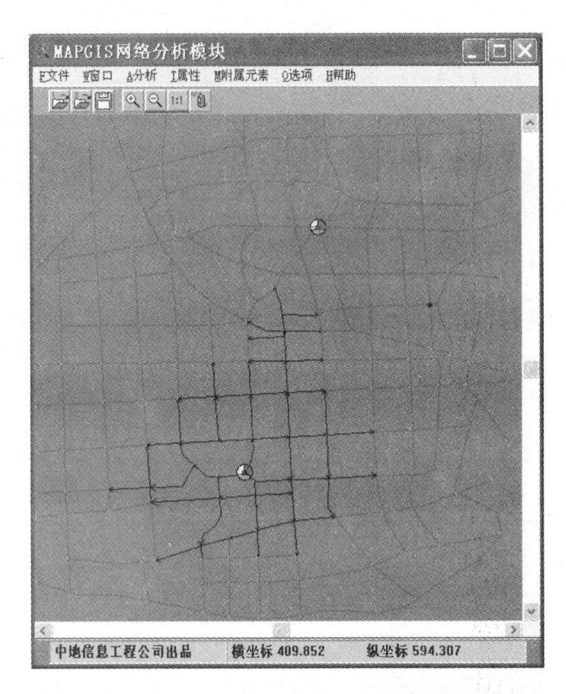

图 10-56 查看当前中心分配的网线

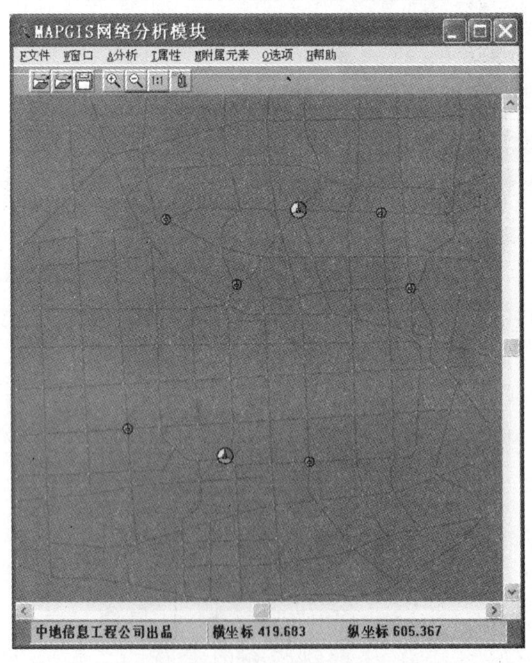

图 10-57 定位分配网络

(2)执行如下命令:分析→定位分配→实施定位分配,弹出实施定位分配对话框,如图 10-58所示。单击"OK"按钮,选择要查看的定位分配结果,得到定位分配信息,如图 10-59所示。点击"中心点信息"按钮显示中心点信息,如图 10-60 所示;点击"总体统计信息"按钮显示定位分配统计信息,如图 10-61 所示;点击"输出辐射线图"按钮显示分配的中心与候选点连接的辐射线图,如图 10-62 所示。

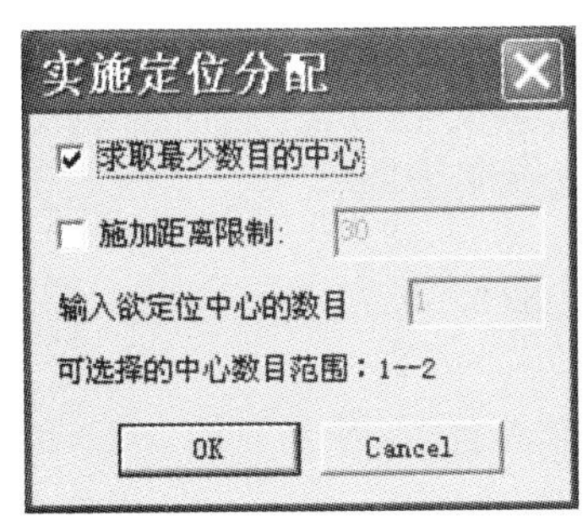

图 10-58　实施定位分配对话框

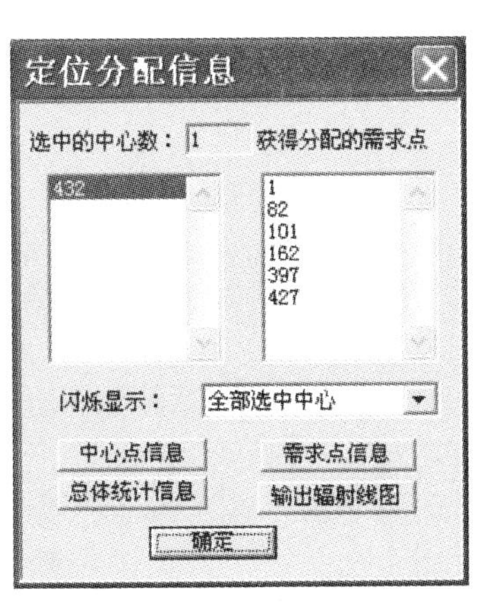

图 10-59　定位分配信息

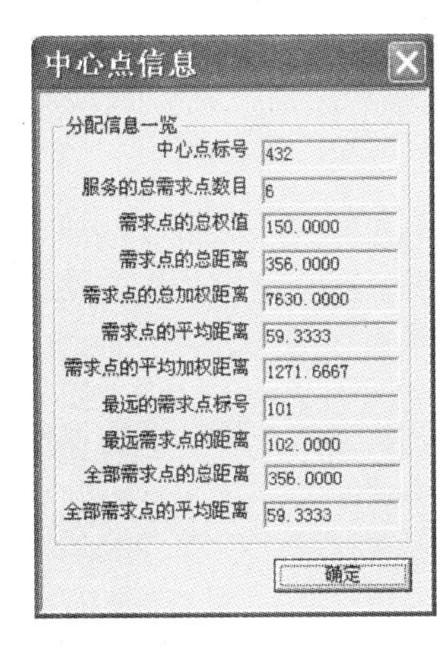

图 10-60　中心点信息

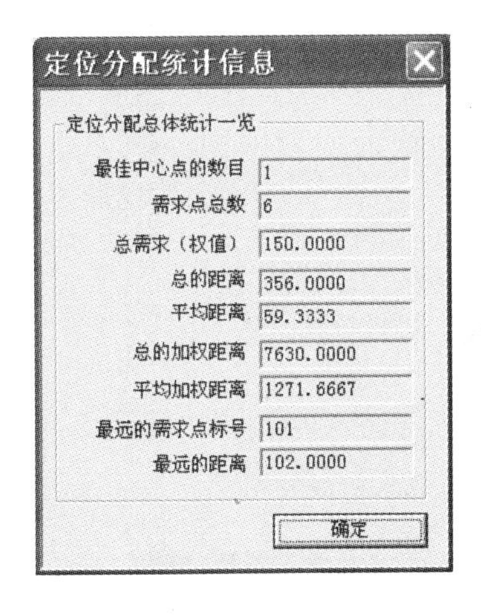

图 10-61　定位分配统计信息

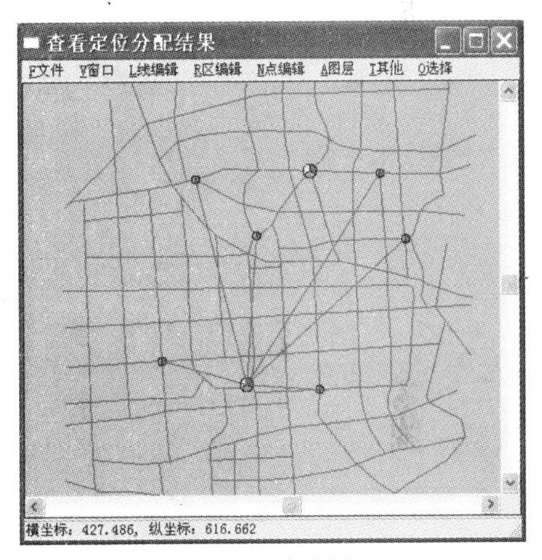

图 10-62　辐射线图

思考题

1. 若想获取各乡的小麦、玉米、水稻三者产量之和，应该怎样做？

2. 计数统计与累计统计有什么区别？若要将图上面积换算为实地面积，在属性分析中应该怎样做？

3. 在 MAPGIS 中生成双线的方法有哪几种？

4. 进行叠加分析时，如果改变叠加文件 1 和叠加文件 2 的顺序，会发生什么样的变化？

5. 如何进行缓冲区分析？

6. 如何借助等高线数据生成 TIN 模型？借助 TIN 模型可以绘制哪些图件？

7. 如何进行可视分析？

8. 平面数据展布标注制图与高程点标注制图有何区别？各有何用途？

9. 最短路径与最佳路径的主要区别是什么？举例说明最佳路径分析应用。

10. 资源分配有哪些具体应用？怎样进行资源分配分析？

参考文献

[1] 陈述彭,等. 地理信息系统导论[M]. 北京:科学出版社,1999.
[2] 黄杏元,马劲松,汤勤. 地理信息系统概论[M]. 北京:高等教育出版社,2001.
[3] 邬伦,刘瑜,等. 地理信息系统——原理、方法和应用[M]. 北京:科学出版社,2001.
[4] 龚健雅. 地理信息系统基础[M]. 北京:科学出版社,2001.
[5] 胡鹏,黄杏元,华一新. 地理信息系统教程[M]. 武汉:武汉大学出版社,2002.
[6] 黄仁涛,等. 专题地图编制[M]. 武汉:武汉大学出版社,2003.
[7] 朱恩利,李建辉,等. 地理信息系统基础及应用教程[M]. 北京:机械工业出版社,2004.
[8] 吴信才. MAPGIS 地理信息系统[M]. 北京:电子工业出版社,2004.
[9] 祝国瑞. 地图学[M]. 武汉:武汉大学出版社,2004.
[10] 董廷旭. 地理信息系统实习教程[M]. 成都:西南财经大学出版社,2006.
[11] 李建松. 地理信息系统原理[M]. 武汉:武汉大学出版社,2006.
[12] 周卫,等. 基础地理信息系统[M]. 北京:科学出版社,2006.
[13] 张东明. 地理信息系统原理[M]. 郑州:黄河水利出版社,2007.
[14] 董钧祥,李光祥,郑毅. 实用地理信息系统教程[M]. 北京:中国科学技术出版社,2007.
[15] 刘贵明. 地理信息系统原理及应用[M]. 北京:科学出版社,2008.
[16] 王琴. 地图学与地图绘制[M]. 郑州:黄河水利出版社,2008.
[17] 余明,艾廷华. 地理信息系统导论[M]. 北京:清华大学出版社,2009.
[18] 李玉芝,等. 地理信息系统基础[M]. 北京:中国水利水电出版社,2009.
[19] 汤国安,赵牡丹,杨昕,等. 地理信息系统[M]. 北京:科学出版社,2010.
[20] 郑贵洲,晁怡. 地理信息系统分析与应用[M]. 北京:电子工业出版社,2010.
[21] 黄瑞. 地理信息系统[M]. 北京:测绘出版社,2010.
[22] 何必,李海涛,孙更新. 地理信息系统原理教程[M]. 北京:清华大学出版社,2010.
[23] 朱光,赵西安,靖常峰. 地理信息系统原理与应用[M]. 北京:科学出版社,2010.
[24] 张新长,马林兵,张青年,等. 地理信息系统数据库[M]. 北京:科学出版社,2010.
[25] 秦昆,等. GIS 空间分析的理论与方法[M]. 武汉:武汉大学出版社,2010.
[26] 高井祥. 数字测图原理与方法[M]. 北京:中国矿业大学出版社,2010.
[27] 胡祥培,等. 地理信息系统原理及应用[M]. 北京:电子工业出版社,2011.